《油气管道保护典型案例研究》
编 委 会

主　编：朱行之　　董绍华

副主编：姜长寿　　王永和

编　委：葛艾天　　熊　健　　左丽丽　　范文峰

　　　　孔卓然　　邓清禄　　黄文尧　　李仕力

　　　　武海彬　　毛　建　　唐文锋　　朱　振

　　　　马　方　　陈　磊　　崔振兴　　邓治超

U0274457

油气管道保护典型案例研究

朱行之　董绍华　主　编
姜长寿　王永和　副主编

中国石化出版社
·北京·

内 容 提 要

　　本书结合《中华人民共和国石油天然气管道保护法》相关规定，通过分析研究管道规划建设、施工作业损坏预防、安全隐患整治、高后果区风险防范、科技手段应用、事故应急救援等方面200多个案例，总结其中的宝贵经验与深刻教训，提出了有关政策建议，对于完善现行法律规定，提升法律实施效果，做好管道全生命周期的安全保护工作具有参考和借鉴意义。

　　本书可作为各级管道管理人员、技术人员、科研人员研究学习与培训用书，也可以作为高等院校相关专业师生和广大石油科技工作者的参考书。

图书在版编目（CIP）数据

　　油气管道保护典型案例研究／朱行之，董绍华主编 . —
北京：中国石化出版社，2024.2（2024.4 重印）
　　ISBN 978-7-5114-7407-0

　　Ⅰ . ①油… Ⅱ . ①朱… ②董… Ⅲ . ①石油管道-保
护-研究 Ⅳ . ①TE988.2

　　中国国家版本馆 CIP 数据核字（2024）第 010820 号

中国石化出版社出版发行

地址:北京市东城区安定门外大街 58 号

邮编:100011　电话:(010)57512500

发行部电话:(010)57512575

http://www.sinopec-press.com

E-mail:press@sinopec.com

北京富泰印刷有限责任公司印刷

全国各地新华书店经销

*

787 毫米×1092 毫米 16 开本 20.5 印张 452 千字

2024 年 2 月第 1 版　2024 年 4 月第 2 次印刷

定价:118.00 元

前　言

2010 年，《中华人民共和国石油天然气管道保护法》颁布实施，标志着我国油气管道保护从此纳入法治化轨道。该法作为我国油气管道运输领域的第一部重要法律，明确了油气管道规划建设、运行保护的法律责任和行为规范，对保障石油天然气管道输送安全、维护国家能源安全和公共安全发挥了重要作用。10 多年来，各级政府及部门、管道企业和相关单位落实管道保护法规定，坚持依法履行职责，推动了油气管道保护工作的深入开展，产生了许多具有借鉴推广意义的典型案例。

为了总结交流各地管道保护法治实践经验，更好地指导全局工作，国家能源局油气司委托甘肃省管道保护协会和国家管网集团北京天然气管道有限公司、中国石油天然气管道工程有限公司（管道设计院）开展了油气管道保护典型案例课题研究，系统思考管道规划建设、运营管理和安全保护之间的关系，从法治、管理、科技、文化等方面寻找风险防范的措施和办法，归纳总结出一些可借鉴的经验教训，揭示了一些规律性认识，形成了一些具体工作建议。2021 年，该课题通过国家能源局组织的专家评审，专家一致认为：该课题收集整理和分析研究了油气管道保护发生的典型事件，总结汲取成功经验和教训，首次提出建立管道保护案例库，运用案例工具指导管道规划、建设、运行各个阶段的管道保护工作，填补了管道保护领域的空白，对于提升政府治理能力、改进企业管理水平、预防和减少事故发生具有重要的参考价值。

"他山之石，可以攻玉"。为了配合政府部门、管道企业及有关单位开展业务培训工作，甘肃省管道保护协会、中国石油大学（北京）管道技术与安全研究中心吸收课题研究的主要成果，组织编撰了《油气管道保护典型案例研究》一书，包括管道规划建设、施工作业损坏预防、安全隐患整治、高后果区风险防范、科技手段应用、事故应急救援等内容，充实形成200多个有代表性的典型案例，反映了新时代管道保护工作的创新实践和鲜活经验，可供广大读者学习借鉴和参考。

本书在编写过程中，得到了相关政府部门、管道企业和案例作者的大力支持，在此深表谢意。

由于编者水平有限，疏漏和不足之处在所难免，敬请广大读者批评指正。

目　　录

第1章　管道规划建设

1.1　管道保护法相关要求

管道规划建设是保障管道本质安全的基石。《中华人民共和国石油天然气管道保护法》（简称"管道保护法"）第二章"管道规划与建设"对此专门作了规定。其中第十条、第十一条、第十二条、第十三条、第十四条分别对管道规划与建设应遵循的要求和原则、管道发展规划编制、选线方案审核、保护距离要求、土地使用补偿等作了规定。第十六条、第十七条、第十八条分别要求管道企业应当加强建设质量管理，包括设计质量、施工质量、管道产品质量、管道穿跨越其他工程设施要求和管道标志标识设置与维护等。

管道的规划与建设应当遵循安全、环保、节约用地和经济合理的原则，其中安全原则包括以下几个方面：

（1）科学的路由选择。管道选线应避开滑坡、塌陷区、泥石流、洪灾易发区等不良工程地质地段和地震活动断层等，避开重要的军事设施、易燃易爆设施，避开车站、码头、学校等人员密集区、城乡规划区和生态保护红线等特定区域。

（2）强制性保护距离。管道与建筑物、构筑物、铁路、公路、航道、港口、市政设施、军事设施等保持国家技术规范中强制性要求规定的保护距离。

（3）与其他规划相协调。管道路由选择应事先与地方发展规划及各项专项规划进行协调，减少管道规划带来的用地冲突，避免形成新的高后果区。

（4）必要的评估与防护。管道建设前期应进行地质灾害危险性评估、地震安全性评价、环境影响评价、安全评价、职业病危害预评价、水土保持方案评估、压覆矿产资源调查评估等评估工作。管道企业应充分考虑油气管道安全预评价报告中提出的主要结论和安全对策措施及建议，提出工程防护措施。

（5）合法进行工程建设承发包。管道工程项目的承发包须在《建筑法》《安全生产法》《建设工程质量管理条例》等法律法规的约束下进行，不得进行违法分包和转包。

（6）工程设计与施工符合质量目标。管道工程的设计和施工需要严格按照国家强制性标准进行，在设计和施工过程中遵守项目质量安全文件和作业指导书。

（7）管道产品及其附件质量满足规范要求。管道产品质量合格的基本标准就是符合国家、行业技术规范的要求。管道产品的附件也应按照主体产品质量管理的要求执行。

（8）安全保护设施与主体工程"三同时"。管道的安全保护设施应当与管道主体工程同时设计、同时施工、同时投入使用。

1.2　典型案例剖析

1.2.1　管道路由综合比选案例

1. 背景

为了向华北地区输送天然气，进而供应华中、华东地区天然气市场，规划建设的东北某天然气管道始于吉林省长春市，终于河北省衡水市安平县，途经辽西走廊、北京地区、天津地区。根据沿线自然和社会环境情况，设计单位提出 4 个路由方案进行比选（图 1-1）。

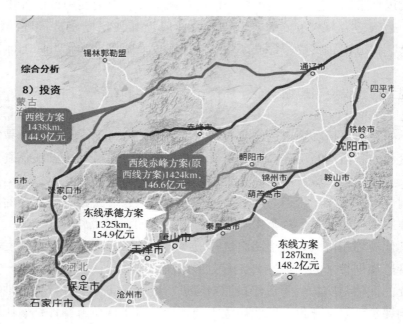

图 1-1　路由方案示意图

2. 做法

（1）比选因素。主要包括安全风险（失效可能性与失效后果）、环境影响、政府及公众支持、施工质量控制、交通及社会依托、管网利用、天然气市场、投资及费用现值等。

（2）安全因素。考虑了沿线房屋密度（图 1-2 和图 1-3）、高后果区分布（图 1-4 和图 1-5）、沿线地质灾害、政府及公众支持等方面内容，将管道安全保护及对周边公共安全影响纳入规划决策。

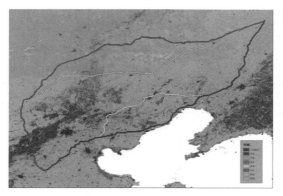

图1-2　各路由方案沿线建筑物密度图

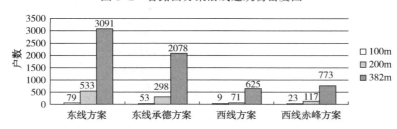

图1-3　各路由方案每100km户数对比

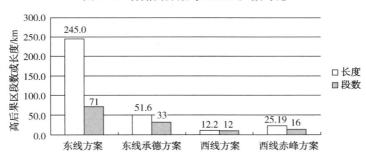

图1-4　各路由方案高后果区对比

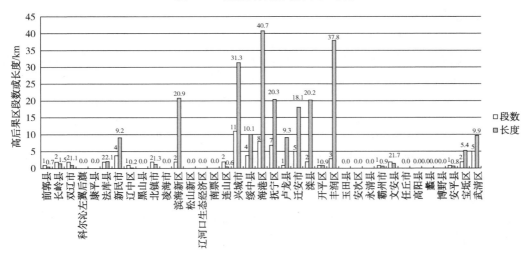

图1-5　东线路由方案高后果区分布

通过将全部因子梳理统计与分析，得到综合比选表（表1-1），据此制定了4个路由方案的推荐顺序。

表1-1　各方案综合比选表

序号	因素	东线方案	东线（承德）方案	西线方案	西线（赤峰）方案
1	安全（发生后果）	★★（人口密度高）	★★★（人口密度相对高）	★★★★★（人口密度低）	★★★★（人口密度低）
2	安全（发生可能性）	★★★（第三方破坏较高）	★★★（第三方破坏、地质灾害较高）	★★★（地质灾害较高）	★★★（地质灾害较高）
3	环境影响程度	★★（环境敏感点多）	★★★（环境敏感点、林地多）	★★★（林地、草原较多）	★★（林地、草原、环境敏感点多）
4	政府、市场、协调难度	★★（无新增市场）	★★★（新增市场少）	★★★★★（新增市场多）	★★★★★（新增市场多）
5	施工质量控制难度	★★★（穿越多、连头多）	★★★（丘陵多、连头多）	★★★（丘陵多、连头多）	★★★（丘陵多、连头多）
6	交通及社会依托	★★★★★（沿线交通依托好）	★★★（山区交通较差）	★★★（山区交通较差，依托较差）	★★★（山区交通较差，依托较差）
7	管网利用与优化	★★★★★（沿线并行管道多）	★★★★（沿线并行管道多）	★★★（沿线并行管道少）	★★★（沿线并行管道少）
8	投资	★★★★（投资较低）	★★★（投资高）	★★★★（投资较低）	★★★★（投资较低）
9	★小计	26	24	29	27
10	推荐顺序	3	4	1	2

3. 启示

优化管道路由方案是落实《中华人民共和国石油天然气管道保护法》的重要一环。设计单位通过对不同路由方案的高后果区、建筑物密度和建设、运行等相关影响因素进行统计分析与比较，进行排序推荐，为有关部门决策提供了支持。

综合上述因素，结合现场进一步踏勘、调研和比选，在可研、初设阶段选择了西线方案，在局部比选阶段进一步深化了线路多因子比选的理念，充分考虑了安全、环境等方面因素的影响，使管道路由的安全可靠性与技术经济可行性结合得更加紧密。

（中国石油天然气管道工程有限公司熊健供稿）

1.2.2　管道路由基于风险比选案例

1. 背景

西北某天然气在建管道路由从新疆进入甘肃河西走廊，与在役的西气东输一线、二线、三线、双兰线等多条油气管道形成管廊带。

通过调研了解到，由于河西走廊土地资源稀缺，管道数量多，管道建设和保护与当地经济发展矛盾比较突出，管道违章占压、第三方施工损坏和高后果区风险较高。为此，在原河西走廊路由方案基础上提出了甘蒙方案1和甘蒙方案2(图1-6)。

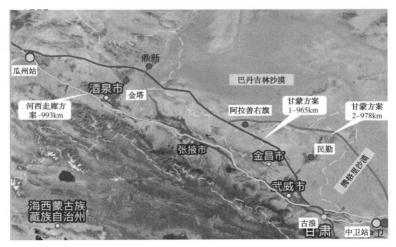

图1-6 三种方案比选图

2. 做法

在该项目可研规划阶段，相关单位从基于功能及投资的管道选线理念转向基于风险的理念，在传统的比选方法基础上，增加了沿线建筑物及高后果区分布、环境敏感区分布、政府及公众支持、系统优化、运行能耗、维修维护、压气站失效、管道破裂等因素的比选，为规划阶段的决策提供全方位的咨询意见，同时也为保障运行阶段管道安全、周边公共安全奠定了基础。

通过统计分析和比较，管道两侧各100m范围内，河西走廊方案有45处建筑物，甘蒙方案1有16处，甘蒙方案2有12处(图1-7、图1-8)。此外，河西走廊方案存在11处高后果区管段，甘蒙方案1、甘蒙方案2均不存在高后果区管段。所以从风险角度看，甘蒙方案较优。但通过风险评价可知，河西走廊方案虽然相对风险较高，但总体风险还是在可接受范围内，且从集约用地、系统优化、运行能耗、管道维护等多个方面分析，河西走廊方案还是远优于甘蒙方案。

综合考虑各种因素，包括管道的可靠性以及其他多项指标情况，本项目设计暂推荐河西走廊方案。

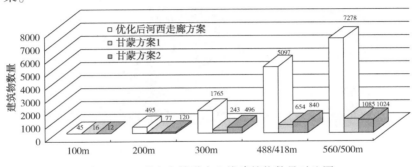

图1-7 三种方案管道中心线建筑物数量对比图

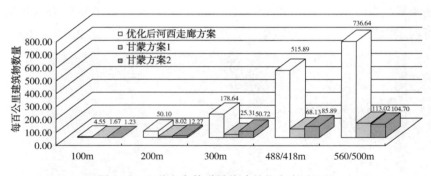

图1-8 三种方案管道沿线建筑物密度对比图

3. 启示

西北某天然气管道可研规划项目从基于功能与投资的路由比选转向基于风险的路由比选，对沿线建筑物进行多方案定量统计与比较，为今后管道路由比选提供了新的思路和方法。

管道建设与运行是一个复杂的系统工程，不能简单地以安全因素作为方案推荐的唯一原因。虽然考虑了多种比选因素，但并未设定安全因素与管道建设、运行等其他因素的权重关系，建议今后研究制定规划管道路由比选因素的权重设定以及半定量综合比选方法。

（中国石油天然气管道工程有限公司熊健供稿）

1.2.3 管道路由避让产业聚集规划区案例

1. 背景

根据可研路由方案，中部某输气管道先后穿越某县境内三个产业聚集规划区，长度约为9km。沿线有多家企业和政府机关等，人员密集，管道建成后将形成高后果区，同时第三方施工损坏风险大，安全隐患多（图1-9～图1-11）。

图1-9 管道路由穿越产业聚集规划区

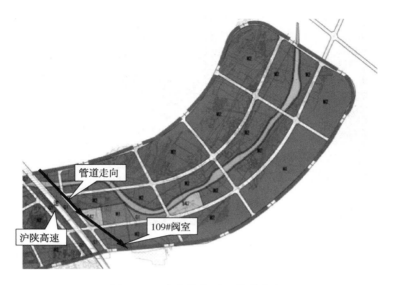

图 1-10 产业聚集区 1 管道走向

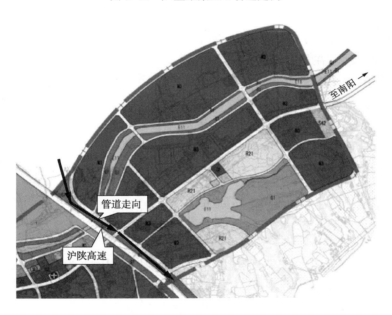

图 1-11 产业聚集区 2 管道走向

2. 做法

为避免因管道建设多次切割产业聚集规划区，降低征地协调难度，设计单位将原设计路由方案向南改线(图 1-12)。改线后线路长度比原路由增加 3.1km，需要穿越国家森林公园，增加 7 座山岭隧道，隧道长度约为 5.7km，工程投资预计增加约 1.4 亿元。新路由避开了产业聚集规划区和两处矿产资源区，支持了当地经济发展，并使管道潜在影响区域(管道中心线两侧各 319m 范围内)不再有高后果区，大幅降低了第三方损害风险，消除了安全隐患。

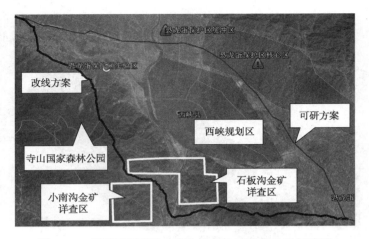

图 1-12　管道可研线路走向与改线方案线路比选遥感图

3. 启示

在实践中，油气管道建设规划与地方发展规划和其他专项规划发生冲突的情况有以下两种：一种是地方发展规划和其他专项规划先于油气管道建设规划，管道路由应服从地方规划布局，如两者发生冲突，需重新考虑管道路由或由管道建设方采取安全防护措施；另一种是管道建设在先，城乡建设与管道安全保护要求相冲突，需要进行安全评估，由建设方采取防护措施或者出资对管道进行改线。本案例对沿线人员密集区、规划区采取避绕措施，虽然施工难度和投资都有所增加，但有利于当地经济社会发展，也有利于管道安全、降低运行成本，体现了"以人为本、安全环保、合法合规、便于施工、利于运营、经济合理"的全新设计理念。

（中国石油天然气管道工程有限公司熊健供稿）

1.2.4　管道高后果区避绕与防护案例

1. 背景

某管道全长 1480km，北端管径为 1219mm，设计压力为 10MPa；南端管径为 1422mm，设计压力为 10MPa（图 1-13）。该管道口径大、压力高，一旦发生失效，会对周边群众生命财产造成重大损失，并对下游城市正常生产生活产生严重影响。为此，设计单位在常规的设计要求基础上，开展了高后果区识别，并提出了安全防护设计要求。

2. 做法

（1）根据 GB 32167—2015《油气输送管道完整性管理规范》规定："在建设期开展高后果区识别，优化路由选择。无法避让高后果区时应采取安全防护措施。"在选线中因沿线多为经济较发达地区，人口密度高，虽然尽量采取了避绕高后果区措施，但部分管段仍然通过了高后果区。本设计中通过风险识别和评价，识别出了高后果区可能发生的风险，采取了合理的风险控制措施，从而满足管道投产后安全运营和管理要求。

图1-13 线路走向示意图

（2）在可研阶段共识别出9处高后果区管段，合计长度为303.5km，占线路总长的20.5%，并提出了相应的防护措施(表1-2)。

表1-2 高后果区防护措施

序号	地区等级	影响失效因素	防 护 措 施
1	四级地区 三级地区	第三方损坏、施工及材料缺陷、腐蚀	1. 全线铺设警示带，安装预警监测装置 2. 三级、四级地区设计系数分别采用0.5和0.4 3. 焊接质量采用"双百"检测 4. 采用加强级防腐层 5. 管道覆土厚度不小于1.5m，局部水域穿越段、建筑物密集段适当加大埋深 6. 每50m设置一个加密桩，适当增加警示牌数量，加强日常巡检 7. 对第三方施工比较频繁地段，采用盖板涵保护 8. 投产后3年内首次进行内检测，周期不超过8年
2	二级地区	第三方损坏、施工及材料缺陷、腐蚀	1. 全线铺设警示带，加强日常巡检 2. 按照远期规划适当提高地区等级 3. 焊接质量采用"双百"检测 4. 管道覆土厚度不小于1.2m 5. 每100m设置一个加密桩，适当增加警示牌数量 6. 对第三方施工比较频繁地段，采用盖板涵保护

续表

序号	地区等级	影响失效因素	防 护 措 施
3	穿越河流	受到洪水冲蚀	1. 尽量采取定向钻穿越 2. 适当提高设计系数 3. 加强防腐和检测 4. 防止施工作业污染环境

3. 启示

管道规划阶段的高后果区风险评价由于数据少，目前多采用定性或半定量风险评价，评价效果并不理想。建设期风险评价还需要通过实践与研究探索更为合适的方法。

在本项目工程实施中，随着数据的充实和路由的逐步细化，充分与地方规划、在建及已有村镇、厂房信息结合，在多个管段区域开展了定量风险评价，为管道与地方经济建设和谐共存、安全发展提供了有力的理论支撑。

（中国石油天然气管道工程有限公司熊健供稿）

1.2.5 LNG 外输管道建设保护案例

1. 背景

某液化天然气应急储备项目外输管道工程总长 224km，设计压力为 10MPa，管道外径为 1219mm 和 1016mm。管道位于京津冀经济圈，人口密度大，管道一旦发生泄漏可能造成较大危害。为此，在建设阶段对沿线高后果区进行精细化识别，提高了管道本体防护标准（图 1-14）。

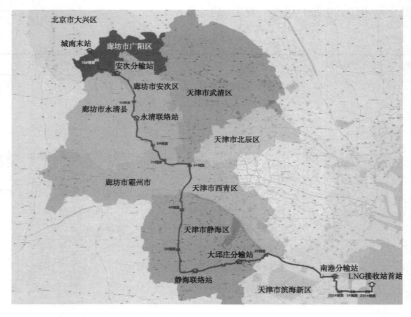

图 1-14 外输管道走向示意图

2. 做法

（1）优化路由选线。设计单位结合遥感影像及现场踏勘进行路由比选，与沿线国土、环保和水利等规划相结合，获取规划区、环境敏感区、高后果区等特殊区域的资料。路由选择尽量避绕高后果区，与周边村庄间距不小于100m；避开机场、车站、码头、自然保护区、饮用水源地、风景名胜区和重点文物保护区等区域。

（2）本体安全控制。管材选用D1219mm、L555M钢管和D1016mm、L485M钢管。为减少变壁厚点，将钢管壁厚按照"就高不就低"的原则进行整合，全线采用自动焊接和以AUT为主的检测方式。

（3）高后果区识别与防护。本工程共识别出10个高后果区管段，分级为Ⅱ级，占线路全长的22.3%（表1-3）。

表1-3　高后果区及特定场所识别表

编号	长度/km	高后果区分级	识别描述
HCA01	18.72	Ⅱ级	经过南港工业区
HCA02	14.05	Ⅱ级	南港工业区中国石化商储库储罐区最近储罐位于管道西115m
HCA03	1.50	Ⅱ级	途经厂房集中地段，需进行拆迁
HCA04	0.876	Ⅱ级	静海区民兵训练基地位于管道东侧189m
HCA05	1.37	Ⅱ级	京沪高速静海服务区位于管道西侧100m
HCA06	3.37	Ⅱ级	京沪高速静海收费站办公楼位于管道西侧120m
HCA07	0.887	Ⅱ级	英雄马术俱乐部位于管道北侧50m
HCA08	0.656	Ⅱ级	观音阁位于管道北侧186m
HCA09	0.45	Ⅱ级	铭鑫加气站位于管道南侧180m
HCA10	5.37	Ⅱ级	万庄服务区位于管道西南侧58m；火头营回族小学位于管道东侧75m
合计	49.959		

对无法避让的高后果区采取安全防护措施（表1-4）。

表1-4　高后果区管段安全防护措施一览表

序号	项目	安全措施
1	设计方面	1. 高后果区段管道强度设计系数不低于0.5 2. 特定场所区段管道环焊缝进行100%射线和100%超声波检测（其中采用组合自动焊时，应采用100%射线+100%手动超声+100%相控阵超声检测） 3. 加大标志桩密度，每50m设置1个加密桩 4. 高后果区段单独设置警示牌，每1km不少于3处，且满足通视性要求 5. 设计中减少热煨弯管和变壁厚焊口，并尽量减少连头 6. 人员密集型高后果区段增加视频监控措施 7. 利用管道同沟敷设的通信光缆，对管道全线实现振动监测，对管道挖掘等进行预警并跟踪定位，防止第三方挖掘破坏

序号	项目	安 全 措 施
2	施工方面	1. 严格控制管道与特定场所、易燃易爆场所的间距，不得随意更改路由 2. 施工时，加强对焊接、防腐、补口质量的监督、检验，严格执行焊接工艺规程 3. 编制详细的试压施工方案；严格控制试压头质量；试压头应在安装前进行强度试压，强度试验压力为设计压力的 1.5 倍；试压头重复使用的次数不宜超过 3 次 4. 全线强度试验压力均采用 1.5 倍的设计压力，以便尽量暴露施工缺陷，为管道运行压力留有充分裕量 5. 试压设备和试压管线 50m 范围内在升压过程中为试压禁区，严禁非试压人员进入 6. 严格按照管道保护法的要求，施工作业带范围内的建筑物要进行拆除

3. 启示

本案例在设计阶段根据 GB 32167—2015《油气输送管道完整性管理规范》规定，对沿线高后果区进行了识别，并针对各种风险因素制定了安全防护措施。

为了保证管道规划建设顺利实施，管道规划应进一步与沿线国土、环保和水利等规划相衔接，及时获取规划区、环境敏感区、高后果区等最新资料，完善设计方案。

（国家管网集团工程技术创新有限公司王嘉鹏供稿）

1.2.6 长江盾构穿越工程设计安全风险控制案例

1. 背景

长江盾构穿越工程是某天然气管道项目的控制性工程，对连通长江南、北两岸和管网互联互通具有重要意义。

管道穿越处与长江主堤之间的距离约为 9.3km，盾构穿越水平长度达 10.226km，是目前全球土层单向一次掘进距离最长的盾构隧道（图 1-15、图 1-16），并首次在隧道内采用全自动焊方式，敷设 3 根 $D1422mm \times 32.1mm$ 的 X80M 直缝埋弧焊钢管（图 1-17）。隧道承受的最高水压达 0.73MPa，穿越长江大堤、海轮锚地、长江主航道、长江刀鲚水产种质资源保护区核心区等，设计、施工难度大。

图 1-15　长江穿越平面图

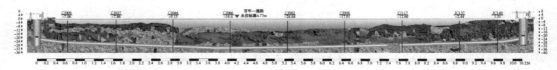

图 1-16　长江穿越纵断面图

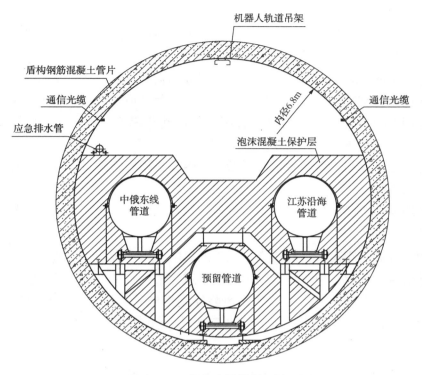

图 1-17　长江穿越横断面图

2. 做法

1）盾构穿越安全风险管控

（1）设计前期与相关管理部门多次调研，确认港池、锚地、航道的级别和范围，分别开展抛锚影响评价、航道通航条件影响评价、通航安全影响评价、防洪影响评价工作，考虑多方面因素综合确定隧道穿越深度，保证盾构隧道在近期和远期均不受船只抛锚和河道疏浚的影响。

（2）考虑常熟海轮锚地的远期规划，设计隧道顶距离锚地区域河床约 39.92m，埋深比锚地影响专题报告要求的深度多 18.01m 的安全余量。

（3）考虑 13.8m 的河床演变最大冲刷深度和主航道远期规划，设计隧道顶位于远期规划航道底高程以下 40.1m，有 26.3m 的安全余量，满足航道未来通航要求。

（4）开展穿越安全防护设计，从多角度分析管道盾构穿越与港口、码头、航道、锚地的相互影响，采取不同应对措施，保证工程本质安全。

（5）施工阶段和运行阶段开展定期监测，加强对穿越隧道附近水域水下地形的监测，确保隧道埋深不小于设计深度，保证建设期隧道穿越安全。

（6）管道投产之前，对隧道实际埋深进行全线实测，为今后运行单位管道完整性管理提供基础数据。

（7）在施工期和运行期，主管单位与工程所在地应急、水利、环保、海事、港口、航道、消防等部门建立联系会商机制，及时通报隧道建设、运行和保护情况。

2）管道安装风险管控

（1）开展隧道内超长距离管道应力监测，保证在运营升降与试压等工况下，管道轴向、环向、当量应力和应变均在安全阈值内。

（2）采用18m加长钢管，减少1/3焊口数量，降低管道环焊缝失效风险。

（3）采用全自动焊接，一次运输就位安装，避免管道吊装移位带来的风险。

（4）运用BIM技术将盾构隧道与管道安装设计及施工相结合，避免管道安装施工空间不足、装置碰撞风险。

（5）应用泡沫混凝土覆盖管道，降低隧道内超长距离管道日常维护、外力破坏、变形相互影响的风险。

（6）运用智能监测技术实现隧道与管道运营智能化管理，避免人员巡检的风险。

3. 启示

本案例为今后长距离管道隧道穿越工程的风险分析和控制、管道完整性管理的开展提供了有益借鉴。通过在项目设计阶段开展管道完整性管理，对设计、施工和运行阶段的安全风险进行充分识别和分析，实施风险控制措施，从根本上提高管道本质安全水平，从而为管道百年设计寿命奠定良好的基础。

（国家管网集团工程技术创新有限公司王丽供稿）

1.2.7 航煤管道兰州黄河段穿越工程保护案例

1. 背景

某航煤管道工程全长66.5km，设计年输量为100×10^4t，管道设计压力为8MPa，管径为219.1mm，采用直缝高频电阻焊钢管，材质为L245M。兰州黄河段穿越长度为1044.6m，与河道夹角为83°，主要穿越地层为泥质砂岩层。管道一旦发生泄漏，将会造成重大的环境污染事件(图1-18)。

图1-18　穿越黄河地形地貌示意图

2. 做法

1）工程设计

（1）穿越方式。选择经济合理、技术成熟的定向钻穿越方式，泥质砂岩层钻孔成型较好，适宜施工。

（2）管道壁厚。按照 GB 50423—2013《油气输送管道穿越工程设计规范》中水域穿越工程等级与设计洪水划分规定，该穿越工程等级为河流大型穿越工程，设计洪水频率为 1%（百年一遇）。经应力计算分析穿越管道采用 $D219.1mm \times 8.8mm$ 的 L245M 直缝高频电阻焊钢管即可满足设计要求，考虑到穿越黄河的重要性，适当增加管道壁厚至 10mm，从根本上保证管道安全。

（3）穿越曲线。定向钻曲率半径为 1500D 即 328.65m，入土角为 14°，出土角为 10°。结合穿越位置的地层连续情况，适当增加管道埋深，冲刷线下管顶最小埋深为 18.6m，充分保障了管道安全，且常规水上活动不会对管道产生扰动。

2）施工工艺

（1）不良地层的处理。穿越入土点处存在对定向钻不利的卵石层，因此采用夯套管隔离方法实现穿越。将钢套管沿定向钻的钻进角度夯进，将卵石层隔离，并用绞龙将套管内的卵石置换出来，管道回拖完成后注入泥浆。这种方式将卵石层与管道隔离开，避免管道回拖时其防腐层受到磨损埋下安全隐患，影响管道使用寿命。

（2）管道预制。按照焊接工艺规程进行管道焊接，所有焊口进行"射线+超声波"双百检测，合格后采用定向钻专用热收缩套防腐补口。补口合格后外加玻璃钢进行防护，防止回拖过程中热收缩套脱落。最后进行清管、测径和试压，合格后管道预制完成。将管道布置在聚乙烯滚轮架上，减少管道回拖时的摩擦力以保护防腐层。

（3）扩孔和回拖。一般要求扩孔孔径为 1.5D，最小扩孔直径为 328.5mm。采用"钻杆+350mm 铣齿扩孔器+钻杆"扩孔，完成后洗孔一次，保证成孔质量，确保一次回拖成功。回拖钻具组合为"扩孔器+万向节+U 形环+管线"，回拖过程中控制泥浆泵的泵压，保持孔壁稳定；同时安排专人对管道防腐层进行电火花检漏，发现漏点及时修补（图 1-19）。

图 1-19　定向钻穿越黄河工程施工现场

该项工程于 2018 年 4 月开工建设，2019 年 12 月正式投产运营以来，各项质量指标符合规范要求，运行状态良好。

3. 启示

按照管理部门的要求，根据穿越位置的地形地貌、地质情况、冲刷深度等因素，确定合理的穿越方式并适当增加管道壁厚，加大管道埋深，从本质上保证管道安全。

采取合适的施工工艺和针对性保护措施，将各种制约因素对管道的影响降到最低，确保管道预制焊接质量和防腐补口质量，实现管道防腐层的完整性，保证管道运行安全和使用寿命。

（中国石油工程建设有限公司华北分公司刘松杰、李山山供稿）

1.2.8　萧山至义乌输气管道建设保护案例

1. 背景

浙江省萧山-义乌天然气管道于 2018 年开工建设，途经杭州市、绍兴市、金华市，线路长度约为 118.95km，总投资 16.7 亿元，管径为 813mm，设计压力为 6.3MPa，设计输量为 $21.79 \times 10^8 m^3/a$，线路沿线穿越高速 9 处、铁路 2 处、国省道及二级公路 12 处、县道 15 处、大型河流 2 处、山岭隧道 9 处（图 1-20）。

图 1-20　萧山-义乌天然气管道建设现场

2. 做法

（1）优化管道路由选取。设计阶段充分调研沿线地方发展规划、自然保护区、水源地、居民点布局等，按照沿线政府有关部门的建设规划要求，将管线路由与省级天然气管网规划、各城市总体规划、控规详规及村落规划有机衔接，最大限度地避免后期路由调整及第三方施工影响。

（2）保证管道设计强度。钢材选取韧性、刚性适中的 L450M 钢，以适应浙江省多山、多淤泥的运行环境。考虑沿线城乡建设快速发展情况，统一按四级地区将管道强度系数确定为 0.4，有效避免因管材壁厚频繁变化对管道焊接质量造成的影响，同时规避了运行期间因地区等级升高导致管道被迫迁改的问题。

（3）完善管道标识设置。管道上方 0.5m 处埋设警示带，连续地段每 100m 设置 1 个警示牌，Ⅱ级、Ⅲ级高后果区段按每 30m 设置一个警示牌，加大线路标志桩设置密度，每 50m 设置 1 个加密桩，切实加强管道可视化管理，有力保障管道平稳安全运行。

（4）数字化建设过程管理。勘察设计阶段引入数字化管道设计模式，实现数字化交付；施工阶段针对焊口三维坐标、隐蔽工程参数等重要过程数据，采用数字化技术搜集，为运行阶段全生命周期数字化管理奠定基础；试运投产阶段组卷跟踪测量数据上报地方规划部门备案，办理规划竣工核实手续，为后续规划提供数据支撑。

（5）加大科技创新应用。四级地区（Ⅲ级高后果区）加装了视频监控系统并试运行 AI 视频分析技术，便于 24h 监控并自动识别四级地区内的第三方施工挖掘活动。借助管道伴行光缆，加装光纤振动预警系统，做到 24h 监控管道全线情况。

（6）严格施工质量控制。进一步完善项目质量控制体系，注重关键环节管理，将焊工资质证书、焊机、焊丝、焊条、管材、焊片以及监理的焊接、防腐旁站记录等关键环节资料数字化，实时录入建设期管道完整性管理系统，进一步完善焊接工艺设置，加强焊接施工质量控制，同时有利于后期溯源管理。

3. 启示

从源头抓好管道保护。按照管道保护法和完整性管理的要求，在规划建设阶段做好高后果区避让和优化选线工作，按照管道周边发展规划设计壁厚，防范地区等级升高风险，降低后期管道保护难度。

加强施工质量管理。本项目特别重视施工现场各项质量管理措施的落实，采用设备性能、人员资格、材料检验、焊接施工和旁站监理全过程数字化质量监控手段，对管道全生命周期管理、后期数据溯源、事故应急等能发挥很好的作用。

积极应用科技手段。增加了建设期完整性管理的要求，并实现数字化、信息化，预装了AI智能识别监控系统和光纤预警系统，为管道建设领域推广"互联网+管道保护"奠定了基础。

（国家管网集团浙江省天然气管网有限公司王堃、范文峰、周亚单供稿）

1.2.9 线路管道与站场管道连接段保护案例

1. 背景

早年建设于沿海淤泥地质地区的天然气站场普遍发生了不均匀沉降的问题，线路与站场管道连接段尤为严重，增加了站场设备故障和安全运营风险。在中山市和珠海市的两座站场建设中，针对严重的不均匀沉降问题事先采取了保护措施，避免了安全运营风险。

2. 做法

（1）原因分析。一般情况下，线路管道采用原状土直埋敷设，为柔性基础。天然气站场由于需安装重型设备，一般采用预应力管桩+钢筋混凝土基础，为刚性基础，时间一长，两者极易发生不均匀沉降状况，致使管道等设施处于隐患状态，进而可能发生天然气泄漏甚至酿成重大安全事故等。

（2）保护方案。对约40m的连接过渡段，采用松木桩按梅花形打入地基约12m，浇筑垫层及钢筋混凝土板，砌筑（或浇筑）管涵后上铺预制盖板，管道顶部距盖板预留一定的沉降空间。上述措施减少了发生不均匀沉降的可能性，使站内的绝缘接头和设备避免受外应力影响，确保其处于安全状态（图1-21）。该方案具有成本低、施工周期短、便于管道后期维护等优点。

（3）应变监测系统。该系统由振弦式应变计+采集传感仪+软件系统组成，监测应变量程可达±3000με，精度达1με，可满足长输天然气管道应变监测的使用需求，特别适用于淤泥地质或易发生山体滑坡等地区。在应力影响较显著的进出站管道、绝缘接头等处增设该系统，可持续监测管道应力变化、评估站场沉降情况，提前预警、及时应对（图1-22、图1-23）。

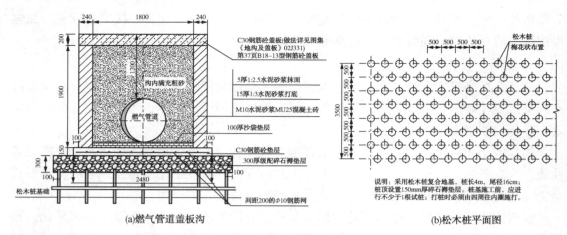

(a)燃气管道盖板沟　　　　　　　(b)松木桩平面图

图1-21　进出站过渡段管道的松木桩+管沟保护做法示意图

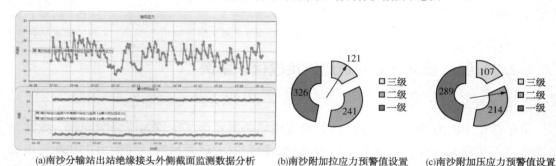

(a)南沙分输站出站绝缘接头外侧截面监测数据分析　(b)南沙附加拉应力预警值设置　(c)南沙附加压应力预警值设置

图1-22　某站场管道应变监测数据分析图

(a)应变线圈　　　　　　　　　　(b)应变计

图1-23　管道应变线圈和绝缘接头应变计安装

3. 启示

据统计，用于天然气站场不均匀沉降的治理费用为600万~800万元/座，且施工风险较高。本案例针对站场多年存在的沉降问题提出的一系列防沉降设计保护方案和措施，可有效遏制后期站场不均匀沉降问题的发生，实现管道保护关口前移、全程监控，对相关管道工程的设计及施工具有指导和借鉴意义。

（中海广东天然气有限责任公司赖乐年供稿）

1.2.10　管道与规划道路工程相遇保护案例

1. 背景

某支线天然气管道工程位于中山市某镇的产业平台区域，全长 2.9km，管径为 750mm，设计压力为 9.2MPa，于 2018 年建成投产。该管道与产业平台发展规划中的市政道路有 6 处交叉和 1 处伴行。为避免后期道路建设影响管道安全，制定了管道预保护设计方案。

2. 做法

管道企业与镇政府及规划、住建等部门多次沟通，结合所规划道路交通等级、穿越处的地质条件、管道埋深要求等，制定了管道预保护设计方案，提前采取了如下保护措施：

（1）规划道路近三年内要实施，有具体道路设计资料的：

① 与规划快速路、主干道及以上等级道路交叉的，根据管道交叉处不同的地质条件，在回填土地基承载力≥100kPa 时，采用提前预埋钢筋混凝土套管的保护方案（图 1-24）；在淤泥等地质较差的条件下，采用在管道两侧修建水泥搅拌桩（或管桩）+混凝土盖板涵的保护方案（图 1-25）。钢筋混凝土盖板及套管的强度按照道路等级和过车载荷等参数进行设计。

② 与规划次干道及以下等级道路交叉的，交叉处采用预埋钢筋混凝土盖板涵的保护方案。

（2）规划道路建设计划和具体设计参数未明确的：

① 与规划快速路、主干道及以上等级道路交叉的，在交叉处采用预埋钢筋混凝土盖板涵的保护方案，因规划道路设计方案未确定，推荐管道埋深不小于 1.5m，并在地面做好标志桩等标示设施。

② 与规划次干道及以下等级道路交叉的，推荐在交叉处地面做好标志桩等标示设施。

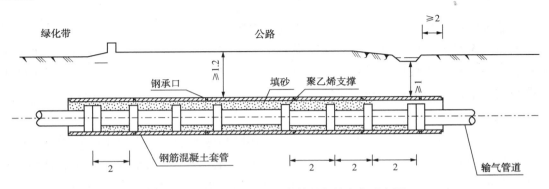

图 1-24　预埋钢筋混凝土套管的保护方案示意图

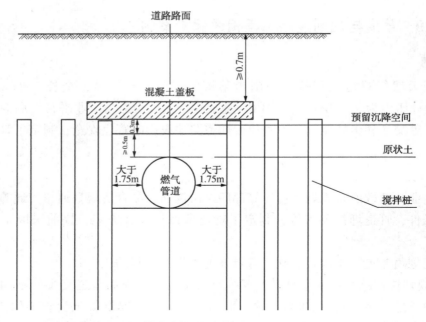

图 1-25 修建搅拌桩+盖板涵的保护方案示意图

3. 启示

管道企业应持续跟进当地发展规划和道路建设信息，统筹考虑当地交通设施和天然气管道设施的总体规划情况，避免管道二次迁改。同时加强道路建设区域管道日常巡检工作，有效监控管道周边第三方施工情况。

道路建设单位应做好物探测量工作，与管道交叉处的道路设计方案须及时报当地规划部门和主管管道保护工作的部门，并与管道企业协商确定施工作业方案。

（中海广东天然气有限责任公司赖乐年供稿）

1. 2. 11 储气库注采管道本质安全管理案例

1. 背景

某储气库注采压力高，最高注气压力为 26MPa，最高采气压力为 12MPa。注采管道全长 5km，途经区域村庄林立，公路纵横交错，经济较为发达，人口相对稠密，地面情况复杂，一旦发生事故后果严重。为了最大限度地降低注采管道运营安全风险，加强了管道本质安全设计，采取了相应措施。

2. 做法

（1）开展高后果区识别。对注采管道周边环境和地面情况较为复杂的管段，运用管道位置影像图并结合实地勘查，进行矢量化电子地图处理，形成集管道属性信息和空间信息于一体的可视化系统，通过空间查询、定位和分析，识别管道沿线敏感区域、人口分布密集区域，确定高后果区范围。

（2）提高管道设计系数。根据高后果区识别结果并结合当地国土空间规划确定管道路由，报当地自然资源部门审核批准。经识别现地区等级为三级和二级各占 50%，考虑到当地未来发展，全线按三级地区设计，管道设计系数提高到 0.5，管道埋深调整为 1.5m。

（3）采取防护措施。对识别出的高后果区管段加密设置标示桩和警示牌，间距为 30m／个，并安装视频监控设备。加强阴极保护工作，设置腐蚀试片或腐蚀监控系统，监测管道腐蚀速率，确保其满足规范要求。对于穿越密集农田地区、土路的管道，设计盖板保护，防止发生深耕、开挖损坏管道情况。

3. 启示

管道设计阶段应及时开展高后果区识别和优化路由选择，避绕规划区、产业区和人员密集区，同时充分考虑地区发展规划，尽量避免形成高后果区。

管道设计系数应留有一定余量，防止因沿线区域人口密度变化、地区等级变化、规划变更等情况造成不合规运行。

为保证高后果区识别与评价的准确性，应加强相关技术规范的学习和培训，提升工作人员的能力和水平。

（中国石化中原石油工程设计有限公司樊黑钦供稿）

1.2.12 航煤管道宁夏黄河段穿越工程保护案例

1. 背景

宁夏某航煤管道工程黄河定向钻穿越段实长为 2500m，工程等级为河流大型穿越工程。管线与黄河河道夹角为 73°。穿越段管道采用 $D219.1mm×7.1mm$ L245N 无缝钢管，防腐等级为常温型三层 PE 加强级防腐，外加环氧玻璃钢防护。主要穿越地层为细砂层（图 1-26）。

图 1-26 穿越地形地貌示意图

2. 做法

黄河穿越段是本工程的控制性工程，地质复杂、施工难度大，必须从根本上保证管道安全。

1）设计方面

（1）工程等级划分。穿越两岸为黄河大堤，坚固而规整，为Ⅰ级堤防工程，大堤高程为1111.87~1112.17m，两侧大堤之间的距离为1950m，穿越处主河槽宽975m，最大水深为16m。按照GB 50423—2013《油气输送管道穿越工程设计规范》中水域穿越工程等级与设计洪水划分规定，该穿越工程等级为大型穿越工程，设计洪水频率为1%（100年一遇）。

（2）穿越曲线的设计。入土点布置在河道东岸，距离大堤堤脚约251m，入土角为13°；出土点布置在河道西岸，距离大堤堤脚约252m，出土角为7°。东岸大堤坡脚处埋深为40.86m，西岸大堤坡脚处埋深为31.39m。整个穿越曲线为三直两弧，定向钻曲率半径取1500D，定向钻穿越实长为2500m。黄河定向钻穿越层选择在细砂层中，最低点管道埋深为22.04m，最大冲刷线下埋深为13m，能够保证管道长期运行安全。

（3）管道防腐层设计。穿越长度为2500m，距离较长，为了减少管道回拖过程中对防腐层造成破坏影响管道寿命，增加了环氧玻璃钢防护层，能够有效起到保护作用。

（4）安全监控设计。为了防止人为造成管道损坏，在穿越两侧设置管道标识和监控摄像头加强安全防护。

2）施工方面

（1）夯管施工。黄河穿越处入土点存在对定向钻不利的卵石层，在入土点采用夯套管隔离法来穿越卵石层，即将套管沿定向钻的钻进角度夯进，将卵石层隔离，并用绞龙把套管内的卵石置换出来。套管规格为D813mm×12.5mm L485M 直缝埋弧焊钢管，入土角度为13°，套管隔离长度为92m。采用"钻机+绞龙"的方式进行套管内卵石和杂物的清理，使用夯管锤进行钢套管的夯进。实施过程中采用"先掏后夯"的方式，重点监测第一根套管的施工，采用"轻锤慢进"的方法保证入土角度，后续过程中每次夯进都需测量纠偏（图1-27）。

图1-27　夯套管施工

（2）环氧玻璃钢施工。环氧玻璃钢采用五油二布，即环氧树脂+环氧树脂+无碱玻璃纤维布+环氧树脂+无碱玻璃纤维布+环氧树脂+环氧树脂，总厚度≥1.2mm。防护层涂敷前，应在一根三层PE防腐管上进行环氧玻璃钢涂敷工艺评定，经检验防护层厚度和附着力合格后，编制环氧玻璃钢防护层涂敷工艺规程。施工时严格按照工艺规程进行施工，玻璃纤维布间的搭接宽度≥50mm，玻璃纤维布应充分浸润环氧树脂，在其完全固化前，防止被污染和损坏。施工完成后对其外观、厚度、固化度和黏结强度进行检查，均需符合设计要求（图1-28）。

（a）　　　　　　　　　　　　　　　　　　（b）

图1-28　环氧玻璃钢施工过程

（3）管道回拖施工。管道回拖时钻具设置为"钻机+钻杆+回拖扩孔器+旋转接头+U形环+回拖管线"。为了减少管道摩擦，降低管道破坏，设置管道发送沟，即沿回拖管道开挖深度为0.6m的管沟，管沟内充满深度为0.3m的洁净水，以减小管道回拖的阻力和摩擦力。

该项工程于2022年2月开工建设，2023年7月正式投产运营。

3. 启示

设计方面：应按照管理部门的要求和相关标准规范，仔细勘查和研究地质情况，选择有利的设计方案，从穿越曲线设计、出入土点选择、管道壁厚选定、管道防腐和防护、管道运行等方面全面考虑，做到全生命周期安全运行。

施工方面：应严格遵从设计文件和标准规范的要求，确保工程质量，杜绝质量隐患，从本质上保证管道运行的长治久安。

（中国石油工程建设有限公司华北分公司李山山、刘松杰供稿）

1.2.13　合建压气站初设方案避让已建管线案例

1. 背景

某合建压气站在新老站场之间存在一条已建输气管道（管径为1016mm，设计压力为10MPa），可研方案显示总图布置已避让该管道（图1-29）。经设计单位对已建管道现场开挖测量后，发现部分管道位置与可研方案中的道路重叠，且新建压缩机厂房基础外缘距离管道不足5m（图1-30），不能满足相关要求。如果对已建管道进行局部迁改（长度约为140m），需采取带压动火作业、不停输封堵等措施，施工难度大，改线费用高。为此通过优化调整初步设计方案，成功避让了已建管道，节约了大量投资。

2. 做法

（1）优化调整总图布置。合并工艺设备区、压缩机区的设备安装布置，调整各类管线路由及用地，将工艺设备区四周的道路宽度由6m缩减至4m。将新建站场区域的道

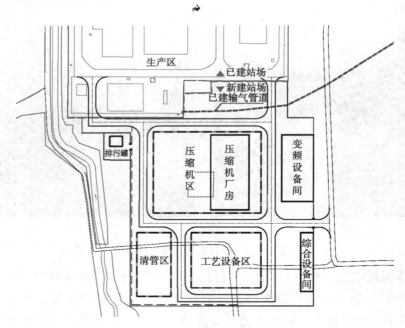

图 1-29　可研阶段标注的已建管道位置

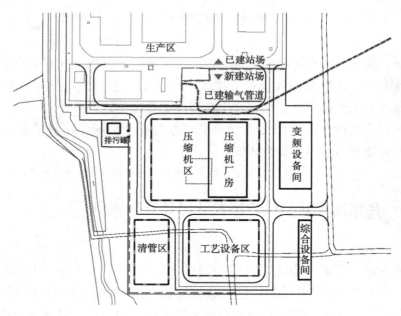

图 1-30　初设阶段探测的已建管道位置

路向南平移 9m，与已建管道平行，避免了重叠和相互影响，压缩机厂房与管道间距增加到 15m，符合了相关规范要求。

（2）优化站场设计标高。由于已建管道由西向东标高抬升，受道路坡长及坡度限制，东侧的新老站场连接道路通过已建管道处的挖深约为 1.8m，而管道埋深仅为 1.5m，将导致管道露出地面。为此，将连接道路向西平移约 48m，并优化站场设计标高，使已建管道位于新建道路下方，竖向标高互不影响。

（3）采取管道保护措施。如在道路穿过已建管道处设置涵洞，现场施工时采取隔离挡护、人工开挖等措施，避免施工时损坏管道。

经过初步设计方案优化，避免了已建管道迁改，节省了大量投资。优化后的总图方案见图1-31。

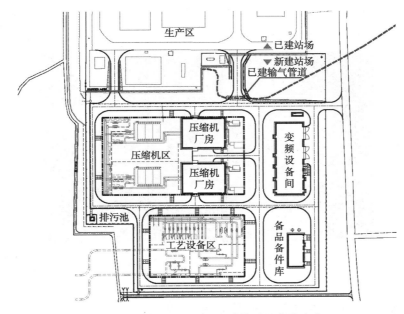

图1-31 初设阶段避让已建管道的优化方案

3. 启示

合建站场选址调研时，应通过查询已建站场资料、询问站场工作人员、现场踏勘等方式，必要时需要现场开挖勘探，准确掌握地下管线相关信息，重点对管道位置、标高及管径等进行详细探测和标注，不能仅凭地面标志桩简单确认，避免因管道位置偏差而影响设计方案。

合建站场总平面布置时，应尽量避让已建管道，确实无法避让的，需与管道权属单位沟通协商，根据具体情况采取管道保护、迁改等措施。竖向设计时，应注意场地设计标高与已建管道在空间上的相对关系，避免出现场区挖方导致管道露出地面的情况。

应细化可研阶段的总图方案，确定合理的用地范围，防止用地预审批复后因用地范围无法调整而导致方案不合理的问题发生。

（中国石油天然气管道工程有限公司秦宝华、毛平平、王志勇供稿）

1.2.14 管道与城际铁路交叉改线案例

1. 背景

根据关中城市群城际铁路规划和陕西省天然气管道"一张网"输配体系规划，未来城际铁路建设与已建天然气管道将不可避免地出现交叉与并行。在项目建设过程中，既要确保铁路施工和管道运营安全，又要充分考虑铁路电磁干扰对管道运行安全的影响。

以西安北至机场城际铁路（西安地铁13号线）与靖西一线天然气管道交叉点改线工程为例。靖西一线于1997年建成，是陕西省第一条天然气管道，管道规格为$D426mm×7.1mm$，设计压力为4.0MPa/5.8MPa，管道全长488.5km，担负着延安、铜川、西安等地区的天然气供气任务。机场城际铁路闫家村南段高架铁路桥（净空6.5m）与靖西一线交叉角不符合规范要求，同时存在1处占压隐患（图1-32）。

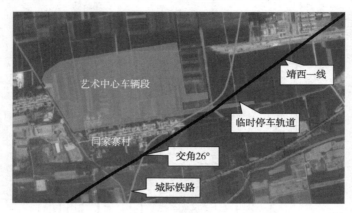

图1-32　靖西一线、城际铁路及车辆段位置

2. 做法

《油气输送管道与铁路交会工程技术及管理规定》（国能油气〔2015〕392号）要求："管道和铁路不应在车辆段交叉，以及管道与铁路交叉宜采用垂直交叉或大角度斜交，交叉角度不宜小于30°。"目前交叉角度为26°，为保证双方安全，对该管段实施改线，与拟建铁路正交，且避开车辆段区域，管道改线长度为1970m（图1-33）。

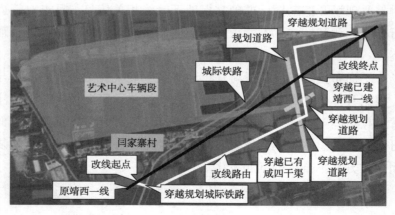

图1-33　靖西一线与城际铁路交叉点保护及改线

原管道为L360M-$D426mm×7.1mm$，本次改线选用L360M-$D426mm×8mm$，穿越拟建城际铁路（高架桥下）1次，采用预埋盖板涵；穿越规划公路3次，采用预埋套管。施工前开展了规划路由审批、环评、安评等，施工中严格按施工组织设计、施工图进行。

3. 启示

在与电气化铁路相遇时,应加强电磁干扰的检测及防护。从勘察及现场调研情况看,改线管道沿线无交流干扰源,沿线城际铁路(在建)为直流干扰源,造成管道直流杂散电流腐蚀。直流干扰的影响在设计阶段难以预测,需电气化铁路投运后,根据GB 50991—2014《埋地钢质管道直流干扰防护技术标准》,持续进行电位测试。当管道上任意一点管地电位较该点自然电位正向偏移100mV,或者该点管道邻近土壤直流地电位梯度大于2.5mV时,应采取防护措施。对于投运阴极保护的管道,当不满足最低保护电位时,应及时采取接地排流、直流排流、极性排流、强制排流等防护措施,完成排流后应进行效果评定测试。

(陕西省天然气股份有限公司王广福供稿)

1.2.15　管道穿越道路变更设计案例

1. 背景

西一线延安支线在YA130桩穿越贺宜路,原设计穿越方式为大开挖加盖板,穿越长度为11m,管沟挖深为6.2~6.5m。施工阶段发现贺宜路为泰丰煤矿运输通道,往来大型货车较多,秋冬季车流量较大。道路两侧分别为河沟、山坡,无法建立临时通道保障车辆通行,遂决定将穿越方式变更为顶管穿越。根据顶管穿越设计标准及公路相关规范确定该段套管、管道埋深,确保顶管穿越施工安全和质量。

2. 做法

(1)交叉角度。GB 50423—2013《油气输送管道穿越工程设计规范》7.1.6条规定:油气管道与公路宜垂直交叉,交叉角度不宜小于30°。DB34/T 2395—2015《涉路工程安全评价规范》规定:管线与公路交叉时,一般采取垂直交叉,从公路路基下穿越,如果需要斜交,交叉角度不应小于60°。在确保道路两侧管道埋深符合标准前提下,确定管道与贺宜路交叉角度为70°。

(2)降坡处理。为降低施工难度,减少安全隐患,发送坑选择在山坡一侧,对山坡进行削方处理使发送坑边沿与路面平齐,基坑深度不大于5m。

(3)套管埋深。GB 50423—2013《油气输送管道穿越工程设计规范》7.1.9条规定:套管最小覆土厚度不小于1.2m,套管顶至边沟底不小于1.0m。DB13/T 2815—2018《顶管工程施工及验收技术规程》规定:一般情况下,顶管的覆土厚度不小于3m,或者不小于1.5D。选用设计文件要求的符合等级公路使用的DRCP Ⅲ 1200×2000钢筋混凝土套管,套管与路面净距为3m(无路边沟)。

(4)作业要点。路面下为黏土,在实际顶进挖掘过程中常出现超挖现象,导致弃土量大于套管实际体积。当超挖量较大时,土层流失严重,套管外围出现较大空隙。如果已挖掘段未能及时得到支撑保护,在车辆载荷和上层土体重新固结双重作用下,最终可能引起较大的沉降导致坍塌。因此,在顶进施工过程中,挖掘长度不得超过套管前端0.3m。顶管作业应避开运输车辆通行时间段,顶进过程同步进行道路沉降监测。同时按照 DB34/T 1789—2012《给水排水工程顶管技术规程》规定，穿越施工造成的路面沉降量应小于或等于20mm。顶管完成后对套管外壁注浆加固。

（5）公路载荷影响。贺宜路为非等级公路，路面刚度较低，局部已出现明显变形，且大型运输车辆较多，道路载荷较大。原设计路面开挖深度为6.2m，变更为顶管穿越后管道埋深减小，须保证管道位于路基工作区以下。路基工作区深度近似值 Z 的计算公式为：

$$Z = \sqrt[3]{\frac{KnP}{\gamma}}$$

式中　K——应力系数，$K = \dfrac{3}{2\pi} = 0.4775$；

　　　　n——系数，取 5~10；

　　　　P——一侧轮重荷载，kN；

　　　　γ——路基土的容重，kN/m³，一般取 18.9kN/m³。

按煤矿大型货车一侧轮重荷载 $P = 110$kN、$n = 10$ 计算，得出工作区深度 $Z = 3.02$m。实际管道埋深为 3.8m，超过工作区深度，可避免运输车辆道路载荷对管道的影响。

3. 启示

按照管道与公路相关规范要求，提高道路穿越等级。根据道路车流量及现场实际情况，将原开挖穿越变更为顶管穿越，对保障穿越工程施工安全和管道安全运行更为有利。根据公路载荷情况，计算路基工作区深度，确保管道在该深度以下敷设，减小管沟开挖深度，降低作业风险。顶进施工中，应控制套管前端的挖掘长度，避免出现较大的沉降现象，确保顶管作业安全和道路交通顺畅。

（国家管网集团西气东输甘陕输气分公司何龙；
中国船级社质量认证有限公司陕西分公司石岩俊、王鹏斌供稿）

1.2.16　管道穿越黄土梁峁嶂岘水土治理案例

1. 背景

西一线延安支线管道工程位于陕北地区，沿线地形复杂，属于黄土高原丘陵沟壑区。嶂岘是两个黄土峁之间一条高陡狭窄的地段，如同夹在两山之间的马鞍。两侧冲沟由于溯源侵蚀几乎将梁脊切穿，形成非常窄的鞍部连接。管道在梁顶敷设时，受地形条件限制，局部管段要在嶂岘顶部敷设，为防止滑坡、滑塌损坏管道，需提前对嶂岘穿越地段进行水土治理。

延安支线 YA166~YA167 桩嶂岘穿越位于延安市延川县永坪镇，嶂岘顶宽约 6m、长约 50m，顶部有一条约 4m 宽的土路，管道沿土路北侧边缘敷设，路两侧为陡坡。目前嶂岘西侧有 3 条比较发育的黄土沟头，其中 1 号沟位于道路南侧，垂直公路，沟头坡度约为 60°；2 号沟位于道路南侧，与道路平行，沟头坡度约为 75°；3 号沟位于道路北侧，垂直公路，沟头坡度约为 50°。1 号、2 号沟在距离道路南侧边缘约 35m 的地方汇聚成一条 V 形冲沟，交会点处 V 形沟底宽 3m、深 28m。

2. 做法

该工程重点是对南、北两侧 3 条冲沟的处置，包括坡面夯填、菱形护坡及植被，设置横向截水沟、纵向排水沟、混凝土挡墙和散水、柳谷坊等（图 1-34、图 1-35）。

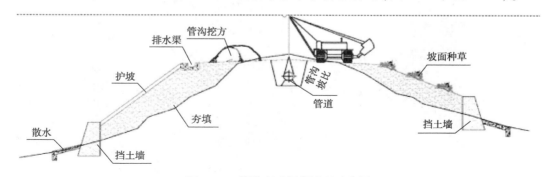

图 1-34　管道穿过嵝岘治理示意图

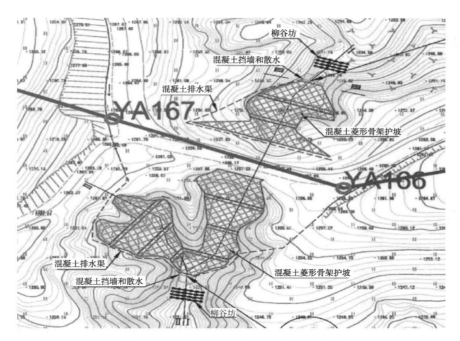

图 1-35　YA166~YA167 桩嵝岘穿越布置图

（1）南侧冲沟处理。以土路南侧水平距离约 40m 处坡脚为起点，将 1 号、2 号沟坡面用 2∶8 水泥土分层夯填，1 号沟夯填坡面的临空面坡比为 1∶1，2 号沟夯填坡面的临空面坡比为 1∶0.8。两条沟夯填坡面在土路南侧水平距离 30~35m 处交会。

夯填坡面采用混凝土菱形护坡，菱形骨架梁采用 C25 混凝土现浇，与锚杆交叉嵌入坡面 200mm，每级菱形护坡长度为 10~12m，夯填坡面共 4 级，每级错台 1m，错台处设置横向混凝土截水沟，截水沟的纵坡比大于 3‰。菱形格内回填不小于 30cm 的耕植土，种草或撒草籽恢复植被。在护坡底端修建一道 2m 高混凝土挡墙，并在墙脚设置一处 2m 长的混凝土散水护脚。在菱形骨架的两侧边缘各设置一条纵向排水沟（急流槽），排水沟上游与道路南侧原有排水沟连接，排水沟下游一直修到护坡底端的散水处（图1-36）。

(a)   (b)

图1-36　混凝土菱形护坡

在消能池下游2m处设置5排柳谷坊（图1-37），其结构形式由相邻桩排加回填土组成，桩排由柳梢上编篱构成。桩排横向长约6m，两端插入沟坡不小于0.5m。桩排间采用生态袋码砌，整体与原地貌平缓过渡。

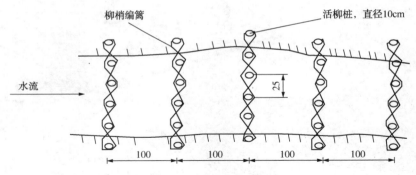

图1-37　编柳谷坊平面图

（2）北侧冲沟处理。以土路北侧水平距离约30m处坡脚为起点，将陡坡用2∶8水泥土分层夯填上来，临空面坡比为1∶1，夯填完成后顶部平台顶面宽度约为12m。夯填坡面采用混凝土菱形护坡，每级菱形护坡长度为9~10m，共3级，每级错台1m，错台处设置横向混凝土截水沟，截水沟的纵坡比大于3‰。菱形格内回填不小于30cm的耕植土，种草或撒草籽，尽快恢复植被。在菱形骨架的西侧边缘设置一条纵向排水沟，在沟底修建一道2m高混凝土挡墙，并在墙脚设置一处2m长的散水护脚。设置柳谷坊同上述南侧冲沟。

至2022年10月，已完成8处嵝岘治理（图1-38）。

3. 启示

在地形地貌复杂地区尤其是黄土塬、大落差地区，嵝岘治理工程方便、经济、稳定性较好，避免了雨水冲刷坡面对管道安全的影响，减少了运行过程中对管道的维护作

(a)　　　　　　　　　　　　　(b)

图1-38　嵘岘治理中的施工现场

业，保证了管道稳定敷设及后期运营安全。为保证治理工程效果，应严格按照设计文件
及施工规范要求施工，严把夯填、菱形骨架、混凝土挡墙质量关，落实施工、监理现场
管控措施，确保施工质量合格。在运营阶段应以防为主，防治结合，加强水工设施的巡
护管理，发现问题及时维护，保障设施完好。

（国家管网集团西气东输甘陕输气分公司何龙、张彪；中国船级社质量认证有限公司陕西分公司王鹏斌供稿）

1.2.17　管道斜井定向钻穿越施工案例

1. 背景

西一线延安支线管道是陕西省和国家管网"十四五"能源供给重点项目，起于西一
线83#阀室上游约300m处，止于新建延安分输清管站，长度为52.9km，设计输量为
$10×10^8 m^3/a$，设计压力为6.3MPa，管径为406mm。在管线YA172～YA173桩之间，有
一处长达近160m的山体陡坡，若采用人工大开挖，施工效率低，安全性差，环境难以
保护。本工程采用斜井定向钻的穿越方式敷设管道，既提高了工程的安全性，又有利于
生态环境保护。

2. 做法

该处为延川县黄土梁峁沟壑地带，属地势陡峻、坡度大、落差大区域，斜井定向钻
穿越段水平长度为134.17m，实际长度为153.76m，穿越入土角为29.24°，穿越段敷设
的曲率半径取1500D，即610m。穿越入土、出土点高差约为75m。

钻机固定在一个斜面（设计角度）完成导向（无管道回拖），扩孔后在入土点开始溜
管，管段与光缆套管同步进入斜井，第一段管端焊接锥形头，连接钢丝绳并由卷扬机牵
引（控制溜管速度），后续预制的管道与井口管道组对、焊接，焊口完成防腐补口后依
次向下溜管，至首段管道出斜井口后溜管结束。其主要作业流程及节点为：

（1）本工程水平定向钻机和卷扬机选型应保证各处穿越的安全使用。

（2）根据设计斜井长度和坡度，首先采用RTK确定斜井的进出口位置，然后放出
管道轴线，作为作业场地征用的依据。

（3）修筑宽度不小于 4m 的施工便道、进出口作业场地；在斜井进口附近开挖蓄水池或泥浆池，在斜井出口附近开挖一个泥浆沉淀池。

（4）按照设计角度由布置在沟顶的钻机先钻一个线形偏差不大于 1% 和横、纵向偏差允许的导向孔，钻头在出土点换成大一级（24″）的扩孔器进行扩孔，再换 30″ 扩孔器进行第二次扩孔，最后换成 36″ 扩孔器进行第三次扩孔。

（5）管道预制时第一段预制为三接一，其他段为二接一，共计 5 段，然后在预制平台检测、补口，并进行管道防腐层检漏等工作。所有环焊缝均采用 100% X 射线检测和 100% 相控阵超声检测（PAUT）合格，采用纤维增强型热收缩带（带牺牲带）补口，3LPE 管道补伤采用辐射交联聚乙烯补伤片、热收缩带等方式，质量评价应在良好以上（图 1-39、图 1-40）。

图 1-39　第一段管道（溜管）

图 1-40　井口焊接

（6）将管段送进斜井井口，然后用吊车、挖掘机相互配合使管段靠自重缓慢下滑，用卷扬机牵引防止滑管。在斜井洞口处进行组对焊接并检测合格，进行焊道补口补伤和防腐层检测后送进斜井就位，硅芯管钢套管和注浆管分别捆绑在主管道顺气流方向 12 点钟和 2 点钟位置同步送入斜井（图 1-41）。

图 1-41　管端进入斜井（溜管）

（7）进行返平段施工，开展管道清管、试压、干燥作业，用泵注浆液填充主管道与扩孔之间的空隙，然后进行泥浆无害化处理并恢复地貌。

截至 2022 年 9 月底，已成功完成延安支线 4 处斜井穿越，与常规作业带开挖管沟相比，减少了管道在陡坡作业带扫线、坡面水工保护、地貌恢复的工作量，加大了管道埋深，保证了管道敷设在稳定地层，避免了雨水冲刷坡面对管道安全的影响，减少了管道运行维护成本与风险。

3. 启示

实践证明，在地形地貌复杂地区尤其是黄土塬、大落差地区，斜井定向钻技术稳定性较好，有利于保护自然生态环境，方便、经济，值得推广应用。斜井定向钻工程要严把管材、焊接、防腐质量关，所用钻具均应采用正规厂家合格品并按说明操作。还应加强工程安全和环保管理，防止碎石块掉孔内卡钻造成钻具失效事故，防范孔壁坍塌出现溜管卡管和泥浆污染环境等。

（中国船级社质量认证有限公司陕西分公司石岩俊；

国家管网集团西气东输甘陕输气分公司杨高有、张乐庚供稿）

1.2.18　拘束管段焊缝缺陷适用性评价案例

1. 背景

近几年国内发生数起油气管道泄漏或断裂事故，大多发生在连头口或金口位置。虽然这些焊口无损检测结果合格，但是现场焊接作业环境可能存在较大的焊接拘束应力，造成焊缝接头的断裂韧性和焊缝缺陷临界失效尺寸降低。例如中缅管道"6·10"环焊缝断裂燃爆事故就反映出管道焊接接头在现场作业中可能存在较大的焊接拘束应力。为深入研究分析拘束应力对焊接接头的影响，开展了在拘束状态下含缺陷焊缝的适用性评价，以提升管道安全运行管理水平。

2. 做法

（1）首先通过有限元软件进行管道焊接拘束度模拟计算。其次设计制造一套用于模拟足尺寸连头口自拘束的试验装置（图1-42），模拟不同拘束状态下的管道焊接（图1-43），并对不同拘束度条件下所得焊缝接头的断裂韧性值（CTOD）进行测试。最后通过预制焊接缺陷对管道内部施加水压及弯曲载荷，测试含拘束条件下的焊缝部位的爆破压力，评估含缺陷焊缝在特定工况（如滑坡）条件下对弯曲载荷加载速率的敏感性。

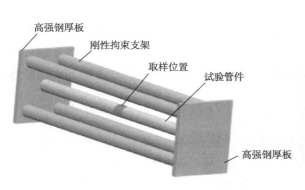

图1-42　自拘束管道焊接结构

图1-43　不同拘束度情况下的管道模拟焊接

（2）分析评价。

① 管长1~3m的对接接头，随管长增加拘束度逐渐变小。不同拘束度下焊接管道

的残余应力随着拘束度的上升而增大，拘束情况对焊接残余应力的影响显著。由 0.5m×0.5m 焊接形成自拘束的结构，其焊接残余拉应力最大可达 140MPa，平均应力为 105MPa，严重影响了焊接结构的承载性能。

② 通过测试分析不同拘束条件下的焊接试样，N 含量明显变化。初步推测其应变时效在引入拘束度时的发生概率要大于自由状态下的焊接。

③ 依据焊接接头断裂韧性测试结果，拘束条件下热影响区的断裂韧性值明显低于自由状态下的断裂韧性值；拘束应力越大，断裂韧性值下降越明显，韧性越差。

④ 在水压及静载作用下，相对于无拘束的管段(水压 16MPa、4t 静载泄漏失效)而言，有拘束的管道在水压 13.5MPa、4t 静载作用下即出现管道泄漏失效，说明拘束对管道承受静载的能力影响很大。

⑤ 在水压及动载作用下，相对于无拘束的管段(水压 9MPa、落锤高度 1.4m 开裂失效)而言，有拘束的管道在水压 9MPa、落锤高度 1.2m 时就发生开裂失效，说明含拘束的焊接结构承受弯曲载荷的能力更弱。

3. 启示

管道规划建设应尽可能避免或减少沿山体横坡敷设，防止位移、滑坡导致管道产生较大的变形和轴向应力。山区管道设计应加大应力计算分析深度，避免出现严重应力集中的管段。应加强管道焊接作业质量管理，避免管道焊接时产生强拘束作业环境。当检测、检验发现管道存在裂纹型焊缝缺陷时，应适当提高缺陷检测评价等级，尽可能减少裂纹缺陷给管道安全运行带来的消极影响。对于可能存在较大拘束度的含缺陷管段，在开展适用性评价时，应根据缺陷类型及尺寸、载荷和管材等级等不同情况，设置足够的安全系数，避免后期因拘束过大而产生非预期失效。

(广东大鹏液化天然气有限公司李强、刘新凌、梁强供稿)

1.2.19 管道建设单位拆除民房纠纷诉讼案例

1. 背景

某村民房屋位于某在建输油管道旁边，承包商与村民签订协议，约定由村民自行拆除房屋，待管道建成后可在距离管道外壁 1m 处复建房屋。2016 年，该村民欲建房屋时被管道企业阻止，经政府协调无果后，该村民于 2017 年 2 月向区人民法院起诉，要求管道企业赔偿其经济损失 35 万元。

2. 诉讼及审理

鉴于本法律纠纷缘于某承包商与村民签订的房屋复建协议，因此在庭审过程中，管道企业追加该承包商为本案共同被告。法院调查认定，该承包商与村民签订的关于可在离管道外壁 1m 处复建房屋的协议，违反《中华人民共和国石油天然气管道保护法》第三十条关于在管道中心线两侧各 5m 范围内禁止修建建筑物等规定，根据《合同法》规定该协议属于无效协议，一审判决协议双方均有过错，应当分担由此造成的损失，该承包商向该村民赔偿 20 万元，驳回村民其他诉讼请求，管道企业不承担任何赔偿责任。

3. 启示

为防范管道用地法律纠纷问题，承包商与土地权利人进行协商时，应严格遵照管道保护法和民法典有关保障土地权利人权益的规定签订协议，防止侵权行为的发生。管道企业加强对承包商的法律指导和监督管理，应对管道建设工程规划许可证和建设工程规划验收手续进行检查，重点查行政许可办没办、许可文件全不全以及管道建设方是否严格按照法规标准进行建设等事项，及时完善有关行政许可手续。

[中石化石油销售(石油商储)公司孔卓然供稿]

1.2.20　管道选线途经鱼塘纠纷诉讼案例

1. 背景

某管道企业因铺设天然气管道需要，与珠海市某合作社就临时用地签订补偿协议，支付补偿费用，并在完成管道铺设任务后，将恢复地貌的土地交还给合作社。同时，在管道上方的地面竖立了警示牌及标志桩，告知管道上方两侧各5m范围内严禁取土、挖掘、使用机械施工。后来，合作社将管道途经的鱼塘租给新的承包人(图1-44)，其欲深挖鱼塘时，管道巡线人员进行劝阻。承包人认为，如果不能够在管道两侧挖鱼塘，将减少约3亩的面积，带来很大的经济损失，因此向合作社提出减少承包费。

图1-44　管道途经水塘现场

2. 诉讼及审理

合作社以管道企业没有告知铺设管道对土地使用会有限制、致使土地使用价值严重减损(地面房屋建设、种植、开挖蓄水、养殖等功能丧失)为由，向地方人民法院提起合同违约诉讼，要求管道企业赔偿经济损失及支付占用山林地、鱼塘的租金。地方人民法院一审、二审认为，管道企业在地下铺设管道并对土地利用进行一定程度限制，符合《中华人民共和国石油天然气管道保护法》规定，管道企业的行为不具有违法性，不构成侵权，无需承担侵权责任。

3. 启示

对于铺设管道临时用地，必须在补偿协议中明确管道保护法第三十条关于禁止危害管道安全行为的要求，并取得土地权利人认可。施工完毕后，应由土地权利人对土地恢复原状的情况予以验收确认。管道项目批复、用地规划、建设施工及竣工的相关批复文件都应依法合规，从而保证管道建设有权从涉案地通过。如果缺少相关合法合规的建设运营文件，很可能直接影响到审判结果。对建设期管道中心线两侧各 5m 范围内的建构筑物应进行合理的补偿或拆迁，避免管道投产后出现新的占压及房屋重建等安全隐患。

（中海广东天然气有限责任公司谭焯铭供稿）

1.2.21 利用管道建设抢栽树木骗取巨额补偿案例

1. 背景

2014 年国家发改委批复核准建设某输气管道工程，该工程途经北京境内的线路长度为 108km，在延庆境内约为 70km，涉及 6 个乡镇（图 1-45）。

图 1-45 管道敷设临时用地

2016 年 5 月至 2017 年 7 月，犯罪嫌疑人陈某某伙同唐某某、吴某某、李某，在北京市延庆区旧县镇米粮屯村、永宁镇营城村、大庄科乡东二道河村部分土地区域内，采取提前租用、超密度突击种植、隐瞒地上树木种植真相以及评估后擅自挪移树木等手段，利用地上树木骗取征地补偿款人民币 4643 万元（后经证实，其中 423 万元系犯罪未遂）。管道企业与当地公安机关密切配合，多方搜集证据，掌握了陈某某等人的犯罪事实。北京市人民检察院第三分院向北京市第三中级人民法院提起公诉。

2. 案件审理

2020 年 9 月 4 日，法院开庭审理认为：陈某某等人提前获知拆迁路线信息，从而使其租地、抢栽抢种行为具有明确的指向性，与一般村民跟风抢栽抢种行为具有明显区别。在拆迁公告发布前，陈某某等人假以租用土地的名义，以抢栽抢种的树木冒充原生态树木，骗取拆迁补偿，其行为完全符合诈骗罪的本质特征，具有严重的社会危害性。

2020 年 11 月 5 日，法院以犯诈骗罪对陈某某等人判处刑事处罚。其中，陈某某犯诈骗罪，判处有期徒刑十四年，剥夺政治权利四年，并处罚金二十八万元；唐某某犯诈骗罪，判处有期徒刑十二年，剥夺政治权利二年，并处罚金二十四万元；吴某某犯诈骗罪，判处有期徒刑三年六个月，并处罚金八万元；李某犯诈骗罪，判处有期徒刑三年六个月，并处罚金八万元。同时，法院责令陈某某等人退赔公司经济损失。对于上述人员其他罪行，法院数罪并罚进行了宣判。截至 2022 年年底，已退赔补偿款四千万元。

3. 启示

管道工程建设征地和拆迁补偿涉及范围广、政策性强，需周密筹划、稳步实施，切实保障管道工程顺利进行，主要做好以下几点：一是主动走访联络土地使用权人，宣传法律、法规和政策，及时发现和防止抢栽抢种等骗取补偿款的违法行为发生；二是与当地政府主管管道保护工作的部门、公安机关等机构建立信息沟通机制，及时通报征地拆迁和工程进展情况，以获取更多支持；三是对工程前期工作和施工全流程的资料做好收集存档工作，留足证据以备核查。

（国家管网集团北京管道公司管道工程建设项目部孔博昌、赵长春供稿）

1.2.22 输油管道爆炸事故与城市规划缺陷案例

1. 背景

2013年11月22日，中石化东营至黄岛原油管道因腐蚀发生破裂，约2000t原油进入市政排水暗渠，形成油气密闭空间。在抢修过程中，因违章操作导致大范围连续爆炸，约5000m排水暗渠预制混凝土盖板被炸开、拱起、开裂。该事故造成63人遇难、156人受伤，直接经济损失75172万元（图1-46、图1-47）。

<table>
<tr><td>图1-46　爆炸事故现场</td><td>图1-47　事故清理现场</td></tr>
</table>

2. 分析

（1）开发区规划审批工作把关不严。规划部门未对明渠改为暗渠等问题进行认真核实，未与管道企业沟通协商，管道与排水暗渠交叉工程设计不合理。管道在排水暗渠内悬空架设，存在原油泄漏进入排水暗渠的风险，且不利于日常维护和抢维修；管道处于海水倒灌能够到达的区域，致使腐蚀加剧。

（2）管道企业管道保护工作开展不力。对管道严重腐蚀和形成密闭空间等重大隐患排查整改不到位。没有对事故管段修建桥涵、明渠加盖板、道路拓宽和翻修等多项工程提出管道保护的要求，没有根据管道所处环境变化提出保护措施。

3. 启示

应加强管道规划与国土空间规划的衔接。管道规划编制应把符合公共安全强制性要求放在第一位，避免通过人员密集型高后果区和环境敏感型高后果区。国土空间规划编制要防止在管道周边修建人员密集的建筑物和易燃易爆物品生产、经营、储存场所，并保持符合法律要求的保护距离等。

（甘肃省管道保护协会姜长寿根据有关资料整理）

1. 2. 23 输气管道因工程质量导致泄漏爆炸案例

1. 背景

中缅管道晴隆段设计压力为 10MPa，输送能力为 $100 \times 10^8 \text{m}^3/\text{a}$，管径为 1016mm，钢级为 L555（X80）。2018 年 6 月 10 日 23 时，在 K0975-100m 处发生管道泄漏燃爆事故（图 1-48），造成 1 人死亡、23 人受伤，直接经济损失 2145 万元。

图 1-48 管道燃爆事故现场

2. 分析

根据事故发生地省级人民政府调查报告，认定该起事故是由于管道建设施工质量缺陷造成的较大生产安全责任事故。

（1）直接原因。经调查，因环焊缝脆性断裂导致管内天然气大量泄漏，与空气混合形成爆炸性混合物，大量冲出的天然气与管道断裂处强烈摩擦产生静电而引发燃烧爆炸。现场焊接质量不满足相关标准要求，在组合载荷的作用下造成环焊缝脆性断裂。导致环焊缝质量出现问题的因素包括现场执行 X80 级钢管道焊接工艺不严、现场无损检测标准要求低、施工质量管理不严等。

（2）管理原因。施工单位主体责任不落实，表现为违法将管道建设工程分包给无施工资质的人员、施工图未完成即开展焊接施工、现场施工管理混乱、对从业人员资格审查不严、档案资料缺失、隐患整改不到位等。

检测单位标准不严管理混乱，表现为射线底片焊接缺陷存在未评定情况、部分无损检测报告与原始记录不符、射线检测报告评片人和审核人签名普遍存在代签现象、项目经理未履行管理职责。

监理单位未认真履行监理职责，对存在的问题失察，表现为监理人员资格不符合相关要求、监理人员冒名顶替、伪造现场施工监理记录。

建设总承包单位质量管理失控，对下属单位监督指导不力，表现为编制的焊接作业指导书内容不全、未明确管道焊接层数，且编制审核批准均无人员签字、施工前未进行施工图会审、伪造施工图会审资料；对项目经理部飞检发现的焊接质量问题，督促责任单位整改不到位；对设计、施工和采购单位存在的质量管理问题未能及时发现、纠正。

业主单位未履行建设单位职责，表现为未批先建、未足额配备项目部管理人员、施工质量管理不到位、问题检查督促不力、质量考核流于形式；对飞检发现的管道焊接质量问题，跟踪、督促、整改不力。

质量监督站履行监管职责不到位，对施工质量监督不严，对存在的质量问题失察，履行政府监督管理职责不到位。

3. 启示

管道建设是实现管道全生命周期安全的基石。事故的惨痛教训值得我们深刻吸取，切实加强管道施工质量管理，严防此类事故再次发生。一是应加强现场监督检查，建设、施工、检测、监理等参建各方要认真履行质量管理职责；二是应加强人员密集型高后果区及地质条件复杂管段的安全管理，开展管道位移、变形等在线监测，确有必要时应改线，避开人员密集区域；三是管道运营单位应履行安全主体责任，开展环焊缝质量隐患排查整治，切实消除安全隐患。

（甘肃省管道保护协会姜长寿根据事故发生地省级人民政府事故调查报告和有关资料整理）

1.3　研究分析

1.3.1　问题与教训

管道规划建设是管道全生命周期的源头，应全面推行管道完整性管理，同时将管道规划纳入国土空间规划，并做好与其他规划的衔接。过去谈及管道保护时，一般理解是保护已建成的油气管道，主要强调防止人为故意或非故意对管道的损坏，而对管道规划建设应该符合管道保护的要求重视不够，对管道建设方应承担的管道安全义务强调不够，造成一些隐患没有从源头上得到及时纠正，从而增加了管道运行阶段的安全风险和管理成本。具体表现在：

（1）管道规划布局前瞻性不够，与城乡发展规划缺乏有效衔接。一些管道建设选线虽然最初远离城市，但随着时间的推移，逐渐被城市和各种建筑物所包围，形成化工围城、管道穿城现象，致使管道沿线高后果区数量逐年增加。一些管道建设选线没有对高后果区开展识别或识别不够准确，没有采取避绕措施，增加了公共安全风险。

（2）管道与周边建筑物的保护距离过小。GB 50251—2015《输气管道工程设计规范》规定管道中心线与建（构）筑物的距离不应小于 5m，GB 50253—2014《输油管道工程设计规范》规定管道与城镇居民点或重要公共建筑的距离不应小于 5m，否则不能满足管道开展维抢修作业的空间需要，管道一旦失效缺少足够的应急缓冲距离。

（3）管道工程建设质量管理存在漏洞。工程建设各环节的质量问题，都可能成为影响管道本质安全的隐患。如中缅管道晴隆段"6·10"事故就暴露出建设、设计、总承包、施工、无损检测、监理等单位存在质量管理不落实的问题，也反映出政府监管职责不到位的问题。

1.3.2　做法与经验

结合油气管道规划建设阶段各个案例的分析，可以总结归纳出提升管道规划水平和建设质量、预防重大安全事故发生的一些做法经验。

1. 突出管道规划设计安全理念

编制管道规划时应遵循安全、环保、节约用地和经济合理的原则，把安全放在第一位。管道设计单位应从"节省投资、便于施工"为主要原则转变为"以人为本、安全环保、合法合规、便于施工、利于运营、经济合理"基于风险的全新设计理念。管道作为危险化学品运输工具，应尽量避免进入城市规划区，或控制管道周边人口密度，以保证城市公共安全。此外，管道企业在建设期应开展高后果区识别，优化路由选择，无法避绕高后果区时应采取安全防护措施。

2. 与国土空间规划有效衔接

管道企业主动与自然资源部门衔接，报备已建成管道线路矢量数据、拟建管道项目路由选址坐标等信息，纳入国土空间总体规划"一张图"信息管理系统，按照管道类别划定规划控制范围，结合远期发展需求预留空间，落实管廊带宽度，细化管道路由或廊道控制方案，保证其他建设项目选址合理避让已建管线的安全保护范围。

3. 实行管道建设数字化管理

借鉴萧山至义乌输气管线等管道建设的经验，按照建设期完整性管理的要求，在勘察设计阶段，对设计版次、过程文件、变更、基础数据进行数字化移交、存档。在施工阶段，严格数据采集和整合，对设备性能、人员资格、材料检验、焊接施工和旁站监理全过程进行数字化质量监控，对每道焊口进行三维坐标采集，每个地下隐蔽工程验收实现数字化，管道三桩埋设严格按照施工图施工。在竣工验收阶段，建立管道地理信息系统，为管道投产后数字化、智能化、可视化管理和"互联网+管道保护"的推广应用奠定基础。

第2章　施工作业损坏预防

2.1　管道保护法相关要求

国内外大量统计数据表明，随意施工挖掘活动是造成油气管道失效而发生泄漏、火灾、爆炸等事故的主要原因。为此，管道保护法将规范施工作业行为作为重点内容，包括禁止事项和特定施工作业的申请与批准。

第三十条规定，管道线路中心线两侧各5m地域范围内，禁止种植乔木、灌木、藤类、芦苇、竹子或者其他根系深达管道埋设部位可能损坏管道防腐层的深根植物；禁止取土、采石、用火、堆放重物、排放腐蚀性物质、使用机械工具进行挖掘施工；禁止挖塘、修渠、修晒场、修建水产养殖场、建温室、建家畜棚圈、建房以及修建其他建筑物、构筑物。

第三十二条规定，在穿越河流的管道线路中心线两侧各500m地域范围内，禁止抛锚、拖锚、挖砂、挖泥、采石、水下爆破。但是，在保障管道安全的条件下，为防洪和航道通畅而进行的养护疏浚作业除外。

第三十三条规定，在管道专用隧道中心线两侧各1000m地域范围内，除本条第二款规定的情形外，禁止采石、采矿、爆破。因修建铁路、公路、水利工程等公共工程，确需实施采石、爆破作业的，应当经管道所在地县级人民政府主管管道保护工作的部门批准，并采取必要的安全防护措施，方可实施。

第三十五条规定，进行下列施工作业，施工单位应当向管道所在地县级人民政府主管管道保护工作的部门提出申请：（一）穿跨越管道的施工作业；（二）在管道线路中心线两侧各5m至50m和本法第五十八条第一项所列管道附属设施周边100m地域范围内新建、改建、扩建铁路、公路、河渠，架设电力线路，埋设地下电缆、光缆，设置安全接地体、避雷接地体；（三）在管道线路中心线两侧各200m和本法第五十八条第一项所列管道附属设施周边500m地域范围内，进行爆破、地震法勘探或者工程挖掘、工程钻探、采矿。县级人民政府主管管道保护工作的部门接到申请后，应当组织施工单位与管道企业协商确定施工作业方案，并签订安全防护协议；协商不成的，主管管道保护工作的部门应当组织进行安全评审，作出是否批准作业的决定。

第三十六条规定，申请进行本法第三十三条第二款、第三十五条规定的施工作业，应当符合下列条件：（一）具有符合管道安全和公共安全要求的施工作业方案；（二）已制定事故应急预案；（三）施工作业人员具备管道保护知识；（四）具有保障安全施工业的设备、设施。

第三十七条规定，进行本法第三十三条第二款、第三十五条规定的施工作业，应当在开工七日前书面通知管道企业。管道企业应当指派专门人员到现场进行管道保护安全指导。

2.2 典型案例剖析

2.2.1 企政合作预防施工作业损坏管道案例

1. 背景

北京管道公司所辖陕京管道大部分位于经济发达地区，建设施工活动较多，每年涉及相关工程300~400项，第三方施工破坏风险较高。同时管道沿线地区等级升高，与原设计相比，其中一级地区升四级地区有6段、13.79km，一级地区升三级地区有11段、16.27km。管道高后果区数量逐年上升，给管道安全保护工作带来了很大的挑战。

2. 做法

（1）建立管道保护信息沟通机制。公司及时将管道竣工测量图、应急预案和高后果区"一区一案"等资料向县级以上地方人民政府主管管道保护工作的部门备案。在此基础上，北京市建立了挖掘工程地下管线安全防护信息系统，要求相关企事业单位在取得规划、建设施工审批后，开工前30日内将施工项目主要内容、施工区域、施工负责人、联系电话等信息录入该系统(图2-1)，系统自动将施工信息匹配至有关管道企业。

图2-1　北京市挖掘工程地下管线安全防护信息系统

（2）建立特定施工作业监管机制。管道企业依法向沿线地方政府汇报管道保护工作，反映存在的问题，建议完善相关管理措施。北京市依法制定了特定施工作业行政许可事项的程序，规定了办理施工许可的负责部门、工程类型、资料格式、时间节点等具体流程。政府负责监管，管道企业负责现场安全管理，施工单位负责安全施工，职责界面清晰明确。

（3）建立地方政府执法保障机制。管道企业自觉接受政府主管部门的监督指导，依靠政府有关部门依法查处各类危害管道运行安全的违法行为。第一时间发现问题、第一时间制止违法、第一时间固定证据、第一时间举报反馈。近年来，公司依托地方政府相关综合执法部门开展违章占压清理工作，共制止违建行为300余次，清理违章占压764处(图2-2)。

3. 启示

建议在管道周边设置保护区和咨询区，在此范围内开展项目建设时，规划部门应要求建设方与管道企业协商，达成一致后方可进行建设。

管道保护法规定在管道中心线两侧各

图2-2　企地联合清理占压

5m范围内严禁种植深根植物、建温室等，与民法典关于土地承包经营权人依法对其承包经营的耕地、林地、草地等享有占有、使用和收益的权利，有权从事种植业、林业、畜牧业等农业生产的规定相冲突，建议尽快完善相关补偿机制。

(国家管网集团北京管道有限公司郭强、李心同、周云涛供稿)

2.2.2　油气管道周边施工作业联合审批案例

1. 背景

随着经济社会发展，油气输送管道经过城市沿线施工项目不断增加，给管道安全运行带来了较大风险。大连市坚持源头治理、综合治理，制定了石油天然气等危险化学品管道保护区域施工作业联合审批暂行规定，保障了管道安全。

2. 做法

(1) 建立管理制度。2014年大连市根据《中华人民共和国石油天然气管道保护法》第三十三条和第三十五条规定，针对影响管道安全的特定施工作业建立了联合审批制度和工程施工安全生产规定，由各级发改、住建、公安、应急管理、交通、自然资源、生态环境、水利、市场监管、电力、铁路、通信等部门在各自职责范围内，做好相关管道保护工作。2021年，市发展改革委、市应急管理局对联合审批制度进行了修订完善。

(2) 完善管理程序。由施工单位提出申请，各级发改部门组织管道企业和施工单位协商确定施工作业方案，并签订安全防护协议。在双方协商不成的情况下，以联合审批办公室的名义要求相关部门在各自职责范围内，认真评估申请材料，进行现场踏勘，对工程施工项目进行前期审查。联合审批办公室组织召开联审会议(图2-3)，会议实行一票否决，最终形成评审意见，

图2-3　联合审批会议现场

由主管部门作出是否批准作业的决定。

（3）加强监督管理。各部门严格落实属地监管责任，对施工作业进行执法检查，及时查处发现的问题。指导管道企业和施工单位落实好各自责任，相互进行技术交底，签订安全保护协议书，制定应急预案，开展岗前培训，做好现场值守，对管道保护设施进行验收等。

（4）开展一站式服务。区市县行政服务大厅设立联合审批申请受理窗口，提高办事效率，缩短申请等候时间。自2015年以来，全市共受理第三方施工作业187起，其中经双方协商一致的施工作业项目有101起，协商不成的经联合审批许可的项目有86起。这样既加强了管道安全监管，又保障了地方建设项目的顺利进行。

3. 启示

大连市建立的联合审批制度，将各级政府职能部门依法履行管道保护责任落到了实处，有效避免了推诿扯皮，形成了工作合力，提高了行政审批工作的时效性，方便了施工企业；有效制止了油气管道周边乱建、乱挖、乱钻、乱压等"四乱"现象，避免了因非法、盲目施工作业造成的管道事故，保障了城市安全发展。

（大连市发展和改革委员会汤继凯、曹阳、王凯供稿）

2.2.3 输气管道与国道改造工程相遇保护案例

1. 背景

中卫-贵阳天然气联络线陇西支线全长142km，设计输气能力为$1.5 \times 10^8 m/a$，设计压力为6.3MPa，管径为219.1mm，材质为L290，于2015年10月建成投产。2016年G310国道改造，与陇西支线有7处交叉、占压及近距离并行，其中19标段因山体滑坡造成管体裸露，严重影响了天然气输送安全(图2-4)。

图2-4 山体滑坡造成管体裸露现场

2. 做法

2016年9月，西南管道天水输油气分公司将此事报告天水市发改委，发改委立即向市安委会和市分管领导汇报，并会同当地主管部门及管道企业赴滑坡现场查看，要求施工单位立即停止施工，进行防护处理，避免造成次生灾害，确保管道运行安全，并列入省安委会督办项目。

为了保障管道安全和国道改造顺利进行，天水市政府主动和西南管道公司沟通协商，达成了双方共同出资对存在安全隐患管段改线的共识。西南管道公司负责组织落实陇西支线6.8km管道工程设计、施工监理、管材及弯头采购、管道安装、管道检测、管道试压、动火连头等工作。天水市政府负责组织落实陇西支线6.8km管道改线路由临时土地征用及补偿、地面附着物清理及补偿、压覆矿产补偿、管沟开挖及回填、地貌恢复等工作。项目可行性研究、专项评价等前期工作由西南管道公司负责，天水市政府配合。投资总费用为 1400 万元，企业承担 1000 万元。管道改线项目已于 2018 年 7 月 20 日建成投产，管道企业在支援地方经济建设的同时，也从根本上消除了管道线路的安全隐患(图 2-5)。

图 2-5 管道改线施工现场

3. 启示

随着地方经济发展，管道周边建设项目日益增多，由此产生了复杂矛盾和不安全因素。管道保护法第四十四条规定，后开工的建设工程服从先开工或者已建成的建设工程。本案例管道建设在先，公路改造在后，公路项目与管道相遇时应当满足管道安全防护要求，并承担相关费用。同时第二十一条规定："地方各级人民政府编制、调整土地利用总体规划和城乡规划，需要管道改建、搬迁或者增加防护设施的，应当与管道企业协商确定补偿方案。"管道企业从大局出发，与地方政府共同承担了相关费用，既保证了项目顺利实施，也保障了管道安全运行。

(甘肃省天水市发展和改革委员会付江；国家管网集团西南管道天水输油气分公司贾向明、郭发龙供稿)

2.2.4 全过程管控施工作业风险案例

1. 背景

北京管道石家庄输气分公司负责运营管理的陕京一线等管道长度为 760km。沿线城乡经济快速发展，与管道交叉施工作业频繁，存在较大安全风险，企业为此对施工作业采取了全过程管控措施。

2. 做法

1) 坚持"四防"措施

公司新版体系文件对交叉工程施工风险类型重新分类，将原来划定的大型、中型、小型交叉工程，改为高风险、中风险、低风险交叉工程(表 2-1)，分别实行一级、二级、三级布控。根据现场风险采取人防、物防、技防等措施，从物理层面对现场实施有效管控，保障了管道和光缆的安全运行。同时建立施工动态微信群，及时获取施工信息。

表 2-1 新版体系文件交叉工程分类及作业内容

分 类	内 容
高风险	除开挖探坑外，需暴露管道、光缆的施工作业
	管道中心线两侧 5m 范围内的机械施工作业
	顶管、定向钻、涵洞交叉施工作业
	管道中心线两侧 10m 范围内并行施工 100m 以上的挖掘作业
	管道中心线两侧 500m 范围内爆破、钻探等施工作业

分 类	内 容
中风险	管道中心线两侧5m范围内不暴露管道、光缆的挖掘作业
	管道中心线两侧10m范围内并行施工100m以内的挖掘作业
	并行间距（10m<X≤20m）以内并行长度100m以上的挖掘作业
低风险	并行间距（10m<X≤20m）以内并行长度100m以内的挖掘作业
	并行间距（20m<X≤100m）以内的挖掘作业
	其他不涉及挖掘作业的相关工程

（1）三级警戒带布控。安全边界采用警戒带划定隔离，每8m左右埋设一根直径5cm的桩体，地面以上高度为1.2m。警戒带沿桩体自顶端向下每0.4m水平布置1条，共2条，围圈管道施工预控区域。

（2）二级伸缩围栏布控。安全边界采用伸缩围栏划定隔离区域，每5m设置一个围栏立柱，地面以上高度为1.2m，警戒带沿围栏立柱顶端水平布置1条。围栏四周竖立警示彩旗、拉设宣传条幅、设立安全告知牌等。

（3）一级硬隔离布控。安全边界采用钢管脚手架围栏或彩钢板围挡等隔离，隔离上沿距离地面高度不低于2m，颜色为蓝色或绿色。现场搭设看护帐篷和监控摄像头（图2-6）。

图2-6 施工作业安全布控现场

2）坚守"三条红线"

（1）一点一案。每一处施工作业交叉点编制一个监护方案。

（2）见管见缆。通过仪器测试与开挖验证确定管道和光缆的走向、位置、埋深。

（3）机在人在。施工期间管道企业人员全程监护，高风险点视频监控全覆盖。

2020～2022年，管道沿线共发生施工作业290项，交叉点2600多处。经管道保护工作主管部门许可的有78项，经管道企业和施工单位协商制定施工作业方案、签订安全协议快速通过的小型施工有212项，有效防止了施工挖掘损坏管道事件的发生。

3. 启示

对交叉施工作业应做到提前设防、全程管控，可有效消减安全风险。同时应加强管道企业与政府部门和施工单位的合作，缩短与相关部门的协调时间，及时与施工单位协商确定施工方案，对小型工程采取"疏而不堵""主动服务""快速通过"的办法，有效避免野蛮、强行施工现象的发生。

（国家管网集团北京管道石家庄输油气分公司于晶晶供稿）

2.2.5　配合高铁施工迁改输气管道案例

1. 背景

杭州–湖州天然气输气管道（简称杭湖管道）全长约80km，设计压力为6.3MPa，管径为813mm，2003年建成投产。规划新建湖州至杭州西至杭黄铁路连接线（简称湖杭黄铁路），该工程湖州站以连续梁的形式跨越杭湖管线，交越角度为5°，交越长度为334m。存在以下风险和隐患：一是交越角度小于30°不符合安全规范要求；二是采用桥梁桩基的形式敷设，部分桩基与输气管道水平间距过近甚至占压；三是施工打桩、土方开挖（堆土）、路基施工等可能会给输气管道带来安全风险（图2-7）。

图2-7　杭湖黄铁路影响杭湖管道示意图

2. 做法

（1）浙江省天然气管网公司首先向湖州市发改委报告，发改委依据《中华人民共和国石油天然气管道保护法》《浙江省石油天然气管道建设和保护条例》进行协调，管道企业与铁路建设单位就管道保护达成一致意见。

（2）铁路建设单位编制了管道迁改可行性论证报告，管道采用直埋正交方式穿越待建铁路，再沿待建铁路用地范围（距待建铁路约30m）向南敷设至杭湖管道连接，穿越段管道采取预埋套管保护。

（3）双方签订迁改协议，管道企业在一个月内完成了管道迁改（图2-8），保障了铁路工程顺利实施和双方安全。

图 2-8　改线现场

3. 启示

铁路、天然气管道均为国家基础设施，按照管道保护法"后建服从先建"的原则，在政府部门协调指导下，双方达成谅解，积极采取措施解决存在的问题，从而保证了项目建设顺利进行。管道安全评价单位作为技术支撑力量，对施工影响、保护措施、输气调度进行了系统分析，为政府主管部门决策提供了可靠依据。

（国家管网集团浙江省天然气管网有限公司技术服务中心范文峰、王耀供稿）

2.2.6　高铁施工坡顶沉降影响管道安全治理案例

1. 背景

2020 年 7 月，西安输油气分公司对兰郑长成品油管道庆阳支线进行汛期地质灾害排查时，发现 26#+420m 处出现三处局部裂缝，裂缝不断扩大，靠近沟边地面逐渐沉降，存在滑坡的风险。经初步调查分析，与附近修建了银西高铁店门沟桥雨排水设施有关。

2. 做法

（1）分析。分公司及时组织甘肃工程地质研究院、北京中地华安地质勘查有限公司勘查三不同沟村裂缝现场及周边地质，并在沟顶部裂缝附近架设 3 处位移监测设备，对位移变化进行监测。经过分析确定，由于附近高铁雨排水设施存在问题，漏水导致沟顶产生裂缝并造成周边沉降。

（2）协调。在接到分公司报告后，庆阳市能源局到现场查看，西峰区政府召开专题会议，协调各方达成共识，共同商定治理方案，明确滑坡隐患由管道企业负责治理，排水设施存在的问题由铁路部门治理。市能源局按照防范化解重大风险的要求，积极督促推进相关工作。

（3）治理。管道企业与铁路部门签订安全互保协议，共同到现场确认埋地设施情况。区政府协调解决征地和进场路由问题。双方各自对超过 30m 的裂缝进行三七灰土回填夯实治理，对排水暗管(水泥管已经裂开)接缝处的裂缝进行了整治，最终通过削坡减载加坡脚挡墙支护的方式完成了灾害治理(图2-9)，并通过了验收(图2-10)。

图2-9 灾害治理现场

图2-10 工程验收现场

3. 启示

管道企业应加强汛期巡线管理，对于滑坡、塌陷等地质灾害和第三方施工风险，做到早发现、早治理，防患于未然。地方政府应落实属地管理责任，组织开展管道安全隐患排查整治，做好协调、监督、指导工作。通过加强政企合作，形成防范地质灾害隐患和第三方施工风险共识、共防、共治的长效机制。

(甘肃省庆阳市能源局刘丽霞、国家管网集团北方管道西安输油气分公司刘昱明供稿)

2.2.7 产业园区内管道保护案例

1. 背景

陕京管道一线永京支线北京段(以下简称永京线)，管径为711mm，设计压力为5.5MPa，2000年12月投产。北京经济技术开发区在通州区郭村规划建设产业园，与斜穿产业园的永京线郭村段管道存在道路型交叉施工3处、工程项目1处(图2-11)，增加了重车碾压、第三方施工损坏、阴保干扰、地面标志损毁等管道安全风险。

图2-11 永京线管道与产业园位置关系

2. 做法

（1）与建设方建立合作机制。在园区施工项目设计阶段主动与建设方、施工方等合作，畅通联络节点，确保所有施工环节审核到位、监管到位。双方签订管道安全保护协议，协商确定施工方案，在保证管道安全的同时，保障施工项目顺利进行。

（2）完善管道标志和警示牌。重新校准施工段的管道标志位置及信息，及时修复或更换有破损的标志，在交叉施工点加密设置标志，确保管道位置及信息准确无误。现场悬挂"四联牌"警示标识，提醒施工人员防止误操作。

（3）强化"三防"措施。分公司按周期、分层级对施工现场巡检，向管理人员和施工人员交底和培训，反复提示安全注意事项。在施工交叉点安装摄像头，监视现场施工情况，防止现场违规操作或偷干蛮干。采用彩钢板对交叉施工现场实施硬隔离，明确禁止进入区域，对施工便道加装混凝土盖板或钢板，防止违章作业、重车碾压和重物堆放，对于周边工程难以管控的重车经过区域，在管道上方用素土堆高，阻隔通行道路。

3. 启示

既坚持原则，又尊重对方。在保障管道方合法权益和管道安全的前提下，管道企业应本着友好协商、相互尊重的精神，为对方顺利施工创造条件。

制定保护方案要科学合理。对于大型交叉施工项目应尽早向对方提出安全评价要求，论证管道保护方案的有效性、经济性，做到科学合理。方案一旦确定要严格执行，避免随意变动和加码。小型施工要促其快速通过。小型交叉施工方普遍对管道保护措施有抵触情绪，容易出现偷干蛮干现象，应尽快与其协商签订管道保护方案，加强现场盯防，促其快速通过。

永久保护设施要提前开展检测。交叉工程需采取永久工程防护措施（如暗涵、连续浇筑）的，应对防护范围内全部管道环焊缝防腐补口进行剥离，测试补口带附着力，复拍环焊缝，检测管道壁厚，重新进行防腐补口，检测结果合格后方可实施永久工程防护措施。对后期勘察困难的地下隐蔽工程，应留存完善的档案资料和影像资料。

（国家管网集团北京管道北京输油气分公司许建东、宗飞供稿）

2.2.8 输气管道高后果区隐患治理案例

1. 背景

杭州-宁波输气管道途经杭州、绍兴、宁波等地，长度为273km，管径为800mm，设计运行压力为6.0MPa，2007年建成投产，是浙江地区的主要输气干线之一。管道高后果区占比达60%，且以人员密集型居多，管道安全风险大。第三方施工多、类型复杂，2008~2019年共发生2000多起第三方施工（图2-12）。公司近年来共处理遗留占压隐患100余项（图2-13），共发生水毁、滑坡等地质灾害40多起。

图 2-12　高速互通施工现场隔离

图 2-13　占压隐患整治前现场

2. 做法

（1）加强管道本质安全。在设计时即考虑了地区等级升高的因素，管道壁厚普遍提升一级。钢材选型上选取了韧性、强度较好的 L450 钢。运行阶段从严开展全面检验、年度检查工作。2012 年和 2017 年分别对该管道开展了内检测工作，每 3 年开展一次 ECDA 检测，并针对缺陷点特性和不同风险因素开展补强、排流等消减措施。

（2）加强施工作业管理。将管道标识桩牌密度由 100m/个加密到 50m/个，高度由 1.5m 提高到 2m；对报告情况的群众给予现金奖励；借助平安浙江网格员、治安联防员与地方开展群防群治；每年开展政企全员全管道徒步巡线活动，宣传管道保护相关知识；开展管道保护相关法律法规宣传，制作管道保护宣传动画、音频、横幅、张贴画等，在电视、电台、田间地头、施工现场广泛宣传。以安全快速通过为原则，减少施工作业审批时间和经济成本。严格按照保护方案验收，双方签字予以确认。

（3）加强地质灾害治理。落实企业日常巡查、专业单位定期排查的隐患排查制度。以汛期排查、汛后治理为工作重点，对发现的隐患采取临时措施与计划性永久修复相结合的方式，保障水工设施发挥作用。

（4）加强社会综合治理。依托全省"油气管道专业安委会""平安浙江""管道安全保护工作联席会议"三个保护平台，构建政府相关部门、管道企业和社会各方面共同发挥作用的综合治理机制。

（5）加强高后果区管控。按期开展高后果区识别与风险评价，并结合浙江特点，研发具有精度高、可视化程度高的基于 GIS 系统的高后果区识别系统和风险评价系统。

3. 启示

高后果区管理受人口密度、施工作业、地质灾害等因素影响较大，只有强化源头管控，才能防患于未然。

地质灾害治理除企业自主巡查外，要积极发挥第三方专业单位的力量，在更广的地域范围内和更长的时间维度上发现和解决问题。

防范施工作业损坏要借助主管部门、沿线广大群众的力量，同时采用科技手段监测管道周边施工与地质灾害风险，这样才能及时发现风险隐患和采取消减措施。

（国家管网集团浙江省天然气管网有限公司闫杰、范文峰、陈玉亮供稿）

2.2.9 公路施工高边坡影响输气管道安全处置案例

1. 背景

某城市规划的外环公路是一条由西向东的快速干线，长约15.06km，与某企业长输天然气管道共有2处高边坡邻近，其中一处边坡高度为29.5m，坡顶线与天然气管线水平净距为6.6m，另一处边坡高度为57.7m，坡顶线与天然气管道水平净距为15.14m（图2-14、图2-15）。

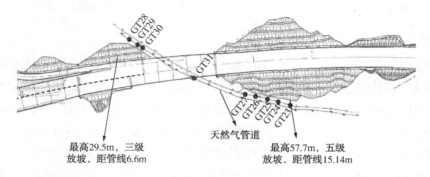

图2-14 交会段平面图

图2-15 现场照片

管道企业对2处高边坡设计方案提出三点异议：一是公路设计单位进行边坡设计时并未考虑到坡顶天然气管线的存在，边坡设计的稳定性系数不够；二是2处边坡分别高约30m与58m，施工过程中若发生边坡滑塌将无法对管道进行及时抢维修；三是边坡的稳定性影响因素较多，其支护工程的有效性和持久性难以保证，且因滑坡而造成的管道断裂情况也屡见不鲜。所以，管道企业建议建设单位调整此区域的公路设计方案，以减少公路施工及运营期对管道的影响。但是公路建设单位认为初步设计方案已经通过专家评审，无需再针对管道保护做专项调整或变更。

2. 做法

在双方意见无法达成一致的情况下，管道企业采取了以下措施：

（1）委托律师事务所向公路建设单位发出了两份律师函，着重说明了该工程对天然气管道可能造成的风险，要求对方履行管道保护义务并承担相应的法律后果。

（2）向政府主管管道保护工作的部门汇报了管道在此项目中所面临的风险，请求主管部门依照管道保护法第三十五条规定出面组织双方协商确定管道保护方案。

（3）组织内部专业人员对拟建边坡的支护方案进行审核，同时要求建设单位委托有资质的单位对高边坡的设计方案、施工方案以及施工运营期的相互影响进行专业评价，出具评价报告，最后由专家对评价报告进行评审。

（4）对现场业主代表、监理、施工人员等进行了安全和技术培训。施工开始后，安排安保人员进行现场看护，区域负责人每周现场巡查，收集第三方振动、变形等检测数据。组织双方定期进行沟通，做好全过程管理。

上述措施引起公路建设单位的高度重视，委托律师事务所对管道企业律师函进行了回应，承诺了后建方应承担的责任，积极采取了管道保护工程措施。政府主管管道保护工作的部门组织了安全评审会议，并根据评审会意见出具了同意作业的许可。设计单位根据行业规范调整了边坡斜率。评价单位和外部专家建议增加锚索锚杆的数量和锚固端长度，在管线周边增加17根抗滑桩，以减小山体开挖对在役管道的影响(图2-16)。整个施工期间，2处管道上方土体位移和质点

图2-16　抗滑桩施工现场

振动速率分别小于1cm/s和2cm/s，符合管道安全要求(图2-17)；管道现场管理人员及时发现并解决了部分锚杆钻孔位与管道位置重叠的问题，避免了管道被损坏。

K62+780路堑左侧边坡深部位移监测记录表

观测工程名：边坡深部位移监测　　　测孔编号：7#　　　观测孔深：15m
观测方向：　　　　　　　　　　　测孔位置：K62+780左侧　　当前初值：7#11月02日13时
观测日期：本次：11月20日；前次：11月17日　　　　第二级边坡

深度/m	累计位移/mm	本次位移/mm	变化速率/(mm/d)
0.5	5.44	-1.59	-0.53
1.0	5.81	-1.63	-0.54
1.5	5.78	-1.65	-0.55
2.0	5.30	-1.62	-0.54
2.5	5.02	-1.55	-0.52
3.0	4.58	-1.54	-0.51
3.5	3.96	-1.46	-0.49
4.0	3.49	-1.32	-0.44
4.5	3.42	-1.27	-0.42
5.0	3.69	-1.24	-0.41
5.5	4.00	-1.30	-0.43
6.0	4.27	-1.28	-0.43
6.5	4.30	-0.42	-0.14
7.0	4.33	-0.33	-0.11
7.5	4.21	-0.35	-0.12
8.0	4.19	-0.36	-0.12
8.5	4.06	-0.39	-0.13
9.0	3.82	-0.45	-0.15
9.5	3.64	-0.37	-0.12
10.0	3.51	-0.36	-0.12
10.5	3.27	-0.37	-0.12
11.0	2.92	-0.42	-0.14
11.5	2.51	-0.42	-0.14
12.0	2.03	-0.45	-0.15
12.5	1.73	-0.42	-0.14
13.0	1.45	-0.39	-0.13
13.5	1.16	-0.37	-0.12
14.0	0.87	-0.28	-0.09
14.5	0.58	-0.18	-0.06
15.0	0.29	-0.09	-0.03

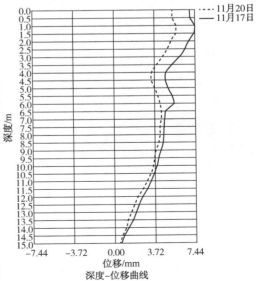

深度-位移曲线

图2-17　位移监测记录表

3. 启示

因公路高边坡施工造成管土位移引发安全隐患的例子屡见不鲜。本案例中管道企业一开始处于被动位置，但坚持安全第一不动摇，充分运用法律武器，依靠地方政府的指导协调，化被动为主动，积极争取最好的结果。双方企业最终由对立走向合作，实现了双赢。

（广东大鹏液化天然气有限公司王璐供稿）

2.2.10 桥梁桩基施工影响输气管道保护案例

1. 背景

中海广东天然气有限责任公司（简称中海广东公司）某天然气管道路由平行于中山市拟建的某座大桥，该段管道采用定向钻施工方式，管道设计压力为 4.0MPa、管径为 500mm、运行压力为 3.5MPa，埋深约为 13m，地区等级为三级。2017 年 4 月，大桥施工单位在没有与中海广东公司协商确定施工作业方案、没有签订安全防护协议的情况下，强行开展管道穿越处打桩施工。公司及时发现并制止了违法施工作业，并主动与建设单位、施工方、主管部门沟通协调管道保护事宜，管道保护措施最终得到了落实，保障了桥梁建设项目顺利推进和天然气管道安全运行。

2. 措施

在设计阶段开展对桩基与管道安全间距研究，分析识别打桩施工对天然气管道的影响。经过多轮沟通及研究评估，确定的管道保护安全措施包括：

（1）依据相关标准，编制管道探测方案，采取开挖沉井进行探坑，探出管道的具体位置，以便使用钢板桩进行隔离保护（图 2-18、图 2-19）。

图 2-18 天然气管位检测现场　　　　　　图 2-19 打桩施工现场

（2）对管道迁改或调整桥梁设计等方案进行论证，分析了工程造价、工期、实施难易程度，最终确定了管道就地保护方案。

（3）探明管道位置，以确定钢板桩的位置。井内除土从中间开始，对称、均匀地逐步分层向刃脚推进。做好井底标高、下沉量、倾斜和位移的测量工作，防止沉井偏斜等。

3. 启示

珠三角地区土地资源日益紧缺，频繁的建设项目施工活动对管道影响越来越严重，凸显了管道巡护工作的重要性。管道企业要加大资金投入，提升管道保护宣传力度和管道巡护人员的专业化水平。

做好施工作业协调，既要保护管道安全，也要保证项目顺利通过，应积极争取政府主管管道保护工作部门的支持，从建设项目设计源头上防范对管道的影响，并会同相关方编制完善管道保护方案，保证管道安全运行。

（中海广东天然气有限责任公司陈健供稿）

2.2.11 公路施工与输油管道交叉相遇保护案例

1. 背景

日照-仪征输油管道全长375km，管径为914mm，壁厚为12.7mm，年输量为$2000×10^4 t$，设计压力为8.5MPa。2015年6月，省道S353扬州西段工程（简称省道工程）与日仪原油管道交叉相遇，施工单位在未采取任何保护措施的情况下，强行在管道上方施工而危及管道安全。

2. 做法

（1）主动协调。省道工程施工作业说明中没有公路荷载对管道影响的风险分析内容，也缺少地方政府主管管道保护工作部门的意见。管道企业按照《中华人民共和国石油天然气管道保护法》第三十五条、第四十四条规定，以及《关于规范公路桥梁与石油天然气管道交叉工程管理的通知》（交公路发〔2015〕36号）要求，及时反馈了意见（图2-20）。

（2）积极反映。管道公司向江苏省有关部门发送函件，要求协调解决管道存在的重大外部安全隐患。经多次协调，管道企业与省道工程施工方最终达成协议，公路以桥梁方式跨越管道，同时采取加强管道防腐、管道上方覆盖混凝土盖板等保护措施。

3. 启示

面对有可能危及管道安全运行的施工作业，管道企业要主动出面制止，充分依靠属地政府主管管道保护工作的部门组织

图2-20 第三方挖掘强行施工现场

双方协商确定管道保护方案。同时政府要加强管道周边各类施工行为管控，加大对违法违规施工行为的约束或惩罚力度，以便遏制和防范施工损坏管道行为。

（国家管网集团东部原油储运有限公司李昕供稿）

2.2.12 城市道路高填土影响输气管道保护案例

1. 背景

某城市天然气管道规格为 $\Phi610mm\times12.7mm$，设计压力为 8.5MPa，埋设深度为 1.2~1.5m，地区等级为三级。2013 年，城市规划在管道周边修建主干道工程，500m 长的管线上方将堆积大量填土，近一半管线上方覆土层大于 10m，最大为 16m，属于典型的管道上方高填土情形。加之此处存在淤泥质软弱土层，增加了高填土下天然气管道变形破坏的风险（图 2-21、图 2-22）。

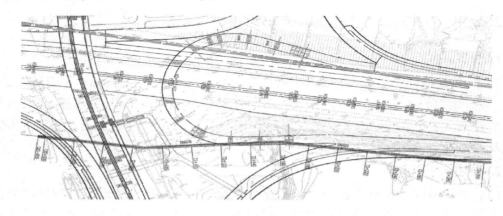

图 2-21 交会段

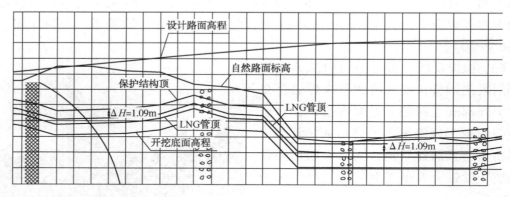

图 2-22 交会段断面图

2. 做法

新建、改扩建道路与天然气管道交叉的常规保护方案是修建盖板涵结构实施永久性保护。而在淤泥质软弱土层条件下，高填土作业需要进一步解决道路投用后天然气管道的维护和抢修、盖板涵结构沉降、结构上方路面与正常路面之间的差异沉降等问题。在政府主管管道保护工作部门的主持下，管道企业与道路建设单位、设计单位进行了多轮次的讨论和研究，最终确定了管道保护方案。

（1）在道路投用后，管道企业可以无条件地实施维修和抢修。道路建设单位协助管道企业向属地规划部门申请管道迁改的规划路由，施工单位同步完成规划路由的备用管涵建设。

（2）设计单位进行了多个方案的计算和比选，为增加保护结构的安全系数和保证管道不会因负摩擦力产生过大沉降，确定了刚性桩的基础形式（旋挖灌注桩），单桩承载力应超过桩顶竖向力的60%，盖板涵沉降控制在0.5cm内（图2-23）。

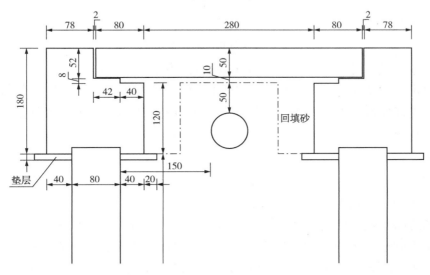

图2-23　盖板涵+桩基础

（3）工程采用"差异桩"的处理方式，即对管道保护结构两侧一定范围内的高填方区域采用高压旋喷桩方式，通过调整桩长和桩间距形成软硬地基之间的过渡（图2-24），解决路面因地基承载力差异过大而形成沉降从而影响道路使用和管道安全的问题。

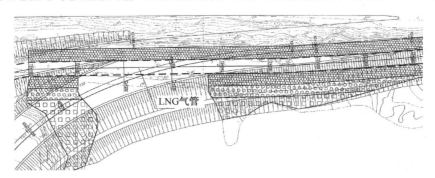

图2-24　保护结构两侧软基处理平面

（4）效果预测。管道保护结构两侧的高填方区域被分成三种：区域一为盖板涵两侧5m以内范围，区域二为盖板涵两侧5~10m范围，区域三为盖板涵两侧10m以外范围。针对三种不同区域，分别按图2-25所示的三种不同的分布形式和桩长进行高压旋喷桩施工。

根据各区域旋喷桩布置形式和地质资料可计算出相应的工后沉降量为：区域一，沉降量≤15cm；区域二，沉降量≤20cm；区域三，沉降量≤25cm。从计算结果可得出，

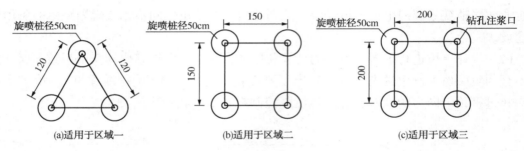

图 2-25　旋喷桩平面布置大样图

保护方案中地基过渡带的设计避免了道路路面大型沉降裂缝的产生。

管道保护工程施工时间持续两年，于 2015 年 3 月全部完工。经过多年运行，路面状态良好，无任何沉降裂缝产生，天然气管段经检测未发现任何变形或缺陷，证明了此保护方案的有效性。

3. 启示

本案例管道企业通过与政府部门、建设单位多次协商，采用盖板涵、备用路由和"差异桩"的方式，既解决了紧急情况下管道抢修的及时性，又保证了高填土下管道自身安全和道路的正常使用，彻底消除了第三方高填土施工带来的各种风险和隐患。管道企业应重视软土区域的第三方施工挖掘活动，在有条件的情况下应在选线阶段即考虑避开软土区域。管道上方新建建构筑物的质量情况也会对管线安全造成影响，应通过管道保护新技术、新方法的不断探索和研究，使管道与周边工程项目和谐并存、共保安全。

（广东大鹏液化天然气有限公司王璐供稿）

2.2.13　管道专用隧道周边爆破施工保护案例

1. 背景

2020 年 11 月 26 日，新建 109 国道某隧道洞口进行施工爆破作业（图 2-26），距离陕京三线管道水平距离为 78.7m，垂直高度为 39m，最近 1 处爆破点距离陕京三线妙峰山专用隧道 103.8m。根据管道保护法第三十三条和第四十四条规定，管道企业主动与施工单位协商，开展安全评价，制定保护措施，签订管道保护协议，并办理了管道交叉行政许可。

2. 做法

由于爆破点与管道专用隧道距离较近，可能对结构造成破坏，产生的落石可能砸伤管道本体，爆破振动可能导致管道环焊缝断裂，为此采取了以下措施：

严格落实安全评价报告相关要求，爆破作业一次起爆药量不大于 53kg。管道专用隧道相应点位安装实时振动监测设备，将每次爆破振动控制在 GB 6722—2014《爆破安全规程》规定的范围内，即爆破安全质点振动速度控制在 2cm/s 以内。爆破作业前开展试爆，根据试爆结果调整爆破装填药量。聘请有资质的第三方爆破检测单位对爆破作业进行实时监测，如超出安全标准范围，立即叫停施工，重新调整装填药量，确保管道及管道专用隧道安全（图 2-27）。

图 2-26 109 国道施工爆破现场 　　　图 2-27 施工现场监护

3. 启示

地方政府主管管道保护工作的部门和相关单位加强了对爆破工程现场的检查指导，保证了工程安全顺利进行。管道企业通过对管道周边近距离爆破作业管理进行认真总结，提升了管道保护水平，并为后续遇到类似工程提供了宝贵经验。

（国家管网集团北京管道北京输油气分公司刘丽峥、张弘供稿）

2.2.14 引水暗渠下穿管道爆破作业保护案例

1. 背景

兰州-银川天然气管道白银支线的材质为 X52 钢，管径为 273mm，设计压力为 6.3MPa，埋深约为 1.9m。景泰县永泰川灌溉引水工程 8#暗渠下穿白银支线，两处施工爆破点(6#隧洞出口和 7#隧洞进口)分别距离管道 169.078m 和 143.024m，暗渠埋深为 5.549m，管道距离暗渠底板 3.25m。由于爆破点距离管道 200m 以内，爆破作业有可能威胁管道安全(图 2-28、图 2-29)。

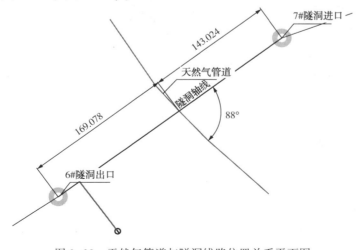

图 2-28 天然气管道与隧洞线路位置关系平面图

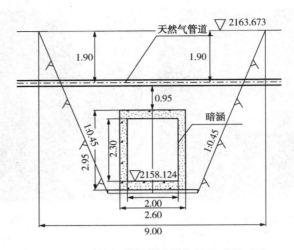

图 2-29　天然气管道与暗渠位置关系断面图

2. 做法

（1）事先沟通协调。管道企业与施工单位签订了管道安全保护协议，对该项工程的安全风险、双方的权利义务、责任条款、工程手续办理、施工及后期运行管理等作了约定。施工单位委托第三方安全评估单位召开安全评审会，与会专家提出控制每次最大起爆药量、对爆破振动进行监测、设置减振沟、完善应急预案等措施（图 2-30）。

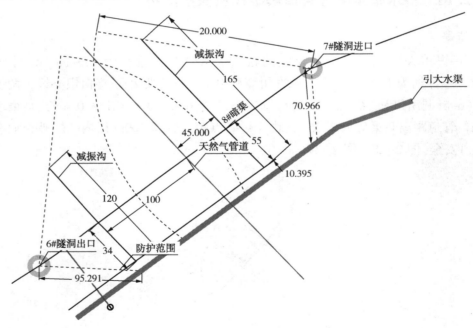

图 2-30　减振沟布置平面图

（2）采用开挖减振沟方式消减风险。施工单位利用隧洞轴线右侧 60m 黑武分干渠道沟壑，将原设计的 6#隧洞出口减振沟和 7#隧洞进口减振沟长度缩短，减少开挖工作量 50%以上。

（3）加强爆破振动速率监测。根据 GB 6722—2014《爆破安全规程》中的表 5，按照最不利因素取值，K 取 350，α 取 2，爆心距 R 取 143m，爆破设计最大装药量 Q 为 22.96kg，最大爆破振动速率 V_{max} 为 0.138cm/s，符合 Q/SY 1358—2010《油气管道并行敷设技术规范》规定。沿管道中心线及左右间距 30m，共布置 3 个监测点安装爆破测振仪。

（4）做好现场监护管理。安排专人现场核查爆破药量（≤23kg），爆破时跟踪记录爆破振动值，根据专家意见将每次爆破产生的振动速率控制在安全标准（<6cm/s）范围内。

3. 启示

根据管道保护法第三十五条规定，在管道中心线两侧各 200m 地域范围内实施爆破作业，地方政府主管管道保护工作的部门应加强监督指导，管道企业、施工单位、评估单位以及管道保护协会应通力合作，及时开展安全评估，完善爆破作业方案，严格施工现场管理，保证第三方施工项目的快速安全实施和管道的运行安全。

（国家管网集团西部管道兰州输气分公司王宗禧、郭卫华；甘肃省管道保护协会姜长寿供稿）

2.2.15 近距离顶管施工影响输气管道保护案例

1. 背景

重庆忠县–武汉天然气管道潜湘支线于 2005 年建成投产，管径为 610mm，设计压力为 6.3MPa，是湖南省天然气保障和供给的主干管网。2016 年某新建天然气支线管道部分路由距离潜湘支线 10m 范围内，其中 CL007～CL008 号桩管段为顶管穿越施工，长度为 96m，套管规格为 DRCP1200×2000GⅢA。

2. 做法

（1）优化管线路由。潜湘支线管理单位主动联系新建管道业主、设计单位、施工单位，开展联合现场勘察。经双方技术人员实地勘察和管道中线数据比对核实，新建管道设计中线有约 30m 进入潜湘支线管线 5m 范围内且最近间距为 3.23m，还有 80m 距离潜湘支线管线 10m 范围内。经双方协商，优化管线设计路由，使两条管道的中线间距大于 7m，符合并行管道最小净距不应小于 6m 的规范要求（图 2-31）。

（2）保证光缆安全隔离。并行管段每 5m 开挖一处探坑，明视光缆位置，准确查明光缆可能出现的不规则绕行和高程变化情况。采取在两条管道之间设置一排间

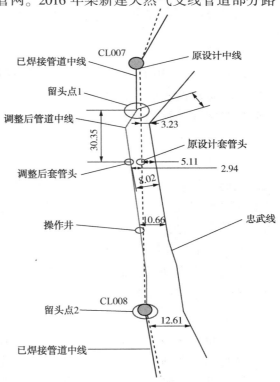

图 2-31 优化调整后建管线路由

距 1m、直径 100mm 的钢管桩（距潜湘支线管道 5m）的隔离措施，钢管桩深度超过在役管道底部和光缆埋深 0.5m，用于阻隔顶管机械偏移中心可能对管道光缆的伤害。

（3）控制顶管质量和纠偏。顶管施工前，由专业工程师依照设计图纸进行放线，对管道中心、套管头、转角点等做出标记，严格控制顶进偏差。在顶坑中悬空固定水准仪，在顶管首端设立十字架，控制好顶管高程，在坑上面引出中线，在中线方位的两点向坑内吊设两根垂球线，控制顶管方位。在顶管过程中应勤校测，发现偏差时及时校正，保证顶管质量。

（4）加强周边警戒管控。对管道两侧 5m 范围采取硬隔离布控+断线报警器+视频监控+24h 专人看护，防止地面机械闯入管道核心保护区。

3. 启示

该处顶管施工作业经当地能源主管部门验收通过，成为湖南省油气长输管道周边顶管施工作业方案审查的重要参考案例。

管道企业要在新建管道规划阶段提前介入，向对方提出管道保护相关要求，协调后建方优化路由、保持安全间距，这样做效果较好，后建方改线成本低，也易于接受。管道巡护要做到现场"三看"，即看平板拖车、看顶管机具、看管材，及时发现第三方施工信息。施工现场要落实"三防"措施，力争做到万无一失。

（国家管网集团西气东输长沙输气分公司罗四元供稿）

2.2.16　管廊带与高速公路建设相遇保护案例

1. 背景

2018 年 9 月 30 日，管道巡线人员发现连霍高速公路（G30）小草湖至乌鲁木齐段第 XWGJ-7 标段改扩建项目在未办理许可手续的情况下，拟穿越乌鄯原油管道、西气东输二线管道等 4 条输油气管道，有可能损坏管道和影响管道安全。

2. 做法

乌鲁木齐分公司及时向施工单位递交管道保护告知书，指出石油天然气管道为国家能源设施，盲目施工将会损坏管道造成严重后果。提出应按照管道保护法规定，向当地政府主管部门提出施工申请，在管道人员现场安全指导下快速通过。但施工企业不听劝阻继续施工，分公司立即向公安部门报警并向乌鲁木齐市发改委反映情况，作业区现场 24h 守护，并设置移动监控设备，全天候监控。发改委组织召开三次协调会议，会议要求公路建设方立即停止施工，组织专家对施工方案进行评审，决定在交叉地段采取盖板涵方式对管道实施保护。

3. 启示

管道企业在多线施工的情况下，要增加现场检查频次，及时发现并坚决纠正和制止不安全行为。在施工作业前，应用光缆测试仪对动土影响区域做一次全面认真探查，并人工探沟勘探，确认下方光缆位置，对光缆路径用白灰做出标记，采取有效防护后方可施工，并做到 24h 全程跟踪监护，有效制止盲目施工等违法违规行为。

政府部门的监管、协调和加强管道周边施工单位的安全教育，是预防第三方损坏的关键。管道企业要及早发现、主动汇报，依靠政府部门的指导与帮助，充分运用行政、法律、经济等手段，消除管道安全隐患。

（国家管网集团西部管道乌鲁木齐输油气分公司杨杰供稿）

2.2.17　新建管道与在役管道交叉相遇保护案例

1. 背景

鄂安沧输气管道一期工程东起沧州，西至石家庄，北达保定，南至濮阳，于2018年开始建设，线路总长674km，管径为1219mm和1016mm，设计压力为12MPa和10MPa，年设计输气能力为$300×10^8m^3$，是推进北方地区清洁取暖和治理京津冀大气污染的国家重点工程。该管道与北京管道公司管辖的陕京管道存在交叉点20余处。

2. 做法

（1）双方提前开展合作。在设计阶段，鄂安沧管道建设方与陕京管道运营方进行现场踏勘、数据比对，确定了管道的基本走向、交叉位置、穿越形式（8处大开挖、12处顶管）等。双方共同识别施工过程中存在的风险，讨论制定施工作业方案，签订管道保护协议，开展培训活动，提高施工人员的安全意识。

（2）共同加强现场管理。安排安全责任心强的监护人员，经培训合格后上岗，昼夜轮班对施工现场进行监控。现场设立警示标识、悬挂印有报警电话的宣传条幅和预防重车碾压的告知牌，管道上方铺设钢板或制作钢筋混凝土盖板进行保护（图2-32）。

图2-32　圈围管道施工预控区域

（3）运用科技监控手段。采用智能远程视频监控系统，通过高清摄像头采集现场画面，利用4G网络传输现场画面，用电脑、智能手机等多台设备同时进行查看，对施工现场进行远程无死角动态监控。

通过上述措施，实现了交叉施工现场的安全生产、文明施工、消防保卫有效和安全顺利通过，鄂安沧输气管道一期工程提前106天全面建成投产。

3. 启示

认真贯彻《中华人民共和国石油天然气管道保护法》第三十五条、第四十四条规定，是做好管道相遇工程保护工作的重要保证。管道企业与相关建设方应及早进行前期沟通协调，识别施工过程中存在的风险，双方共同制定管道保护方案，运用人防、物防和技防等措施，实现对施工现场无死角动态监护。

（国家管网集团北京管道公司赵嘉程、李海宝、于涛供稿）

2.2.18 城市轨道工程影响输气管道沉降治理案例

1. 背景

某城市轨道交通地铁项目一施工段开工建设。其周边环境为河涌宽15.3m，水深为0.7~2.0m，河床标高为−1.0m，为管道穿越区地表水的主要汇聚地及排泄通道。广东大鹏液化天然气有限公司管道位于非机动车道，距河涌挡土墙护栏间距为5m，管径为610mm，X65钢管，埋深为1.2~2.5m，设计压力为9.2MPa（图2-33、图2-34）。2018年1月，地铁项目在距离天然气管道5m外河涌内进行墩基础施工，承台浇筑完成后在抽取围堰扣板桩时，河涌侧挡土墙失稳，管道两侧地面出现沉降裂缝，裂缝最宽达5cm（图2-35、图2-36）。

图2-33 地铁高架线路与管道位置图

图2-34 施工区域周边环境

图2-35 管道侧沉降裂缝

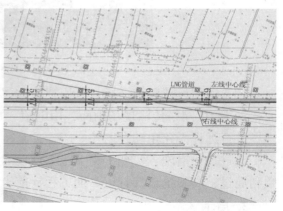

图2-36 水中墩与管道关系

2. 做法

施工前，管道企业书面要求地铁施工单位应完善水中墩专项安全施工方案，包括补充钢板桩拔除施工工序、钢支撑现场储备量、对基坑开挖中的整体稳定性验算、钢支撑最大轴力验算、对基底软弱土层处理措施等，还向对方提出了施工期间的管道保护措施要求。

当管线北侧靠河堤出现沉降裂缝后，管道企业立即要求地铁施工方停止抽除扣板桩，并采取加固支撑河道挡土墙等措施，同时向市、区、镇主管管道保护工作的部门及有关单位报告。主管部门接报后就管线保护安全专项施工方案组织专家论证会议，实施了道路交通管制，要求地铁施工单位停止施工并对沉降段加固处理，管道企业制定专项应急预案。区应急部门、施工单位和管道企业对隐患段实施24h监护值守，多次制止了在沉降段强行施工作业的行为。采取了包括挡土墙加固、管道开挖释放应力、管道本体增加应变片进行持续观察监测、管道两侧施打高压旋喷桩基盖板涵等保护措施。整体管道保护工程历时6个月完成，消除了该段管道的安全风险。

3. 启示

油气管道周边地下工程如果处理不当，容易形成重大外部安全隐患，地方政府和管道企业要加强联防联控，实现关口前移，防患于未然。施工前，建设方应编制管道保护施工方案，经专家评审通过，并办理行政许可。施工期间应加强基坑作业专项安全监督检查，确保管道及周边地下工程安全。

（广东大鹏液化天然气有限公司孙超燕供稿）

2.2.19 城市快速路与输气管道交叉施工保护案例

1. 背景

某城市外环道路快速化改造项目二期工程施工范围内有广东大鹏公司所辖管道和佛山高压天然气管网两条管线，涉及管线长度约为28.7km，共有24处交叉点。鉴于该项目建设可能给管道带来的风险，广东大鹏公司在项目实施前期与建设单位就管道安全保护方案和现场安全管理进行了长达3年的商谈，一直未能达成一致意见。市主管管道保护工作的部门依据《中华人民共和国石油天然气管道保护法》第三十五条规定，组织了多轮次专家论证，决定该项目设计增加管道保护涵和加强阴极保护等安全措施(图2-37)。

2. 做法

（1）开展管道专项安全评价，对设计和施工方案组织安全评价和专家评审，确保方案合法合规、安全有效。公司分别与项目建设单位和施工单位签署了运营安全联防协议和施工安全防护协议，明确各方责任。

（2）建设单位、监理单位、施工单位负责人及管理人员和基层班组开展入场三级安全教育和技术交底。项目开工前，公司与施工单位联合演练，提升双方联防联动应急机制的有效性、实战性和协同应急处置能力。

（3）安排专职看护人员和专业化服务商监护，配合智能视频监控和无人机巡查等技防措施，消除现场管控盲点。划定机械施工作业区域，防止机械设备、重型车辆直接占

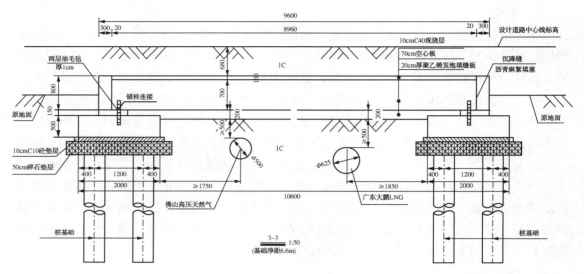

图 2-37 管道保护涵结构

压管线。与管线交叉通行的路段采用上跨钢便桥的临时保护措施。

（4）保护涵桩基和承台施工前由三方确认，施工单位对人工探管点测量放线，现场采用检测仪进行复核，公司测量组坐标放点，与现场记录相互核对确认。

（5）施工单位严格落实"四不施工"要求，即管线情况未经确认风险不明不施工、作业手续不完善不施工、防护措施未落实不施工、高风险作业无人看护不施工。

3. 启示

管道保护项目从设计到施工结束历时 5 年时间，点多线长面广，涉及多项高风险作业，所有施工均在安全可控的监管范围，未发生一起危及管道安全事件。我们的体会是：

实现关口前移。准确判断项目规划建设对管道后期运营的风险及影响，提前完善防护措施，落实主体责任。

严控工程质量。要求施工单位严格按照图纸作业，对材料、相关参数配比、桩基承载力、盖板强度等重要数据加强监管，及时组织监理及施工单位验收。

建立预防机制。重点对高危作业环节、高风险作业段、高风险特种作业人员等进行培训指导，邀请政府主管管道保护工作的部门和专家定期抽查检查，发现隐患及时予以消除。

（广东大鹏液化天然气有限公司孙超燕供稿）

2.2.20 污水排放隧道下穿输气管道保护案例

1. 背景

贵州省某污水处理厂尾水排放隧道先后下穿在役中贵天然气管道和贵阳高压西环线管道，隧道与管道平面交角约为 60°。两条管线平面间距约为 14m，交叉处管底埋深分别为 3.5m 和 2.3m，与隧道净高差分别为 7.5m 和 9.0m（图 2-38）。尾水隧道开挖毛洞断面为 $B×L=5m×4.5m$。由于在管道下方穿越管道，有可能引起地面沉降、塌陷等导致管道弯曲、露管、断裂甚至泄漏，给管道安全运行带来风险。

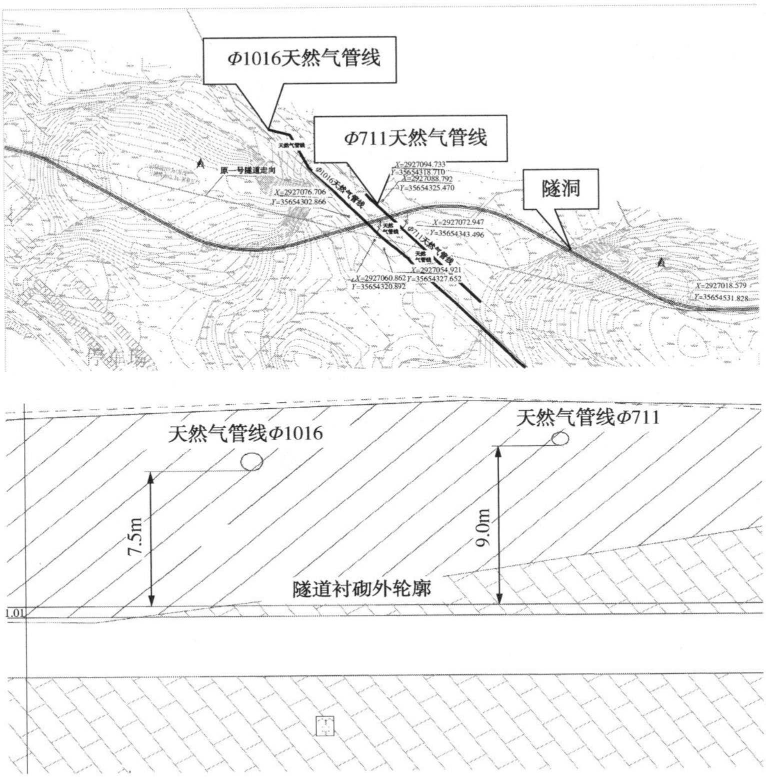

图 2-38　隧道与管道关系情况

2. 做法

（1）通过专家对隧道建设引起的地层变形进行预测分析，划定主要影响区域在隧道中线两侧各约 7.5m 之间，次要影响区域为隧道中线外侧 7.5~17.5m 之间。建议采取预先支护、加强支护措施的保护方案。

（2）在主要影响区域采用大管棚与小管棚相结合的两层管棚超前预支护措施，对围岩压注水泥浆，尽可能提高围岩的稳定性。在次要影响区域的天然气管线通过地段采取超前支护措施，两侧各 10m 隧道长度范围内将原小导管注浆排距由每三榀格栅钢架插管一环调整为每两榀格栅钢架插管一环。

（3）采取适宜的开挖方式。在穿越管道段选用悬臂式掘进机切割岩石，实现了连续掘进、无爆破振动。其余段采取控制爆破技术，爆振速度必须满足小于 2cm/s 的规范要求，有效控制爆破对天然气管道产生的扰动。

（4）加强天然气管道沉降监测，其累计变形量控制在 10mm 以内，变化速率为 2mm/d（下沉或上浮）。为保证排水隧道和天然气管线运营安全，加强了下穿管线两侧各 50m 范围内排水隧道的密闭性。

3. 启示

大管棚与小管棚相结合的超前支护方式，能够最大限度地保证围岩的稳定性，是成熟的施工技术，且能取得较好的效果。该措施不必开挖暴露天然气管道，能避免对管道防腐层等产生破坏，缩短了工期，节省了投资，也避免了对耕地的占用。在隧道施工完成后应对天然气管道开展应力检测，对存在的应力集中情况进行消除，确保管道安全。

（贵州省建筑设计研究院有限责任公司闫荣巧供稿）

2.2.21 河道倒虹吸工程与输气管道交叉保护案例

1. 背景

天津市独流减河倒虹吸工程与港清线、港清复线和港清三线天然气管道在独流减河内交叉。管道保护工程采取全断面开挖方式建设箱涵，交叉处管道采用以钢管桩为基础的跨越支撑桁架保护。2021 年 7 月 27 日，3 条管道正上方主体箱涵已经基本完工，检修孔处于绑扎钢筋阶段。当日接到上游向独流减河水域泄洪的通知，管道单位与建设方、施工方召开紧急会议，商讨确定交叉工程现场管道保护方案，避免暴露在外的天然气管道遭受破坏。

2. 做法

（1）连夜在来水方向修筑围堰，疏通箱涵，使洪水改变路径从箱涵的检修孔出水进入交叉施工作业坑内，防止作业坑周围水坝抬高作业坑内水的高程，降低洪水进入作业坑的动能（图 2-39）。

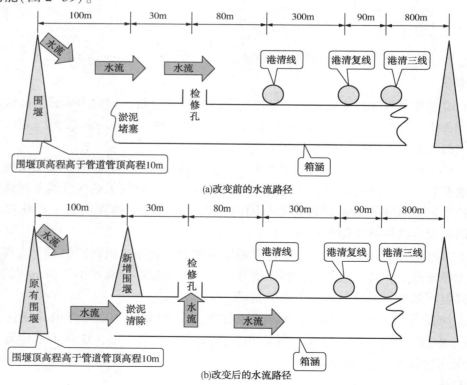

图 2-39　实施控制措施前后洪水路径对比

（2）抢在洪水到来之前，对现场港清线、港清复线、港清三线的监控摄像头用土石袋加固，以便后期在人员无法进入的情况下，可以通过监控摄像查看现场情况。

（3）现场被水淹后，第一时间协调施工方派遣专业潜水员每日查看水下管道情况。

（4）现场管线上方设置标识旗帜（图2-40），以保证摄像头能够准确捕捉到管道位置，同时防止过往抢险船只触碰管道上方桁架破坏管道。

图2-40　作业现场淹没前后对比

3. 启示

在汛期河道内作业，及时获取洪水预警信息是抓住抢险最佳时机、提前布控、采取安全防护措施的前提。

施工期间，应密切关注当地气象信息，主动与水利等管理部门沟通联系。根据现场实际环境，利用周边现有设施制定合理的防护方案。

重视抢险作业和次生灾害对管道安全的影响，采取加密巡检、加密管道标识、插设警示彩旗等多种手段，保护管道安全。

（国家管网集团北京管道天津输油气分公司夏坤坤、齐迎峰、杨百强、林朝晖供稿）

2.2.22　预防沟渠清淤施工损坏输气管道案例

1. 背景

天津市宝坻区位于海河流域下游，地下水位高，大大小小的沟渠有360多条，发挥着灌溉、排涝等重要作用。由于当地经常使用机械对沟渠进行清淤，对途经的陕京管道和光缆安全造成了较大威胁。

2. 做法

（1）广泛收集信息。管道企业细致排查管道和光缆穿越沟渠的数量，并按照沟渠大小以及灌溉、排水沟渠进行区分，掌握了沟渠周边地形地貌、耕种农作物、管道光缆埋深、有无水工保护、有无套管保护等基础信息，同时了解到清淤施工一般在汛期大量降雨过后、冬季农作物收割完成后、春季农作物种植前、小麦收割后等时期，从而为运维管理提供了准确的依据。

（2）加强日常巡护检查。巡护工对目所能及的大型施工机械，不论距离多远，都主动上前询问施工动向，告知管道位置、走向等基本信息，做到及时发现和及时管控。汛期雨后属于沟渠施工多发期，巡线工加密巡检，每天不少于2次，并随身携带警示旗和警戒带，对损毁的标识及时进行更新。并且专门制作了针对沟渠施工风险的警示牌，在醒目处印制悬挂警示标语，起到了宣传提醒的作用。

（3）积极开展沿线走访。每季度走访当地农业、发改、林业、水利等部门，了解掌握沟渠清淤改造施工计划。深入管道沿线乡镇、水管站以及村委会，宣讲管道保护法的有关要求，协商制定管道保护方案，保证管道安全和清淤活动顺利进行。建立了140多名机械手参加的微信群，如提前报告施工信息可获得作业区的物质奖励。政府部门也将施工活动事先主动告知管道企业，支持配合做好管道保护工作。

3. 启示

预防沟渠清淤施工损坏管道是一项长期的任务，必须毫不松懈、持之以恒。除了采取上述措施以外，针对风险较高的沟渠清淤项目，要制定具体水工保护方案，如修筑钢筋混凝土盖板及混凝土护岸等，以求彻底或部分消除风险。同时要根据形势变化，不断创新优化管理措施。

（国家管网集团北京管道河北输油气分公司袁建社、王勇、赵苏宁供稿）

2.2.23 "巡监打防"管控施工作业风险案例

1. 背景

长庆油田第二输油处管理着10条输油管道，生产区域横跨陕甘宁地区，油区周边社会、地理环境复杂，易发生管道破坏事件。为了确保管道安全平稳运行，构建了"巡、监、打、防"四字管护模式，有效防范了管道安全事故的发生。

2. 做法

（1）巡（巡查管道）。开展管道GPS全程定位巡护，在线实时生成GPS巡护轨迹，确保管道巡护覆盖率达到100%，重点管段徒步巡护率达到100%。按照"分片承包、细化责任、包段到人"的原则，设置"总管道长、管道长、管段长"三个层级，实施"处领导包区域、作业区领导包管道、中队长包管段"的管道巡护承包责任制。

（2）监（监护管道）。与管道周边村委会建立良好的信息沟通机制，通过定期走村访户，及时摸排掌握管道周边的异常动态，提前介入、超前防范。对于施工作业现场按照"五个务必、五个查清、两个及时、两个保持"要求（图2-41），坚持24小时蹲守监护，确保管道不受损害。

（3）打（打击违法）。按照打防结合、企地联手、强化基础、突出重点的思路，与管道沿线属地公安部门建立了良好的沟通协作机制，做到纠纷联调、治安联防、管线联护、案件联破、应急联处。

（4）防（防控泄漏）。制定了"一区一案"，在方案中详细标注管道高后果区识别评价结果，以及管道周边地形地貌、水源

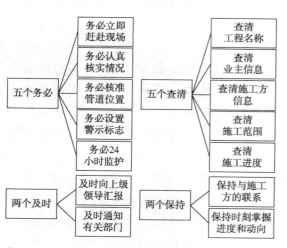

图2-41 第三方施工管控要求

区、道路、应急物资库、应急中队等信息。科学制定应急处置"258"原则和抢险四字法则(图2-42)。

图2-42 应急处置"258"原则和抢险四字法则

3. 启示

实施"巡监打防"管护模式,将管护责任精细到每一段管道、每一个环节、每一名人员,进行全时监控和无缝管理,较好地解决了管道巡护不到位、现场巡护质量差、施工监护不到位、巡护职责不落实等问题。通过与周边村民建立良好的沟通协作机制,及时掌握了管道周边信息。通过与公安部门构建联动机制,预防和打击了打孔盗油等犯罪行为。近年来没有再发生管道因施工作业而损坏事件,打孔盗油案件大幅度降低。下一步将采用管道光纤预警、无人机巡护等科技手段,进一步提升管道外部安全运行水平。

(中国石油长庆油田分公司第二输油处霍小旺供稿)

2.2.24 多措并举保障管道外部安全案例

1. 背景

长庆油田新建马惠原油管道全长187km,设计输量为$300 \times 10^4 t/a$,设计压力为8.0MPa,全线设站场4座、RTU阀室6座,2015年建成投产,途经甘宁经济落后地区,过去曾发生多起打孔盗油案件,治安形势比较严峻。

2. 做法

(1)按照"分段监管、分段巡护、统一考核"的原则落实主体责任。针对管道易发生打孔盗油的重点部位、高后果区、村镇和道路等,定期设置检查点("口令法""插旗法""泼墨法"),加强对外包公司巡护质量的监督检查。

(2)实行站队、监管中队和外包公司三级的网格化管理。按照多层覆盖、统筹协调、责任到人的原则,将马惠管道划分为若干个管段,实行"厂处、站队、班组、承包个人"四级管道长管理和监督考核评价机制,确保巡护、监督、治理、考核等重点环节责任落实。

(3)加强治安、防汛、第三方施工隐患排查(图2-43)。定期开展管道内外检测工作,及时更新和掌握管道基础信息。针对崖岘、沟壑等步巡人员不易到达的部位及管道沿线可疑院落及场地,发挥无人机快

图2-43 隐患排查现场

速机动、视频清晰、不受地形影响限制等优势，进行现场查看，消除管线巡护死角。

（4）主动向管道沿线政府职能部门汇报需要协调的问题，向乡镇了解辖区施工信息，通过村委会摸排沿线施工机械信息，对挖机、装载机主一对一精准宣传，告知管道周边施工的注意事项，发放宣传彩页和应急联系卡。加强与施工单位合作，落实现场安全技术措施、实时监管措施和应急保障措施。

3. 启示

马惠管道通过警企、地企联防联控，借助技防、信息防等科技手段，降低了管道发生事故的风险，连续多年实现了"四零"（零发案、零损伤、零占压、零事故）目标。同时主动争取地方政府部门对管道保护工作的支持和帮助，起到了事半功倍的效果。在协调处理第三方施工时，要主动对接和热情服务，实现互利共赢。

（中石油长庆油田分公司第二输油处郭辉、李鹏凯、牛涛涛供稿）

2.2.25　违法施工作业受到行政处罚案例

1. 背景

西南成品油管道六盘水市盘州段全长 76km，管道规格为 $\Phi406.4mm×7.1mm$，设计压力为 10MPa，采用 3PE 普通级防腐，于 2005 年 12 月投产运行。2019 年 4 月，城市燃气干线管道建设在穿越该成品油管道时，不听管道管理人员的提醒和劝阻，直接在西南成品油管道正上方使用挖掘机进行挖掘作业，严重危及输油管道安全（图 2-44）。

图 2-44　违法施工现场

2. 做法

管道企业收到施工信息后，主动向施工企业送达管道保护告知书，进行提醒和劝阻，并在现场增设管道标示桩、架设警戒线。但施工企业仍冒险在夜间开展施工作业，一旦造成事故，后果不堪设想。

由盘州市应急局牵头，能源局、住建局、公安局、街道办事处相关人员组成调查组进行了调查取证。根据管道保护法第五十三条规定：未经依法批准，进行穿跨越管道施工作业的，由县级以上地方人民政府主管管道保护工作的部门责令停止违法行为；情节较重的，处以罚款。盘州市能源局依法对施工单位罚款 15 万元，并在全省通报批评。

3. 启示

此次事件暴露出少数第三方施工单位在管道周边施工时存在违法违规施工和不听劝阻冒险蛮干等问题，需要加强管道保护法治教育，督促第三方施工企业和项目业主单位履行管道保护义务。

管道保护法第三十五条规定，穿跨越管道的施工作业，必须先行向当地政府主管管道保护工作的部门申请，与管道企业协商施工作业方案并签订管道安全防护协议，采取必要的安全防护措施，经主管部门对施工作业方案组织安全评审、进行审批后方可施工。

政府主管管道保护工作的部门应加强对相关施工活动的监管，对不听劝阻、冒险施工、情节严重的违法挖掘施工行为应依法严肃处理。

（贵州省能源局能源安全监督管理处供稿）

2.2.26 及时制止管道核心保护区挖掘施工案例

1. 背景

东临线输油管道始于山东省东营市东营输油站，途径滨州、济南、德州，终于临邑输油站，总长度为171km，管径为529mm，设计压力为5.6MPa，输送介质为进口原油，年设计输量为1000×10⁴t，于1978年建成投产。2018年某施工单位承揽滨州市新建城市道路地下综合管廊施工项目，与东临线输油管道形成交叉，可能危及管道安全。

2. 做法

2018年6月1日，东临线输油管道巡护人员发现施工单位正在做施工准备时，启动了管道保护预警机制，向滨城区油区工作办公室报告。管道保护执法人员到达施工现场后，向施工作业现场负责人下达了管道保护范围第三方施工告知书，告知施工区域敷设有输油管道，以及管道具体位置、破坏管道造成的危害和承担的法律义务，要求其尽快办理施工申请手续。

6月5日，施工单位在未办理手续的情况下，以赶工期为由开始在管道周边施工作业，挖掘机械一度接近管道中心线5m区域，管道巡护人员在制止无效的情况下，向滨城区油区工作办公室报案。管道保护执法人员立即赶到施工现场进行制止（图2-45），然后进行现场勘验、调查取证，责令施工单位立即停止施工，与管道企业协商确定施工作业方案并签订安全防护协议后方可进行施工。经过执法人员批评教育，施工单位认识到错误，愿意撤出施工机械，停止施工。

办案过程中，执法人员主动登门服务，指导施工单位编写申请材料，并及时组织施工单位与管道企业进行协商，最终双方取得一致意见，确定了施工方案，签订了安全防护协议，油区工作办公室作出准予施工作业的许可决定。在管道企业现场技术人员指导监护下，顺利完成了施工作业任务。

3. 启示

在油气管道周边盲目施工有可能导致管道受损以致发生泄漏、火灾、爆炸等事

图2-45 执法人员现场制止违法行为

故。只有政企密切配合、通力协作，才能有效防范施工挖掘行为对管道造成的损坏。为此地方政府主管管道保护工作的部门应严格规范行政审批和执法管理，及时发现和处置危害管道安全的不法施工行为，管道企业应落实主体责任，加强管道巡护巡查，政企合作共同把事故苗头和安全隐患消灭在萌芽状态。

（山东省滨州市滨城区油区服务中心王利军供稿）

2.2.27　青岛市加强管道保护行政执法案例

1. 背景

青岛市现有 26 条油气管道，管线总长度达到 1432km。随着城市不断发展，管道周边违法施工、占压、堆放重物等危害管道安全的行为时有发生，管道保护任务日趋繁重。根据《山东省石油天然气管道保护条例》关于加强管道保护执法机构和队伍建设的要求，青岛市通过组建管道保护执法队伍，推动管道保护法规实施，取得了积极成效。

2. 做法

2014 年 7 月，青岛市组建了石油天然气管道安全行政执法支队。2021 年 1 月整建制并入市发展改革综合行政执法支队。两年来累计开展执法检查 240 余次，现场下达责令改正通知书 47 份（图 2-46），立案查处危害管道安全行为 1 起，及时纠正和处置了一批违法违规行为，有效维护了石油天然气输送安全和城市公共安全。

图 2-46　向被检查单位反馈检查结果、下达责令改正通知书

（1）规范执法程序。编制管道保护执法检查手册，实施管道保护执法检查流程再造，明确执法信息来源、现场检查方案编制、违法问题现场处置措施、执法文书制作等内容及程序，不断规范执法检查程序。建立管道保护监管执法"四级网络"，编制全市管道"一张图"，提升执法检查效率。

（2）优化执法方式。采取综合检查、专项检查、徒步巡查、暗访暗查、交叉检查等方式，精准投放执法资源，增配无人机、4G 执法记录仪等执法装备，统筹解决执法力量薄弱与任务繁重之间的突出矛盾，在有效提高检查覆盖率和违法问题发现率的同时，合理降低对同一企业、相同管段的检查频次，避免重复执法，减轻企业负担。

（3）制定检查清单。按照"法无授权不可为、法定职责必须为"的原则，根据不同检查对象和方式，编制了 8 类共计 87 个重点事项检查清单，明确了各类法律责任主体及管道沿线场所的检查项目、检查内容、检查方法以及检查依据、法律责任等（图 2-47、图 2-48）。

图2-47 执法人员现场抽查管道定位情况　　　图2-48 执法人员现场纠正管道标志不清问题

（4）规范行政执法行为。坚持公开、公正、文明执法，严格落实行政执法"三项制度"，执法检查计划和检查结果定期对外公示。除特别紧急的执法检查外，检查前均编制现场检查方案，明确检查内容和检查方式。提前5个工作日将执法检查告知书送达被检查对象。建立内部执法监督制度，由专人对执法全过程进行跟踪监督。

3. 启示

管道保护行政执法工作是政府依法行政，保证管道保护法等法规得到有效实施的根本举措，对于保障管道安全和公共安全意义重大。卓有成效地开展管道保护执法工作，能对各类违法行为形成有效震慑，达到"处理一起、教育一片"的效果，从而督促与倒逼各法律主体严格落实责任与义务，增强遵法守法的自觉性。管道保护执法工作应从优化执法方式、规范执法行为、提升执法精准度等入手，举起执法"拳头"，握紧执法"利剑"，通过严格执法、提高违法成本等措施，促进管道安全形势进一步稳定好转。

（山东省青岛市发展改革综合行政执法支队田德成供稿）

2.2.28 非法取土导致管道泄漏案例

1. 背景

某天然气管道的管径为273mm，壁厚为5.8mm，设计压力为4.0MPa，管材为螺旋埋弧焊钢管L245，于2014年3月建成投产。2016年3月因发生非法取土导致管道发生泄漏事故。

2. 做法

3月15日12时20分左右，巡线人员徒步巡查至J142-15m桩时，发现地面结霜，管道上方土体存在断续裂缝（图2-49）。裂缝长度约为2m、宽度约为1cm、深度为1~10cm，疑似天然气泄漏，立即按程序上报。管道企业接报后，启动了管道泄漏应急预案，紧急协调下游用户，暂停发电厂供气，加装临时供气点，保障城镇燃气用户用气。随后，抢修队伍到达现场，采用卡具堵住漏点，对事故管段陆续开展放空作业、氮气置换作业、切割焊接作业、天然气置换作业（图2-50）。历时两天抢修完毕，管道恢复供气。

3月21日，当地派出所对泄漏事故正式以"破坏易燃易爆设备"案件立案调查，非法取土的挖机司机被抓捕归案。

图 2-49　事故点现场地貌　　　　图 2-50　抢修被破坏的管道

3. 启示

本次事故中，由于巡线人员第一时间发现异常，第一时间上报，管道企业第一时间处理，使事故处于受控状态，未引发严重后果。这提示管道企业在业务培训时，要特别注意管道地面结霜、喷泉状水涌等现象，提高巡线人员发现管道泄漏事故迹象的能力。

为了保障城市燃气供应，管道企业采取临时工艺接入车载 LNG 气源，避免了居民用气中断，可作为城市燃气应急供应保障手段的选项。这次事故带来的教训是，非法取土等作案时间往往不固定，间隔时间较长，凌晨之后发生情况较多，常规巡查难以及时发现，需要对风险点采取非常规措施，如加密巡护或采取无人机巡查等手段。

（国家管网浙江省天然气管网有限公司技术服务中心范文峰供稿）

2.2.29　因施工损坏输油管道承担刑事责任案例

1. 背景

2015 年 4 月，某电力公司在进行农网改造架设电力线路过程中，无视管道企业巡护工告知挖坑地点附近有输油管道，强行施工造成输油管道破裂和原油泄漏，导致附近104 省道部分路段封闭近 12h。

2. 诉讼及审理

2016 年 1 月，法院判决电力公司三名施工人员犯过失破坏易燃易爆设备罪，判处有期徒刑一年六个月，缓期一年六个月。本案是当时国内因过失破坏油气管道行为被法院判决承担刑事责任的首起案件。

公安机关对管道企业损失评估为 31 万元。管道企业提起民事诉讼，请求法院重新评估损失。法院同意进行重新评估，评估结果为 72.6 万元。2019 年 3 月 7 日，法院一审判决，电力公司、村委会以及三名犯罪人共同赔偿管道企业损失 72.6 万元。

3. 启示

本案例具有典型示范意义，警示社会各方要高度重视管道安全和公共安全，加强施工作业管理，避免发生类似事故给当事双方造成不应有的损失。管道企业可运用本案例进行法律知识和安全常识的普及教育，诠释在管道保护距离范围内开展不合规施工作业可能承担的刑事和民事责任风险，营造管道保护法治社会氛围。

［中石化石油销售（石油商储）公司孔卓然供稿］

2.2.30　施工挖掘造成原油管道泄漏相关方责任裁定案例

1. 背景

2018年原告某养殖合作社地上建筑物占压了案涉石油管道，并在施工时将地下输油管道铲坏造成原油泄漏，污染了原告所修建的青储坑及周围村民的土地，原告诉至法院要求被告某管道企业赔偿因污染造成的经济损失，而被告则反诉要求原告赔偿其清理油污及修复管道的经济损失。

2. 诉讼及审理

一审法院认为，原油泄漏对养殖合作社修建的青储坑及周围其他村民的土地造成污染，符合环境污染责任的构成要件。如果原告因此遭受损失，被告应当承担相应赔偿责任。另外，虽然原油泄漏是原告在平整地面取土时铲破该输油管道导致的，但原告自身并不存在过错，依据是《中华人民共和国石油天然气管道保护法》第十八条规定："管道企业应当按照国家技术规范的强制性要求在管道沿线设置管道标志。管道标志毁损或者安全警示不清的，管道企业应当及时修复或者更新。"而现有证据可以证明事发时被告并未在输油管道地面上方设置警示标志，故一审法院认定原告在事发时并不知情该地下掩埋有输油管道，其自身不存在过错。被告不服遂上诉二审法院。2020年二审法院终审认为，双方当事人对于本案事故的发生均存在过错，故对其自身造成的损失应各自承担相应的责任，一审判决认定事实清楚，适用法律正确，应予维持。

3. 启示

从本案件审判可以得出，油气管道企业与相关权利人之间侵权纠纷的审理，主要看双方是否履行法定义务，是否存在过错。管道企业从中应汲取的教训是，要加强对管道的日常巡护并及时进行维护，经常性地做好管道周边单位和个人的法制宣传和安全告知工作，在风险较大的区段加密设置管道标识和警示牌等，以便从源头上堵住产生事故的漏洞，从而避免产生法律纠纷和不良的社会影响。

（中国石油天然气管道科学研究院有限公司金坤供稿）

2.2.31　施工作业损坏输油管道承担民事责任案例

1. 背景

管道企业在管道保护工作中，如何面对违法施工挖掘作业导致管道失效带来安全风险和经济损失，以下两个案例为防控施工挖掘损坏管道的法律和经济风险，明确索赔有关业务流程和法律问题提供了借鉴。

· 77 ·

2. 诉讼及审理

1）损坏管道索赔案例

2010 年 5 月，某公司在拆除建筑物时，挖掘机将附近地下输油管道挖断造成原油泄漏。管道企业向法院起诉要求该公司及其施工单位连带赔偿管道企业经济损失。

2013 年 5 月，市中级人民法院作出终审判决，认定该公司及其施工单位违反《中华人民共和国石油天然气管道保护法》，应当承担 80% 的赔偿责任，共计 61.53 万元；管道企业无法证明已告知对方管道位置并采取措施阻止违法第三方施工行为，自担 20% 损失。

该公司及其施工单位拒不履行法院判决，管道企业向法院申请启动强制执行程序，查封部分房产，并通过法院将该公司及其施工单位法定代表人列入失信执行人名录，限制其乘坐高铁、飞机及其入住星级宾馆等高消费行为。该公司和施工单位遂改变态度，与管道企业协商履行赔偿责任有关事宜。

2）损坏光缆索赔案例

2015 年 1 月，某公司种植苗圃使用挖掘机进行开挖作业，挖断了某输油管道光缆。管道企业要求赔偿损失，但该公司及其施工单位拒绝赔偿。管道企业于 2015 年 9 月向市人民法院提起民事诉讼，要求该公司及其施工单位连带赔偿经济损失。2015 年 12月，经法院调解，该公司向管道企业支付光缆维修费用共计 9000 元。

3. 启示

管道企业在发现施工作业损坏管道以及光缆等附属设施后，应及时保存证据。构成刑事案件的，启动司法跟踪。不构成刑事案件的，开展民事索赔工作，及时维护企业合法权益。

[中石化石油销售（石油商储）公司孔卓然供稿]

2.2.32 管道建设未按设计施工承担被损坏后果案例

1. 背景

2011 年浙江某成品油管道工程穿越曹娥江。管道建设单位进行管道试压和测径均为合格。2012 年杭甬铁路曹娥江大桥堤防加固工程完工。此后，管道建设单位进行了两次管道清管，准备投入运营，但清管器均出现卡堵，经检查发现其原因是大桥堤防加固工程进行钻孔灌注桩作业时造成管道本体变形，而导致清管器卡堵。管道建设单位不得已又重新修建了一条过江管道。

2. 诉讼及审理

2013 年 7 月 15 日，管道建设单位向法院起诉，要求铁路方面赔偿其损失共计 1057万元。

法院在庭审过程中查明，管道设计管底标高为 -28.1m，由于管道建设单位未按设计图纸施工，管顶实际标高为 -13.8m，相差 14.3m，而钻孔灌注桩设计桩底标高为 -14.4m。据此，法院认定，管道建设单位未按照设计施工是造成这起事故的根本原因，判决驳回管道建设单位的诉讼请求。

3. 启示

本案例教训十分深刻。管道企业及建设、施工单位必须依法依规建设管道，严格按照规划、自然资源等政府部门批复的路由和设计图纸进行施工、设置管道标志，否则会带来意想不到的严重后果。

［中石化石油销售（石油商储）公司孔卓然供稿］

2.2.33　管道企业未尽到告知义务承担被损坏后果案例

1. 背景

2013年某石化销售分公司向当地法院起诉，某房地产公司施工时破坏了其输油管道，造成4.3t油品泄漏，损失41.9万元，要求全额赔偿其经济损失。

2. 诉讼及审理

法院查明，某石化销售分公司未能提供证据证实被破坏输油管道已在政府主管部门备案，未能提供证据证实土地使用权人了解输油管道建设事宜，亦未能提供证据证实被告基于管道标志等知道或应当知道输油管道走向的事实。遂判决某石化销售公司对事故的发生承担主要责任。施工单位作为直接侵权人，未尽到合理的注意义务，造成输油管道损坏，应对事故的发生承担次要责任。法院裁定前者对损失承担80%的责任，后者承担20%的责任。

3. 启示

管道企业应当注意防范施工作业带来的法律风险，完善管道工程的立项、审批、规划许可等手续。管道建成后应及时向有关部门备案，还应根据国家法律法规、技术规范规定，设置管道标志，开展管道巡护和法律宣传，向管道周边单位和居民广而告之应注意的事项。

管道企业应按照管道保护法第三十五条规定，与施工单位共同制定施工作业方案，签订安全防护协议，及时制止违法施工行为，向政府有关部门报告，并留下有关书面或视听资料，从而有效避免出现本案例发生的情形。

［中石化石油销售（石油商储）公司孔卓然供稿］

2.2.34　铁路勘探作业钻破输气管道案例

1. 背景

2016年7月21日下午，某铁道勘察设计院委托某企业开展地质勘探放孔工作，在钻探作业过程中将西气东输某管道钻破（图2-51），导致天然气大量泄漏。事故发生后，西气东输某公司立即启动应急响应，现场警戒布控，将周边人员疏散至500m外安全区域，并组织线路截断、实施紧急放空，迅速调集维抢修人员、物资和吊车、挖掘机、注氮设备、抢修机具等抢修设备到达现场，于7月23日19时完成换管作业（图2-52）。事故造成管道停输47h，放空天然气$350×10^4 m^3$，直接经济损失970万元。

图 2-51 管道损伤情况

图 2-52 管道抢修现场

2. 分析

建设和施工单位在开展作业前未能对现场情况做认真调查，没能提前掌握管道具体位置，更没有向当地政府主管管道保护工作的部门提出施工申请，这是导致事故发生的主要原因。管道企业巡护工作缺乏严格管理，信息收集不全面，未能及时发现管道上方施工活动信息，致使违章施工得以实施。

3. 启示

建设单位和施工企业在管道周边开展施工作业前，应严格遵守管道保护法第三十五条规定，提前向管道所在地政府主管管道保护工作的部门提出申请，并与管道企业协商确定施工作业方案，签订安全保护协议，共同加强现场安全管理。

管道企业应按管道保护法第十八条规定，及时设置和完善管道标识和警示牌等；主动走访当地规划、建设部门和公路、铁路、电力、通信等单位，了解和掌握施工项目信息，主动告知管道保护要求；加强和改进管道巡护管理，采用光纤预警、智能监控、无人机巡护等新技术，提高监测和预防能力。

政府主管管道保护工作的部门应认真履行法定职责，组织施工单位与管道企业协商确定施工作业方案，并签订安全防护协议。协商不成的，应组织进行安全评审，作出是否批准作业的决定。

（甘肃省管道保护协会姜长寿根据有关资料整理）

2.3 研究分析

2.3.1 问题与教训

管道保护法对预防施工挖掘损坏管道作了比较具体的规定，对规范管道周边各类施工作业行为发挥了较好的作用。但是，因施工活动造成的挖掘损坏仍是管道失效的主要原因。对大量案例进行分析后可知，政府和企业在执行管道保护法第三十五条等规定和监督管理方面还存在一些问题。

一是部分施工单位在管道保护范围内进行特定作业施工时，没有依法向当地政府主管管道保护工作的部门提出申请，未经许可擅自施工、野蛮施工的现象屡有发生；

二是部分地方政府主管管道保护工作的部门在接到施工作业申请后，未能履行法律职责及时组织施工单位与管道企业商定施工作业方案和签订安全防护协议，使安全事件的发生成为可能；

三是部分管道企业主体责任不落实，管道巡护流于形式，施工信息掌握滞后，安全宣传和现场监督指导不够到位。

2.3.2　做法与经验

长期以来，各级地方政府、管道企业为预防和减少施工挖掘活动对管道的损坏进行了大量探索实践，积累了丰富的经验。

1. 落实政府部门的管理责任

地方政府主管部门依法履行对管道周边施工挖掘活动的管理责任，制止乱挖、乱建、乱钻等妨害管道安全的违法行为。例如大连市建立由市发展改革委牵头，应急管理、住房建设等相关部门（单位）参与的施工作业联合审批制度，对管道周边施工活动的合法性、安全性进行审查，组织管道企业和施工单位协商确定施工作业方案，并签订安全防护协议，取得了比较好的效果。

2. 落实管道企业的监护责任

管道企业普遍做到了严格执行第三方施工管理制度，主动走访当地规划、建设部门，及时掌握管道周边施工信息；加强管道日常巡护，维护好管道标识和警示牌，及时发现管道周边施工迹象，并立即采取措施；及时与施工单位协商确定施工作业方案，签订安全防护协议；施工期间安排专人现场监护，直至工程完工和项目签字验收。

3. 落实建设施工单位的主体责任

在进行影响管道安全的特定施工作业时，多数施工企业做到了依法向当地政府主管管道保护工作的部门提出申请，与管道企业协商确定施工作业方案，签订安全防护协议，制定事故应急预案。施工作业人员具备管道保护相关知识，多数施工作业单位具有保障安全施工作业的设施设备，在开工7日前书面通知管道企业。

4. 积极采用施工作业监控和预警手段

管道企业在施工挖掘活动频繁区域和易发生施工作业行为管段，普遍采取智能视频监控、光纤预警、无人机巡护等技防手段，及时警告和阻止违法施工行为，使防范违法施工活动由被动转为主动，由事后处置转为事先警示和预防，确保及时发现并快速处置，实现管道保护关口前移。

5. 拓宽社会面参与管道保护的渠道

防范施工挖掘损坏风险必须依靠当地政府主管部门指导帮助和沿线广大群众的社会监督力量，才能形成共识、共防、共治的长效机制。例如北京市建立挖掘工程地下管线安全防护信息系统，实现政府规划、项目建设和管道保护信息的"无缝融合"，收到了良好的成效。

第3章 安全隐患整治

3.1 管道保护法相关要求

安全隐患是指管道存在可能造成人身伤害、环境污染或经济损失的不安全状态。一般分为外部安全隐患和本体安全隐患。外部安全隐患包括管道上方存在建(构)筑物等影响管道安全的占压行为,与建(构)筑物间距不足或存在密闭空间环境,与其他工程相遇时受到的干扰和影响,面临地震、洪灾、地质灾害带来的安全风险等。本体安全隐患主要指管道本体及附属设施存在的缺陷,如内部腐蚀和外部腐蚀、焊接和制造缺陷、应力腐蚀裂纹、设备故障和操作不当风险等。

管道保护法将安全隐患排查整治作为核心内容,明确了地方人民政府和管道企业相关法律责任,主要规定有:

第六条:县级以上地方人民政府应当加强对本行政区域管道保护工作的领导,督促、检查有关部门依法履行管道保护职责,组织排除管道的重大外部安全隐患。

第二十二条:管道企业应当建立、健全管道巡护制度,配备专门人员对管道线路进行日常巡护。管道巡护人员发现危害管道安全的情形或者隐患,应当按照规定及时处理和报告。

第二十三条:管道企业应当定期对管道进行检测、维修,确保其处于良好状态;对管道安全风险较大的区段和场所应当进行重点监测,采取有效措施防止管道事故的发生。

第二十五条:管道企业发现管道存在安全隐患,应当及时排除。对管道存在的外部安全隐患,管道企业自身排除确有困难的,应当向县级以上地方人民政府主管管道保护工作的部门报告。接到报告的主管管道保护工作的部门应当及时协调排除或者报请人民政府及时组织排除安全隐患。

第五十六条:县级以上地方人民政府及其主管管道保护工作的部门或者其他有关部门,违反本法规定,对应当组织排除的管道外部安全隐患不及时组织排除,发现危害管道安全的行为或者接到对危害管道安全行为的举报后不依法予以查处,或者有其他不依照本法规定履行职责的行为的,由其上级机关责令改正,对直接负责的主管人员和其他直接责任人员依法给予处分。

根据 GB/T 34346—2017《基于风险的油气管道安全隐患分级导则》和国务院安全生产委员会办公室印制的《重大事故隐患判定标准汇编》规定:隐患按风险可接受的程度可划分为一般隐患、较大隐患和重大隐患;隐患排查是指根据国家法律法规和油气管道标准规范相关要求，识别管道安全隐患的过程。2013 年青岛"11·22"东黄输油管道泄漏爆炸特大事故发生后，国务院安委会在全国范围内开展了油气输送管道安全隐患专项排查整治工作。据国务院办公厅国务院应急管理办公室发布的《全国油气输送管道保护和安全管理工作调研报告》统计，至 2014 年底，全国共排查出油气输送管道隐患 29436 处，其中管道占压 11972 处，安全距离不足 9171 处，不满足安全要求交叉穿跨越 8293 处。经政企联动协调解决 6992 处，其中重大隐患 2200 处，较大隐患 1882 处。到 2016 年底，各级政府和企业累计投入隐患整改资金 300 余亿元，拆除建筑物 1.2 万多座，停输改线管道近 5000km，隐患整改率超过 99%。

2020 年 2 月，国务院安委会印发了《全国安全生产专项整治三年行动计划》，要求认真贯彻落实习近平总书记关于从根本上消除事故隐患的重要指示精神，围绕建立公共安全隐患排查和安全预防控制体系，坚持从源头上加强治理，建立安全风险评估制度，对城乡规划、产业发展规划、重大工程项目实施重大安全风险"一票否决"制，修订完善安全设防标准。

3.2 典型案例剖析

3.2.1 化工企业占压输气管道隐患治理案例

1. 背景

某输气管道的管径为 1016mm，管道设计压力为 10MPa，设计输量为 $170×10^8 m^3/a$，于 2004 年建成投产。管道建成时位于某生产电石产品的化工企业南侧围墙外 10m。该化工企业于 2009 年、2012 年先后两次扩建，将 910m 管道圈入厂区内，管道与生产车间间距不足 10m，与 9 条厂区道路交叉，受到重车反复碾压，并在管道上方种植深根树木、堆放工业废渣，严重影响了管道安全运行。

2. 做法

（1）管道企业与该化工企业签订管道保护协议，就占压清理整治达成初步意见。但是由于双方对整改方案及费用承担产生意见分歧，协议难以实施，问题久拖不决。

（2）2013 年青岛"11·22"东黄输油管道泄漏爆炸事故发生，引起了社会各界对管道安全保护的关注，国务院部署了油气管道隐患整治攻坚战活动，各级政府开展了专项排查整治。管道企业再次向县、市、省有关部门汇报，得到了高度重视，委托专业安全评价单位开展管道安全现状评价，根据评价报告提出了整改建议，积极与地方政府和化工企业协商解决。

（3）地方政府主管管道保护工作的部门从实际出发，既充分考虑历史形成原因，又正视现实存在的客观困难，提出了工厂搬迁、管道改线、物理隔离等具体解决方案。最终双方选择了物理隔离方案。化工企业负责清理管道两侧 5m 范围内的树木、工业废渣、废桶等占压物，在 7 条道路与管道交叉点处修建保护涵，2 处进行了限高处理等，

图 3-1　管道两侧隔离围栏

并承担相应费用。管道企业负责对整个厂区内管道实施封闭式物理隔离，在管道中心线两侧各 5m 外修建隔离围栏（图 3-1），在厂区东西两侧安装宽为 5m 的应急大门，并承担相应费用。双方制定了应急处置预案，定期开展演练和宣传活动等。所有整改措施于 2014 年 11 月全部完成。国务院调研组和 DNV 安全专家等先后到现场检查，对管道保护效果给予了肯定。

3. 启示

地方政府有关部门应注重规划的严肃性、科学性，立足长远、统筹考虑管道规划和国土空间规划布局，避免因规划不断调整而增加管道高后果区等安全风险，确保管道及周边设施安全。

管道企业应建立常态化的安全隐患排查与整改机制，定期开展风险辨识和评价工作，准确掌握管道沿线的风险因素，及时采取科学合理的消减措施。

地企双方应增强大局意识、安全意识，密切开展合作，充分调动社会各界保护管道的积极性，形成地方政府、管道企业和沿线群众携手共建平安管道的良好氛围。

（国家管网集团西部管道公司马春阳、谢伟供稿）

3.2.2　城市扩建形成管道重大安全风险治理案例

1. 背景

涩宁兰天然气管道（含复线）始于青海省涩北首站，经西宁，止于甘肃省兰州末站，全长 1800km，管径为 660mm，设计压力为 6.4MPa，设计年输气量为 $68 \times 10^8 m^3$。随着当地经济快速发展，在海东市范围内约有 110km 管道周边先后近距离规划建设了青藏高速公路、兰新二线高铁和多所居民小区，形成重大安全隐患（图 3-2、图 3-3）。

图 3-2　站前广场占压管道

图 3-3　民和安置小区将管道包围

2. 做法

为了支持地方经济发展，保障管道安全和公共安全，2015 年 5 月，在国务院安委会和中国石油天然气集团的共同推动下，决定对天然气管道实施改线。改线总长度为 52.4km，费用为 3.2 亿元，中国石油天然气集团承担管线改线相关前期和工程建设费用，海东市政府承担相关建筑物拆迁、征地和临时用地补偿费用，管道改线工程于 2015 年年底完工。

3. 启示

企业要安全，地方要发展，用地矛盾日益凸显。由于城乡建设的需要，在管道周边修建铁路、公路、居民区等设施形成一批高后果区。为了降低安全风险对已建成的设施进行搬迁并不现实。在这种情况下，与其等出了事故造成重大的人民生命财产损失，还不如主动进行管道改线以预防严重后果发生。管道改线既能减轻管道企业的安全压力，又能为城市发展腾挪出新的空间，是一个双赢的做法。

根据管道保护法规定，地方各级人民政府编制、调整土地利用总体规划，需要管道改建、搬迁或者增加防护措施的，应当与管道企业协商确定补偿方案。涩宁兰天然气管道海东段改线就是一个比较成功的案例。

（国家管网集团西部管道公司武海彬、甘肃省管道保护协会姜长寿供稿）

3.2.3　山体滑坡影响输气管道安全隐患治理案例

1. 背景

2018 年 2 月初，西气东输一线博爱输气站太行山管段 GX005 处与管道并行间距约 30m 的道路路面出现了长 10m 的不规则裂缝。6 月进入汛期后，道路裂缝逐渐增大。管道企业判断邻近管道的山体存在滑坡隐患(图 3-4)。

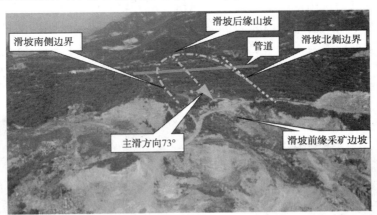

图 3-4　滑坡示意图

2. 做法

地方能源主管部门前往现场查看和督导，协调交通运输、生态环境等部门配合开展隐患治理。管道企业启动应急预案，组织专家现场踏勘确认管道存在滑坡风险，安装应力监测系统，制定以抗滑桩为主体工程、以换填土修建排水系统为附属工程的滑坡治理方案，工程于2019年5月完工，历时255天。

3. 启示

管道企业在日常运营管理中应注意收集勘察、设计、施工等信息，掌握影响滑坡发生的因素和发展趋势，加强汛前汛后风险识别，对安全隐患及时采取消减措施。对于重大外部安全隐患要主动向政府主管管道保护工作的部门报告，以取得帮助和支持。

（国家管网集团西气东输公司银川输气分公司毛建供稿）

3.2.4 山区段管道地质灾害隐患防治案例

1. 背景

石家庄输油气分公司所辖陕京一线、二线、三线管道途经太山山脉190.5km，海拔100~823m，地势较为陡峭，夏季雨水充沛。极端天气特别是强降雨是诱发地质灾害的主要原因，会造成水保防护工程坍塌、损坏，严重时造成管道悬空、露管、漂管等突发事件。2016年以来，该地段因强降雨造成管道漂管、露管20余处（其中坡面水毁13处，河沟道水毁8处），亟须采取切实有效的防治措施以降低管道安全运行风险。

2. 做法

（1）坡面水毁防治。陕京三线井陉地区白土岭段管道沿山涧爬坡敷设，长度约为1km，山高路险、汇水面广，山涧连续高差达102m，汛期强降雨推动管道上方松动的土层向地势较低的方向移动，易造成管道露管、悬空、应力集中变形等突发应急事件。

当管道沿山涧爬坡敷设或顺坡敷设坡度在60°以上时，进行削坡处理使其坡度为30°~45°，在处理后的坡面上每隔8m修建一道混凝土护坡，坡脚处设置挡土墙，护坡侧面修建混凝土排水渠疏导排水（图3-5）。

地势陡峭地段的台田地一般具有土质疏松、落差较大的特点，特别是在强降雨的条件下，雨水渗入至土层内，滑坡体底部受到的应力愈发明显。常用的防护措施是采取混凝土挡墙、浆砌石挡墙与干砌石挡墙或其组合的防护形式（图3-6）。针对台田地覆土层较为松软地带，可在原防护基础之上，修建浆砌石或混凝土排水渠与消力池相结合的方式排放雨水，防止地基下沉、坍塌。

图3-5　混凝土排水渠　　　　　　图3-6　坡面水毁防治

（2）河沟道水毁防治。2021年10月3~6日，井陉地区持续降雨，平均降雨量达164.6mm。山区段雨水汇集于河道，导致陕京二线23#阀室上游100m（S2C-0198）管道穿河处配重块裸露长约40m。发现险情后，分公司立即开展管道应急抢险工作，管道裸露处上、下游采用导流围堰法，管道两侧打钢桩稳管，同时在钢桩外侧码砌钢筋石笼防止管道摆动，在管道上方码砌袋装素土回填覆盖。在管道顺气流方向右侧下游5~10m处，平行于管道设置钢筋混凝土（外包）防冲墙一道，管道两侧设置钢筋混凝土过水面与钢筋混凝土（外包）防冲墙衔接形成整体。为减小洪水对过水面的冲刷力度，将部分过水面顶部迎水方向改为角度小于45°的漫坡。防冲墙背部码砌二级石笼（图3-7），防止洪水从钢筋混凝土（外包）防冲墙底部淘刷。

(a)治理前   (b)治理后

图3-7 水毁露管险情治理前后图

3. 启示

目前，投入使用的地质灾害防治工程经受住了最大日降雨量达160mm的强降雨考验，未出现较大水毁、坍塌。据统计，水保工程投资逐年下降，每年可减少30万~50万元运营成本。同时，降低了因地质灾害导致的管道变形、停输等经济损失，为陕京管道的安全平稳运行提供了有力保障。实践证明，山区地质灾害防治工程难度较大，只要紧密结合管道途经地形地貌以及诱发的地质灾害风险类型，采取合理的水保工程防护措施，就能收到事半功倍的效果。

（国家管网集团北京管道石家庄输气分公司金壮伟供稿）

3.2.5 山区管道坡面滑坡治理案例

1. 背景

天水输油气分公司所辖油气管道自北向南跨越宁夏、甘肃两省（区）黄土高原与秦岭西段，管道沿线地形与地质条件复杂，降雨量丰富，山体滑坡风险居高不下。2020年汛期，因强降雨导致管道沿线发生滑坡34处，占总体水毁的14%。为有效预防和遏制汛期滑坡灾害发生，分公司制定了"万米坡面保护"计划，积极探索坡面防护在山区管道滑坡治理方面的应用。

2. 做法

（1）原因分析。①敷设地段土质多为粉质黏土，上部土体孔隙率大，地表水沿孔隙及干裂隙面入渗，使得土体饱水。此外，下伏基岩具有隔水作用，致使降雨随着层面集聚，充分软化滑带土，形成饱水软弱带，为滑动带（面）的连通提供了条件。②地形条件呈阶梯状，斜坡地形坡度变化较大，整体呈上陡下缓特点，为滑坡储存了势能基础。③沿线降雨量较为丰沛，遇持续性强降雨使土体饱和，增加了滑体的容重，使其下滑力增大；同时软化了软硬交界处土体，使其抗剪强度降低，抗滑力减弱，继而形成滑动带（面），使坡体产生变形滑动。④管道均是横坡敷设。管道施工造成了滑坡所在斜坡土体的松动，为地表水注入滑坡体提供了有利条件。另外，由于管道与周围土体存在缝隙，地表水入渗后沿缝隙径流、汇集，为水流注入滑坡体提供了条件。

（2）处置方式。①对易滑坡水毁区域裂缝用三七灰土进行夯填，区域内全部用塑料布进行覆盖，确保地表水不再对地域产生新的影响。②控制滑坡区域的外围地表水，防止地表水流进滑坡区域中，可以在边界的位置铺设塑料布修筑临时截水沟，以便截留地表水；也可以在滑坡区域中修筑排水沟，使这一区域中的地表水得以排出，降低其对边坡产生的影响（图3-8）；使用垂直孔进行排水，采用支撑盲沟和水平钻孔进行疏干的方式，使滑坡范围内的地下水得以排出。③采取减载削坡和加固边坡等措施，改善边坡岩土的力学强度，使岩土的实际抗滑能力得到增强，使滑动力得到降低（图3-9）。

图 3-8　新建 PE 板截排水渠

图 3-9　新建水泥毯排水渠

3. 启示

管道地质灾害隐患防控关键是要做好风险识别，做到预防为主，防控措施与标准化管理相结合。"万米坡面保护"计划实施一年来，累计新扩建、清淤排水渠 26453m，坡面保护面积达 $1.3 \times 10^4 m^2$。2021 年汛期应急抢险数量不到上年的十分之一，发生地灾滑坡、水毁事件概率明显降低，证明了坡面防护措施的有效性。

（国家管网集团西南管道天水输油气分公司郝克军、石磊、肖斌、张洋、郭发龙供稿）

3.2.6　管道山体滑坡地质灾害隐患防治案例

1. 背景

陕京管道陕西段典型的地质灾害为滑坡、黄土湿陷、煤矿采空区及沙体侵蚀等四种。2019 年陕京一线管道府谷县境内 S1a1305 处发生一起山体滑坡（图 3-10），该处管道顺碎石山体敷设长度约为 100m，覆盖层采用浆砌石护坡保护，管道埋深为 0.8m。经多次降雨冲刷，导致排水沟道土体流失，坡脚失稳，距离坡底约 50m 处管道左侧有长约 30m 的土体向沟道方向滑塌近 2m，滑塌裂纹边缘平行管道到达管道正上方，裂纹下游管道受到土体挤压，护坡凸起。

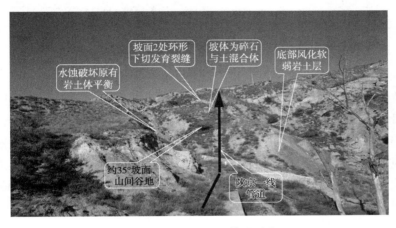

图 3-10　S1a1305 处山体滑坡位置

2. 做法

（1）风险分析。灾害发生初期采取了故障树方式识别风险，通过查看地貌条件、地层岩性、外在影响、地质构造，判断了滑坡体灾害的可能性，找出了发生灾害的动力条件、要素和滑坡体位置。判定水蚀导致的原有岩土体平衡破坏，坡面出现的两处环形下切发育裂缝，35°坡体堆积的碎石和土混合物以及坡体底部存在风化软弱岩土层，均是可能形成滑坡发育的重要条件。

（2）"三防"措施。人防：由巡检员、作业区、分公司管道科实施三级错时巡检，减少巡检盲区，提升发现问题的概率。技防：采取埋桩法、埋钉法和贴纸法等三种简易观测方法（简称"埋埋贴"观测法），进行现场设置，根据变化情况，判断是否存在滑坡发育；在现场安装了应力应变片和遥感滑动检测设备，进行全时土体位移监测。物防：采取"上中下"工程措施，即上游设置截排水渠，将坡顶来水截断排至远离管道的位置，同时将坡顶较重的砂砾石土开挖后，更换为素土等较轻土体，进行坡顶减重措施；中部采取清理滑坡体和硬化稳固措施，即开挖管道上方滑坡土体释放应力后，采用 2∶8 灰土夯填，并采用 C30 钢筋混凝土修复护坡，进行坡面硬化防护，防止降雨侵蚀；滑坡体下游采取压重护角和抗滑措施，为控制滑坡发育，采用砾石土回填管道左侧冲沟压重，管道左侧滑坡土体下方及右侧坡角修建 C30 钢筋混凝土挡土墙抗滑（见图 3-11）。

图 3-11　S1a1305 处山体滑坡治理现场

3. 启示

控制滑坡危害发展主动防控是上策，即在管道选线阶段、建设期间，局部调整线路走向，绕避滑坡灾害点或提前对管道沿线的滑坡地质灾害进行必要的治理，以消除或减小灾害发生的可能性。被动防控则是在地质灾害发生后对管道及其附属设施采取修复措施或保护措施，消除或减轻其对管道的影响。为此需要掌握滑坡灾害产生的动力条件、危害因素以及滑坡体、滑坡面等特征，并依据 SY/T 6828—2017《油气管道地质灾害风险管理技术规范》对管道沿线滑坡地质灾害进行评价，按照"治早治小"的原则，根据风险高低水平进行分级防控。

（国家管网集团北京管道天津输油气分公司邓克飞供稿）

3.2.7　陕京线陕西段水土流失治理案例

1. 背景

陕京管道陕西段总里程达 692km，主要从陕北过境，其中陕京一线为 287km，陕京二线为 251km，陕京三线为 112km，陕京四线为 42km。由于陕北的沙漠、黄土塬地貌，使得地形破碎、沟壑发育，水土流失严重，严重影响了管道安全（图 3-12）。

图 3-12　榆林市横山区雷龙湾管道悬空

2. 做法

（1）雨水冲刷隐患治理。陕京一线榆林市横山区雷龙湾乡沙卯村管段发生管道悬空，经过雨水的长期冲刷和积水的长期浸泡，管道上方素土塌落以及周边部分坡体塌落导致露管，存在断裂风险。治理措施如下：

使用素土回填，素土上方使用 0.5m 灰土覆盖夯实，坍陷处周围设置长 147m、宽 1m、高 1m 的排水渠，两侧及底部使用灰土保护。将原有排水渠改为 2m 宽、1m 深，与新设置的排水渠相连。在坍塌处底部用灰土铺设，形成基础将管线包住，在灰土上方使用素土回填形成坡体，再使用灰土做成护坡，在护坡底部设置浆砌石挡墙。挡墙前方设置灰土基础，在护坡右侧设置一道排水渠。下方坍塌处使用素土回填，并设置排水渠，与原有排水渠相连。设置 4 个消能池。

（2）汇水路段隐患整治。陕京一线榆林市横山区张油房村管段位于汇水地段，经过雨水冲刷，管道前方出现坍塌，导致坡体整体滑坡、管线悬空（图 3-13）。治理措施如下：

在管道前方使用灰土回填，并设置排水渠，在排水渠两侧使用 1m 宽灰土保护，排水渠下方使用 1m 厚灰土保护。使用灰土护坡将管道以及管道下方坡体进行保护。灰土护坡分为三台设置，每台宽度为 2m，在坡体下方设置混凝土跌水平台。将管线左前方冲沟使用素土回填，并设置排水渠，在排水渠两侧使用 1m 宽灰土保护，排水渠下方使用 1m 厚灰土保护，与平行于管道的排水渠相连。排水渠前方地面使用素混凝土硬化，形成过水面，过水面正面及左侧使用 1.5m 齿墙保护（图 3-14）。

图 3-13　汇水处管道悬空

图 3-14　过水路面修建

（3）积土塌方隐患整治。陕京二线榆林市榆阳区管段由于雨水长期冲刷，淤土坝积水严重，导致淤土坝被冲塌，露出管线并有断裂风险。治理措施如下：

管线上游冲毁处使用素土回填。在原有淤土坝冲毁处底部使用素土回填形成坡体，坡面使用灰土护坡，在淤土坝前方设置挡墙。上游设置素混凝土过水面，在山体下方设置一条排水渠，坡体中间为最低处，设置一道排水渠，两条排水渠都做成阶梯状，管道上方坡体使用土工格进行坡体保护。从路面处沿坡体向下设置一道排水渠。在坡体中部设置一道横向排水渠，每条排水渠都是用灰土保护。

通过不间断地修建和维护过水路面、排水渠、消能池等水工保护设施，大大降低了汛期时发生管道漂管、露管、悬空事故的概率，同时也保护了管道沿线自然水土不发生流失。

3. 启示

地质灾害的防治应按保障管道安全、不影响生态环境的原则进行治理，将物力人力重点放在地质灾害易发区和重点防治区。针对雨水冲刷、汇水路段、积土塌方等常见地质灾害，可采取浆砌石排水渠辅助排水、混凝土过水路面平摊水流、减少雨水冲刷形成沟壑、山体斜坡修筑排水渠外加消能池辅助等措施，消减水流的冲击力。

（国家管网集团北京管道陕西输油气分公司王玺供稿）

3.2.8　管道穿越煤矿采空区地质灾害防治案例

1. 背景

煤矿采空区是陕京管道陕西段的典型地质灾害之一。2017年陕京一线府谷县境内S1a0944~S1a0957段发生煤矿采空区塌陷（图3-15）。此段管道埋深为3~5m，采空区塌陷影响管道约为1.9km。采空区距离地面约为140m，采空厚度为3~4m，曾采取过保安煤柱支撑，塌陷原因为人为偷采或自然因素使保安煤柱遭受破坏所致。

图3-15　S1a0952处管道上方裂缝现场

2. 做法

（1）风险分析。通过现场调查掌握了地下矿藏分布及采空区域位置情况。塌陷初期，对采空区周边地表裂缝、台阶、塌陷坑以及周边建筑物、公路变形等情况进行了综合分析判断。

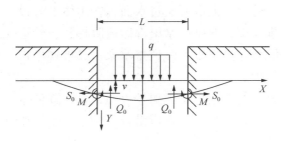

图3-16　采空塌陷区管道受力示意图

管道位于采空区不同区域时所受危害不同，如位于采空区外边缘区，地表下沉不均匀，土体形成拉伸裂缝，管道受到轴向拉伸应力；位于内边缘区，地表下沉相对均匀，土体一般不产生明显裂缝而是发生局部鼓胀，管道受到轴向压缩应力易发生弯曲变形。此次管道位于采空区中间区域，管道可能长距离悬空（图3-16）。

（2）技防措施。安装应力应变监测系统，监测管道的应变情况和管道周边土体压力变化，推断可能的土体沉陷、土体挤压等，发送预警信息；安装基于卫星坐标跟踪技术的地灾监测设备实时监测地形位移，分析区域采空沉降情况；针对采空塌陷区域的地表裂缝和沉降情况开展裂缝和地表沉降移动监测，及时发现塌陷趋势（图3-17）。

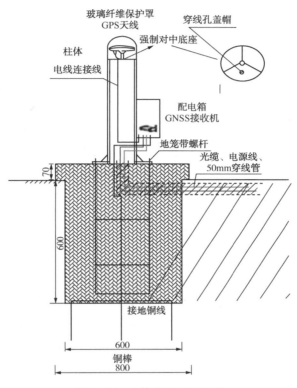

图3-17　土体位移监测系统

（3）物防措施。采用"上中下"处理法，即上层采取换土封闭裂缝、修筑排水渠排水等防渗措施；中层沿管道走向进行分段开挖释放应力，对S1a0952、S1a0957两处塌陷裂缝集中区域的管道焊缝进行无损检测（图3-18）；下层采取注浆、砌石等支护方式。

(a)　　　　　　　　　　(b)

图3-18　S1a0944~S1a0957段煤矿采空区塌陷应急处置

3. 启示

在采空区地质灾害防治中，管道企业应围绕风险识别这个核心，坚持预防为主，防控措施与标准化管理相结合。依据 GB/T 40702—2021《油气管道地质灾害风险管理技术规范》，采空区等地质灾害分级防控的原则是：高风险须立即整治，较高风险应进行专业监测或限期整治，中风险应做好重点巡检和简易监测，较低风险应加强日常巡检，低风险可暂不采取防控措施。

应建立管道地理信息系统，为管道选线、建设、运营中防范地质采空区、滑坡、黄土湿陷等灾害提供"管道保护一张图"。修订管道保护法律法规，明确管道建设、运营阶段采空区地质灾害防治规定，为地质灾害防治提供法治保障。

（国家管网集团北京管道天津输油气分公司邓克飞供稿）

3.2.9 管道穿越煤矿采空区塌陷隐患治理案例

1. 背景

山西煤层气集输公司所属天然气管线通过某煤矿采空区段约 1km。2019 年 6 月 11 日，煤矿采空区地面异常沉降开裂，发现该处地下煤矿的采掘位置已临近输气管道下方，随即对管道开挖释放应力，发现管道出现两处褶皱变形（图 3-19）。

2. 做法

开挖管道受力集中区段以释放应力，夯实管道下方土壤以托住管道。为防止发生次生伤害，管沟开挖后的管线设置防护栏及警示标志。

运用牵引、举升等强力手段进行抬管处理，加强对综合变形移动相反方向的作用力，强制使管道归复变形移动前的位置，从而减少或消除管道变形应力（图 3-20）。穿越采空区的 1km 管道每间隔 50m 布置一个三角支架。对出现褶皱变形的两处管段进行换管。布设管道本体及地表变形监测点，对管道与采空区边界交叉部位、管道弯头应力集中处进行本体应力应变监测。

图 3-19　管道发生褶皱变形　　　　图 3-20　采空区管段开挖释放应力

3. 启示

管道路由选择应尽可能避开采空塌陷区，确实无法避开的，要在设计阶段预先采取工程措施，在运行阶段与属地职能部门及矿区单位建立联动机制，实现信息互通互享。加强线路巡检、监测预警及运行监控，确保将管道损害风险降到最低。

（山西华新城市燃气集团有限公司张建亮、郭永伟供稿）

3.2.10 管道穿越煤矿采空区安全风险消减案例

1. 背景

某原油管线于 2008 年建成投产，管径为 219mm，设计压力为 4MPa。管线采用熔结环氧粉末防腐，泡沫黄夹克保温，外加强制电流阴极保护，有约 1km 管线位于某煤矿采区范围内。2020 年 9 月，管线 305#+20m 至 306#里程桩之间地表出现裂缝，最大水平张开裂缝约为 30cm，最大垂直错距约为 80cm，最大延伸长度超过 100m（图 3-21）。

(a)垂直塌陷   (b)水平裂缝

图 3-21 垂直塌陷与水平裂缝

2. 做法

（1）开挖释放应力。管道企业于 2015 年分别在 305#+20m、306#+100m、307#处安装了 3 套地质灾害探测仪，山体塌陷时 305#+20m 轴向挤压应力增加了 46.46MPa，306#+100m 轴向拉伸应力增加了 72MPa。企业根据现场情况以及应力变化趋势，立即进行管线开挖，释放管道应力，防止发生应力集中导致管道破裂事故。

（2）更换部分应力集中管段。为了精确掌握管道应力变化趋势，2020 年 10 月，新增了 5 套地质灾害探测仪。经数月的连续应力监测和数据分析，决定对应力集中的管段采取换管措施，应力呈现稳定态势。

（3）调整管道路由。经地质影响评估，采空区地面塌陷场地稳定性为不稳定，新的采空区将对 301#~304#里程段进一步产生塌陷影响，并对已塌陷区域造成二次影响。如果要求对方停止开采，管道企业需支付资源费约 2 亿元。经过权衡利弊，决定调整管道路由，避开采空区重新敷设。

3. 启示

由于安装了地质灾害探测装置并加密巡护，及时发现了地表和管道应力变化，采取开挖、换管等措施释放应力，避免了事故的发生。在随后管道路由调整过程中，作为隐患整治项目得到当地政府的支持，及时获批新的路由，保证了管道顺利改线。

建议在管道工程可研阶段，对压覆矿产资源进行评估。如果资源已经出售，就要协商矿产购买单位停止对路由下方的资源进行开采，如协商不成则应变更设计，保障管道运行安全。

[陕西延长石油(集团)管道运输第二分公司黄延斌、刘建刚供稿]

3.2.11 大型河流管道污染隐患治理案例

1. 背景

兰成渝、兰郑长成品油管道和兰成原油管道均从兰州首站出发，出站后约有 3km 并行敷设于兰州市西固区陈官营排洪沟护岸。排洪沟为黄河一级支沟，属季节性山洪沟道，是当地重要行洪设施，下游直接与黄河相连，两侧为Ⅲ级人员密集型高后果区。三条管道最小间距仅为 0.5m，实施抢修的空间十分有限，一旦发生泄漏，油品将沿排洪沟进入黄河，不但会造成重大环境污染事件，而且也将影响周边公共安全，因此被列为甘肃省重大隐患治理项目。

2. 做法

（1）治理方案。将兰成渝、兰郑长、兰成管道出站 3km 管段全部移至地下超过 20m 的盾构隧道内，彻底避开排洪沟和高后果区。隧道内径为 3.08m，水平长度为 2825.1m，工程总投资为 2.7 亿元，为目前国内最长的油气管道盾构隧道。

（2）工程建设。该工程于 2018 年 8 月开工建设，内容包括建设工作竖井 3 座（图 3-22）、盾构隧道 1 条、顶管隧道 1 条（内径 1.5m，水平长度 41m，连接支洞工作井与盾构隧道），管道安装 3 条（成型隧道内敷设 2 条管径为 610mm、1 条管径为 508mm 的管道，包含试压干燥、动火连头），以及给排水、电力、通信、仪表工程及废弃管道处理等。本工程属于空间曲线、小曲率半径转弯山体盾构隧道，共五次水平转弯，三次纵向变坡。同时首次采用顶管隧道与盾构隧道对接工艺进行施工。工程于 2020 年 10 月完工（图 3-23、图 3-24）。

图 3-22　竖井

图 3-23　盾构隧道贯通　　　　　　　　图 3-24　管道焊接现场

3. 启示

该项目为国务院安委会、国家发改委、国家管网集团重点督办的项目，社会关注度高，地方政府及相关部门及时协调解决工程建设中存在的困难和问题，从而保证了项目顺利实施，体现了政企合作的重要性。建议加强重要管廊带和运输枢纽顶层规划布局研究，防止旧隐患未彻底整改、新隐患又不断产生的安全风险叠加现象，从源头上遏制安全隐患的产生。

（国家管网集团西南管道公司唐文锋、袁海供稿）

3.2.12　深根植物根系对管道防腐层影响研究案例

1. 背景

西部管道在甘肃境内管辖西气东输一线、二线、三线及鄯兰原油管道、乌兰成品油管道，总长度为 6000km。受西部管道公司委托，甘肃省管道保护协会开展了深根植物根系对管道防腐层和运维影响研究，目的是准确掌握甘肃境内管道上方的树种、根系分布规律以及对管道防腐层的影响，并对管道上方种植和占压清理提出指导意见（图 3-25）。

图 3-25　课题组在野外探查管道上方种植深根植物情况

2. 做法

针对甘肃省境内油气管道主要采用3PE防腐层的情况，课题组先后赴全省12个市州，累计调查样木85株，样木分属18科、29属、43种(含变种)，其中乔木或亚乔木类树种40种、灌木类树种3种。通过对不同树种开挖和测量取样，对其根系生长状况、根系分泌物pH值、土壤含水量、容重等进行检测。

(1)垂直分布。现场开挖样木根系垂直分布深度超过1.5m的样木有14株，占总开挖样木的16.5%；深度超过2.0m的样木有1株，占总开挖样木的1.2%；深度小于1.5m的样木有70株，占总开挖样木的82.3%。管道普遍埋深在1.5m左右，大多数样木根系没有触及管道防腐层(图3-26)。

(2)水平分布。根系水平分布长度达到2.0m的样木占总调查样木的45.12%；达到3.0m的样木有1株。树龄15年以上的样木根系，其水平分布长度均可达到2.0m。其中，水平分布长度达到2.0m的根径小于1.0cm的占总根数的63.53%、1.0～2.0cm的占24.70%、大于2.0cm的仅占11.76%，对维抢修作业不构成障碍。

(3)土壤含水量和容重对植物根系分布的影响。甘肃境内管道通过区域大多为干旱、半干旱地区，自然状态下土壤容重随土层加深不断增大，树木和根系的生长分布较深。

(4)防腐层主要类型及相关性能测试。目前管道均采用3PE防腐层。根据国内模拟防腐层外层PE材料在土壤环境中可能遭受的植物根系生长顶压状况压痕试验测试，10MPa压深比仅为5%。植物根系生长适宜温度通常在35℃以下，生长发育产生的扩展力最大为3MPa，因此采用3PE管道外防腐层时可不必过多考虑植物根系及分泌物对防腐层的影响(图3-27)。

本次研究中，用pH试纸检测出了大部分样木根系分泌物的pH值在6.0～7.0之间，认为其不会对管道3PE防腐层表面产生侵蚀危害。

图3-26 调查研究深根植物根系垂直、水平分布情况　　　图3-27 研究树木根系对管道防腐层侵蚀危害情况

3. 启示

本课题研究为保障管道安全运行和土地权益人的合法利益、切实贯彻执行管道保护法相关规定提供了科学依据。本研究未发现开挖树种的根系对管道防腐层及本体有刺破、侵蚀、挤压、缠绕等现象，对管道防腐层未造成影响。本研究表明，树木种植在管道边缘外侧水平距离 2.0m 外及水平分布超过 2.0m 的根系，不会对地面开挖、管道检测和抢险作业构成障碍。根据本课题研究成果，建议适当放宽管道上方深根植物的距离限制。

（甘肃省管道保护协会姜长寿供稿）

3.2.13　管道穿越渭河段水工防护案例

1. 背景

兰成渝管道在定西、天水两市共穿越渭河 5 次。根据地质勘查，穿越区域地层为第四系冲积卵石、细砂、淤泥质砂及下伏第三系毛沟组泥质砂岩、砂砾岩。疏散的地层条件加上长时间、大流量的冲刷，使河床下切严重，管道上方覆土不足，原有的水工保护措施已不能满足管道保护要求。结合管道保护实际要求，创新地采用"钢筋混凝土灌注桩+挡土板"的方式，对管道穿越河流段进行保护。

2. 做法

（1）方案比选。常用钢筋（铅丝）石笼、重力式挡土墙、定向钻穿越、钢筋混凝土灌注桩+挡土板四种方案。方案比选见表 3-1。

表 3-1　方案比选表

类　别	钢筋（铅丝）石笼	重力式挡土墙	定向钻穿越	钢筋混凝土灌注桩+挡土板
工艺特征	在管道下游设置钢筋（铅丝）石笼并填充毛石，施工工艺简单	在管道下游修建浆砌石挡墙或支模浇筑混凝土，施工工艺简单	通过钻机在河道稳定层进行钻孔后回拖管道，施工工艺复杂	通过设置灌注桩加强对挡土板基础的支撑，施工工艺简单
投资/ （万元/100m）	约 14~16 投资少	约 30~50 投资较少	约 600~800 投资高	约 140~150 投资较高
适用场景	小型河流	小型河流	大型河流	中型（较大）河流
耐久性	临时性措施	使用时间较长	永久性措施	使用时间较长
缺点	使用寿命比较短	受垂直水流荷载作用，墙身稳定性减弱	遇卵石层时，管线防腐层极易受损而无法维修维护	不适用于大型河流穿越的治理
结论	不推荐	不推荐	经济条件许可时可推荐	推荐

（2）工程内容。在位于管道穿越段下游 8~10m 位置设置钢筋混凝土灌注桩，灌注桩用冲击钻或旋挖钻钻孔，桩径设置为 1m，桩长视情况确定，渭河穿越区域桩长设置

图 3-28 "钢筋混凝土灌注桩+挡土板"工艺现场施工

为 8~10m，灌注桩间距一般为 3.6m。在灌注桩顶部修建钢筋混凝土连续梁，连续梁尺寸一般设置为宽 1m、高 1m，长度依据灌注桩数量确定。待钢筋混凝土灌注桩强度达到 70% 后，紧贴桩身在上游设置钢筋混凝土挡土板，钢筋混凝土挡土板可采用现浇或预制安装的形式。主河床段紧贴桩板结构在下游修建钢筋石笼跌水，用于减小水流垂直冲刷对上游水工设施基础的淘蚀。

（3）施工工艺。主要工艺包括灌注桩的钻孔与浇筑、连梁浇筑、挡土板预制或浇筑及钢筋石笼安装。多个工艺可同步进行，灌注桩及石笼的钢筋焊接工作可在预制场完成后运抵施工现场。施工过程中钻孔、基槽开挖等均为机械施工，降低了施工人员劳动强度，提升了安全性（图 3-28）。

3. 启示

"钢筋混凝土灌注桩+挡土板"工艺经实际应用，保护效果明显。2020 年汛期，甘肃地区较往年降雨量增加近三分之一，陇西、武山境内渭河水位达到 40 年来最高水位。雨后巡检表明，三处治理工程整体基本完好。但在落差较大的河段下游河床冲刷淘蚀比较严重，极易造成挡板移位，建议采用现浇挡土板的方式，并尽可能采取措施降低河床落差。

（国家管网集团西南管道兰州输油气分公司刘伟供稿）

3.2.14 管道水库段滑坡隐患防治案例

1. 背景

甬沪宁输油管道于 2004 年建成投产，设计年输油能力为 2000×10⁴t，承担着向扬子石化、金陵石化及长江上游各大炼化企业输送原油的重要任务。该管道经过江苏省句容市西山水库堤坝东侧坡脚，与大坝走向平行，埋深约为 1.5m（图 3-29）。堤坝主体为人工填土堆筑形成，由于土质不均，松散欠密实，局部存在较大孔隙、空隙。水库上游库区护坡已存在较多凹陷、塌陷并形成管涌土洞，堤坝下游为地势较低的水塘，土体常年饱水、渗水，坡面曾多次发生过浅表滑塌、小型滑坡，一旦发生较大或较深滑坡，将严重威胁管道运行安全。

图 3-29 西山水库堤坝全貌

2. 做法

1）分析

（1）滑坡结构形成。经现场调查分析，该处滑坡体堤基由素填土组成，其表层为近几年新增的2m左右的填土，极其松散、孔隙率较大，滑坡主要为圆弧滑动，潜在滑动面深度可能达到5~7m，坡度为30°~50°，有引发深层滑坡的可能(图3-30)。

图3-30　滑坡边界示意图

（2）滑坡变形特征。滑坡体及不稳定边坡变形为垂直和水平位移，表现为地表变形、裂缝、前缘鼓胀、浅表土体滑塌、形成滑坎等现象。前缘为下游的水塘，后缘为小路，左缘为排水沟，右缘为治理前形成的陡坎。

（3）影响因素分析。土质滑坡形成和发生的主要影响因素有：地质因素(较厚松散堆积层)、地形地貌(边坡高差最大约为9m)、降水及地下水(降雨量大、下滑力大、剪切应力效应增强)、人类工程活动影响(高陡填土边坡不稳定、压密夯实不够、未做防渗处理、水力影响大、稳定性降低)。

（4）稳定性分析。采用极限平衡的基本理论和方法分析：在天然工况下，斜坡浅层发生滑动搜索界面、斜坡深部搜索滑面的稳定性系数分别为1.187、1.250，大于1.15（规范要求），均处于稳定状态；在暴雨工况下，两者的稳定性系数分别为1.107、1.150，前者基本处于稳定状态，后者处于稳定状态，但安全系数较小。为保证滑坡体长期稳定，应采取相应的防治措施。

2）防治措施

（1）治理区坡体整体有深层滑动的可能性，考虑管道保护的需求，坡体前缘设置抗滑桩，在提高整体稳定性的同时消除作用于管道的潜在滑坡推力。

（2）治理区坡面中上部在渗流力作用下存在浅层滑动，设置锚杆格构加固坡体。在管道上方设置插入式预制方桩用于保护管道，桩顶设置冠梁锚杆，冠梁可作为格构底梁。在坝体上游设置塑性混凝土防渗墙，减小坝体内水头，防止坝体渗透变形。

（3）设置管道振弦式应力应变监测点，用于监测施工过程及后期运行中管道受力变形情况。

（4）采用Morgenstern-price法，用Geo-studio数值模拟软件进行定性和定量分析结果显示，治理后滑坡灾害体在天然状态下和暴雨工况下的稳定性大幅提升，管道的变形和应力减小，满足安全要求。西山水库滑坡地质灾害管段再未发现滑坡变形迹象。

3. 启示

对于类似管道地质灾害问题，应从现场勘查入手，分析成因和主要影响因素，通过数值模拟计算，进行稳定性评价，有针对性地制定防治措施。应设置坡体位移监测点，实时监测边坡的稳定性。在治理工程结束后要长期监测，并定期开展防治工程效果评估。

（国家管网集团东部原油储运有限公司毛俊辉供稿）

3.2.15 超深埋地管道缺陷修复作业坑开挖支护案例

1. 背景

某工业园区内输油管道的管径为406mm，壁厚为6.4mm，埋深为15m，存在缺陷的点位于12点钟方向，金属损失分别为43%和20%，需要尽快采取措施降低风险。管道北侧和南侧分别为轻烃罐区和油品装卸区。管道毗邻河道，河道水位高于管道。管道缺陷点正上方为天然气净化厂管廊架，输油管道与管廊架基础水平净距为10m。管道缺陷点上方地层分布不均，有回填的杂土、淤泥和砾石三个土层，开挖难度极大（图3-31）。

2. 做法

（1）方案设计。为保证管道两侧管廊架基础不受影响，采用"机械人工挖掘竖井+锁口+地下连续墙+槽钢支护+降水井"的开挖支护方案。

（2）作业坑开挖。竖井作业坑水平净尺寸空间长3m、宽2.5m、深16m。采用分层分节开挖方式，每层开挖深度为0.5~1m，14m内采用机械、人工相结合的方式挖掘，14~16m部分采用人工挖掘，防止破坏光缆和管道（图3-32）。

图3-31 管道缺陷位置、走向和周边环境

图3-32 作业坑

（3）作业坑支护。井口地面四周设置1.2m高活动护栏进行安全防护。井壁采用锁口和地下连续墙相结合方式进行支护，锁口高2m、厚0.5m，并高出地面0.2m，以防地表水、杂物、弃土掉入竖井内。护壁深14m、厚0.5m，每节护壁预留不大于0.25m的空隙，供灌注砼用，灌注完成后立即填满空隙。锁口和护壁均采用C30钢筋混凝土，钢筋为HRB400Φ22mm。井内5m以下每层护壁设置横向槽钢支撑，槽钢嵌入两侧混凝土护壁中。

（4）地下水控制。开挖点地下水水位为5.8m，透水性强，砂砾石渗透系数为45~50m/d，且土层不均匀。为此在竖井作业坑四周距离井壁1.5m处挖掘了4个降水井降水，降水井深度为18m。采用地下连续墙法，对竖井作业坑井壁进行截水，在开挖过程中使用抽水设备抽水，使水位降低至作业坑底面以下，防止流沙和管涌的发生。

（5）机械通风。采用井下操作面送风的机械通风方式，将风机置于井口外侧2m

处，送风管道沿竖井内壁固定、敷设至离井底操作面 0.5m 高的位置，通过送风管道将新风送至井底操作面。

（6）设置逃生爬梯。根据竖井井深设计并制作 1 座长 17m、宽 0.5m 的钢直爬梯，固定于地下连续墙上，便于施工人员上下和逃生使用。

（7）缺陷修复。在作业坑和安全防护措施到位符合作业条件的情况下，采用焊接 B 型套筒的修复方案，对管道缺陷进行修复。

（8）作业坑回填。缺陷修复和防腐施工完成后，使用 PVC 管设置观察孔，然后使用细沙回填 1.5m，接着使用细土夯实继续回填至 11m 时，再使用三七灰土夯实回填至 15.7m，最后对距地面 0.3m 部分使用混凝土浇筑。

3. 启示

保证超深埋地管道缺陷修复作业坑的安全性与稳定性是管道缺陷修复成功的关键。除了深入调研、勘察、评估和研究工作以外，还应借鉴建筑基坑、道路工程管沟、市政排水管道基坑等开挖支护技术，制定安全施工方案，提高管道开挖支护质量。

［陕西延长石油（集团）管道运输公司刘兴瑞、王磊供稿］

3.2.16　埋地钢质输气管道受雷电烧蚀案例

1. 背景

2017 年某管道公司发现一处形貌极为特别的金属损失缺陷（图 3-33），尺寸为 11mm×11mm×5.8mm，该缺陷位于顺气流 2 点钟位置。该段管道设计压力为 9.2MPa，运行压力为 8.6MPa，管道规格为 Φ610mm×12.7mm，缺陷点位于深圳南坪快速路旁的半山处，地表树木等植被茂密，距管道周边 100m 范围内存在高压电网。

2. 分析

（1）比对分析最近两轮内检测信号和数据，判定缺陷形成时间在 2015 年 4 月至 2017 年 1 月之间，进一步分析烧蚀形貌、组织和管道周围环境等因素，相继排除了电化学腐蚀、机械钻孔、焊接操作、特高压直流干扰、等离子弧切割和高压线塔故障电流等原因之后，推测烧蚀坑极有可能是受雷击所致。

（2）在实验室模拟雷击信号烧蚀管道试验，所形成的烧蚀坑有明显的熔化痕迹，与现场缺陷形貌吻合，可判断该管道缺陷能量来源于雷击。

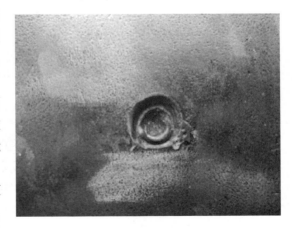

图 3-33　管道缺陷形状

（3）不同参数下的雷击烧蚀模拟试验结果显示，雷击烧蚀深度主要取决于雷电流 C 分量（库仑量）的作用，C 分量越大，烧蚀坑深度越大。

（4）现场烧蚀样品与实验室烧蚀样品的金属组织性能变化规律基本一致：由烧蚀区向母材区依次为烧蚀重熔区、热影响区表层、热影响区次表层、热影响区最内层、母材。

（5）在数值模拟时判断出现场烧蚀缺陷是由雷击地表所致，烧蚀的基本过程应为：雷击地表时，管道风险点附近能量达到土壤击穿电压，雷击点和管道缺陷之间的土壤形成了雷电流通道，并进入管道缺陷点，造成母材表面烧蚀。

（6）对缺陷金属组织、力学性能和缺陷点500m范围内的雷击数据（回波次数、能量水平）进行了科学性和综合性的分析，最终的结论为：管道烧蚀点为2016年9月12日14时12分59秒的雷击地表所致。

3. 启示

新建管道在设计时应合理设置安全接地体和避雷接地体，特别是在管线中心两侧各11.2m范围内进行新建和改建铁路、公路、河渠，架空电力线路，埋设地下电缆、光缆等。管道路由途经雷电多发区域，宜与输电线路杆塔保持5.5m以上的间距，且输电杆塔接地体应远离管道一侧敷设。若条件具备，可采用钢筋笼或铺设双侧排流锌带等措施，加强对电磁干扰的屏蔽。

在役管道应考虑将管道路由图与气象局监测的雷击数据进行重合度分析，识别出沿线雷击灾害严重区域，并开展雷电戒备服务，及时掌握管道沿线的雷击灾害信息。位于山地段或水源地的管段应加强巡检，关注管道周边是否有雷击树木或地表异常现象。位于雷击灾害严重易发区的管段应缩短管道内检测周期，或加密防腐层检测频次。发现烧蚀缺陷应及时采取维护措施，防止管道发生失效。

（广东大鹏液化天然气有限公司李强、刘新凌、梁强、魏冬宏供稿）

3.2.17 高压直流接地极放电损坏管道设施案例

1. 背景

2013年12月24日，某地特高压直流输电系统进行排流，接地极入地电流为3125A，某天然气管道某分输站距离接地极约10km，排流后发现气液联动球阀Line Guard控制箱引压管绝缘接头被高温熔化、烧蚀。

2. 分析验证

（1）现场检查。检查Line Guard控制箱与执行机构相连的两根$\Phi6mm$引压管（上下并行），位于下方引压管的绝缘接头颜色发黑，有高温烧烤的痕迹；处于正上方的引压管也有发黑的印记，且离绝缘接头左侧约5cm的塑料管卡下端被完全熔化，离接头右端约18cm处的塑料管卡下端也有熔化现象（图3-34）。

（2）视频分析。调取了附近的监控视频，发现自12月24日18:30开始，分输站越站气液联动球阀执行机构上开始出现亮点，5min内亮度逐渐达到最亮（图3-35），直至当晚22:00该亮点逐渐熄灭。通过对比分析，确定该亮点就是上述受损绝缘接头所在位置。

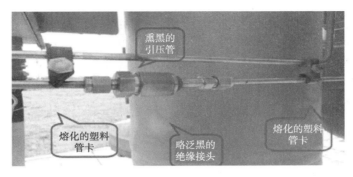

图 3-34　现场绝缘接头发热受损情况

图 3-35　分输站进站阀组区 12 月 24 日 18:43 视频截图

（3）拆检查看。通过拆检发现，该绝缘接头受高温影响，其内衬的绝缘套已被炭化，正上方的引压管也被高温氧化发黑。两端引压管在高温作用下粘连在一起，致使冷却后无法拆卸（图 3-36）。固定于附近的塑料管卡通过引压管的热传递而高温熔化。

(a)

(b)

图 3-36　受损绝缘接头拆检情况

（4）成因分析。经调查对比和研究分析，分输站出现引压管放电、烧蚀问题是由于当地特高压直流输电系统换流站在 12 月 24 日出现故障，采取单极大地返回方式，将大流量电流泄放入接地极而引起的。此次接地极入地电流为 3125A，18：30 开始排流，共排放了 4h 11min，是近期排流电流最大、持续时间最长的一次。该接地极放电期间，管道绝缘接头两端存在较大的电压差。当干扰电压大于其耐压阈值时，绝缘卡套内部就有可能发生放电，若同时存在较大的稳态外部干扰电源，就有可能导致绝缘卡套内部烧蚀。

3. 启示

随着特高压直流输电线路的大规模建设，对油气输送管道的干扰影响日益显现。本次案例为国内首次发现，引起了政府有关部门的高度关注。管网、电网和科研机构应密切配合，加强高压电网及接地极对管道安全影响的研究，采取增设强制排流点、埋设锌带排流、采用大阈值直流排流器等安全防护措施；采取跨接方式消除站场、阀室打火放电及烧蚀风险等措施；安装管道电位和腐蚀速率采集仪，开展管道内外检测，检测管道腐蚀风险。高压直流接地极选址与管道应保持安全距离，管网、电网双方应加强接地极排流期间的信息沟通，以降低对管道的影响。

（国家管网集团广东省管网有限公司朱振供稿）

3.2.18 管道受交直流混合干扰监控治理案例

1. 背景

广州南沙区临近珠江入海口，某高压天然气管道与 5 条高压交流输电线路和 1 条地铁（图 3-37）交叉并行约 5km，交直流混合干扰严重，沿线电阻率极低，为 5~20Ω·m。

2011~2017 年，针对不同干扰，历经三次治理，先后共布设 9 处锌带、镁合金牺牲

图 3-37　管道与高压线、轻轨位置示意

阳极排流地床，最终阴极保护电位为 -1.10 ~ -1.20V，交流干扰电压低于 4V，按照 GB/T 50698—2011《埋地钢质管道交流干扰防护技术标准》计算，交流电流密度值低于 60A/m^2，符合国标的要求。

2018 年，采用 ER 腐蚀探头对管道腐蚀速率进行监测时发现，腐蚀速率大于 0.6mm/a，远超出国内外标准（0.01~0.0254mm/a）要求的 24~60 倍（图 3-38）。通过本案例，对比分析 GB/T 50698—2011 中交流密度计算方法的不足，研究检测、监控、治理交流干扰和混合干扰的新思路、新方法，并对标准进行了修订完善。

图 3-38　腐蚀穿孔 ER 腐蚀探头

2. 做法

1）分析

（1）交流干扰标准中的计算公式存在不足。采用长期埋设的 $1cm^2$ 试片直接测试的交流电流密度远高于采用标准中公式（见下式）的计算值（可高出近 20 倍）。

$$J_{AC} = \frac{8V}{\rho \pi d}$$

式中　　J_{AC}——评估的交流电流密度，A/m^2；

　　　　V——交流干扰电压的有效值的平均值，V；

　　　　ρ——土壤电阻率，$\Omega \cdot m$；

　　　　d——破损点直径，m。

注：ρ 值应取交流干扰电压测试时，测试点处与管道埋深相同的土壤电阻率实测值；d 值按发生交流腐蚀最严重考虑，取 0.0113m。

其原因为：当土壤电阻率较低、可溶性碱金属离子含量较高时，在阴极保护作用下，Na^+、K^+ 等离子会向试片或管道防腐层破损点处聚集，使其周围导电性越来越好，土壤电阻率 ρ 值显著下降，且该 ρ 值现场无法获取，计算公式中取平均值显然不正确，是造成错误判定的根本原因。因离子聚集是个较缓慢的过程，所以在试片埋设至少 10 天后方可进行测试。

（2）交直流混合干扰下的阴保指标优化。经实验室和现场研究发现，混合干扰下较理想的保护电位为 $-0.9 \sim -1.15V$（图 3-39）。

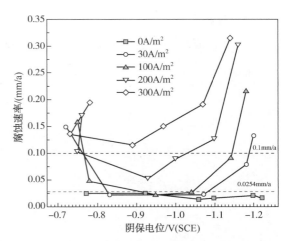

图 3-39　阴保电位水平与交流干扰相互关系

2）措施

（1）将该管道两端的绝缘接头跨接线拆除，进行单独保护。采用智能阴极保护测试桩和恒电位仪远程监测阴极保护数据。埋设 ER 腐蚀探头和试片，监测实际腐蚀速率。运用长期埋设试片直测的方式，全面检测交、直流干扰电流的参数，并及时调控，做到智能化采集和控制。

（2）现场获取管道和周边干扰源的详细位置和运行数据，结合 24h 监测阴保数据，通过数值模拟软件计算，给出排流方案：拆除原镁阳极和极性排流器，重新铺设约 2.7km 锌带与管道直连。

（3）混合干扰管段阴极保护电位应在 -0.90 ~ -1.15V 之间，沿线交流干扰电流密度直测值降低至 $60A/m^2$ 以下。

治理后，通过 ER 腐蚀探头采集的数据监控腐蚀速率保持在 0.02mm/a 左右，达到了较理想的缓解效果，满足标准要求，最终形成了闭环管理。

3. 启示

在严重交流干扰和直流干扰同时存在的情况下，腐蚀风险极高。阴极保护断电电位应在 -0.90 ~ -1.15V 之间，交流电流密度应采用长期埋设试片直测的方式，宜使用锌带与管道直连方法进行阴极保护和排流。

以此案例为基础，一是构建了一套智能阴极保护系统，包括控制中心、阴极保护站、智能阴极保护测试桩、极化探头/试片和 ER 腐蚀探头；二是梳理出一套阴极保护管控制流程：数据检测/监测—数据收集—阴保站智能调试—干扰管段重点监测—数值模拟计算—交流和混合干扰闭环式治理，并据此对交流干扰评价行业标准进行了修订；三是在特殊干扰管段开展应用，可大大提高腐蚀控制自动化、智能化水平，减少失误，降低成本。

（广东大鹏液化天然气有限公司刘新凌、王春雨、梁强、戴俊、魏冬宏、王珏供稿）

3.2.19　超高压输电线路对输油管道电磁干扰防治案例

1. 背景

兰郑长成品油管道的管径为 610mm，壁厚为 7.9 ~ 15.9mm，甘肃境内长度为 377km，于 2009 年 6 月投产。管道在甘肃榆中段与 750kV 超高压交流输电线路长距离并行（伴有交叉），并行间距为 50 ~ 1000m（图 3-40）。西南管道兰州输油气分公司为防范电磁干扰隐患采取了有效保护措施。

图 3-40　管道与高压线位置关系图

2. 做法

（1）现场测试。2019 年 8 月，对榆中段 33 个测试桩进行了交流干扰测试。共检测出强干扰 11 处，交流电流密度为 103 ~ 294A/m²；中度干扰 10 处，交流电流密度为 35 ~ 64A/m²；

弱干扰 12 处(图 3-41)。

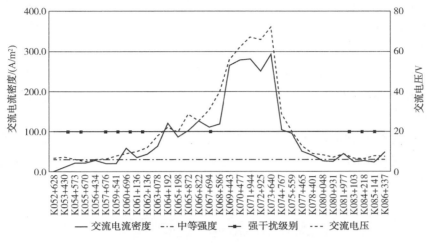

图 3-41　兰郑长榆中段管道交流干扰曲线

（2）排流方案。埋地管道与高压交流输电线路接地体的最小水平距离满足 GB/T 50698—2011《埋地钢质管道交流干扰防护技术标准》的要求，仅需考虑高压输电线路对埋地管道持续干扰的防护措施。采取固态去耦合器接地排流措施，减缓管道持续交流干扰。

（3）排流实施。设置 19 处排流点。采用带状锌合金阳极作为接地材料，锌阳极四周填充填包料。根据各处土壤参数不同，通过接地电阻计算，测试桩处敷设锌阳极长度在 17~185m 之间。

（4）阴保调试。进行固态去耦器设施完好性、接地体接地电阻和相应参数测量，同步检测参数投入运行。经对管地交流电压测试对比，使用水平锌阳极和固态去耦合器进行排流后，干扰程度均为"弱"，排流效果明显，符合 GB/T 50698—2011 要求。

3. 启示

随着城乡经济的快速发展，高压交流输电系统对管道的交流干扰将会成为一个日益普遍的严重问题，需要地方政府主管管道保护工作的部门和管道企业高度关注。通过排流现场统计数据对比分析，说明管道沿线需加强对强电干扰等隐患问题整治，通过应用技防、信息防等措施，确保管道安全。

（国家管网集团西南管道兰州输油气分公司郑磊供稿）

3.2.20　管道阀室不等电位失效放电隐患治理案例

1. 背景

永唐秦管道 15#阀室门禁开关穿线钢管与彩钢房铁皮固定处曾出现短时间放电打火，类似插销虚接现象。15#阀室彩钢房屋面采用直径为 10mm 的圆钢作避雷带，沿屋檐及屋面突出物安装，引下线在距地面 5m 处设断接卡。阀室内建筑部分的钢筋、钢柱等金属部位等电位连接并与接地装置可靠连接。阀室内外凡受阴极保护的设备、管线等均未直接接至电气接地网。阀室内外其余未受阴极保护的设备、管线等均直接接至电气接地网。通过现场测试分析放电打火的原因，提出改进措施，消除安全隐患。

2. 做法

（1）测试。阀室排流器排流效果测试。当管道感应交流电压为15V时，流经排流器的交流电流为4.78A，将工艺区接地网和阀室彩钢房接地网跨接，测得流经跨接线的交流电流为2A。

管道交直流电压24h监测。首先，在固态去耦合器正常工作的情况下，测试单独采用工艺区接地网和采用工艺区接地网+阀室彩钢房接地网两种情况下管道的交流干扰电压，结果如图3-42所示。

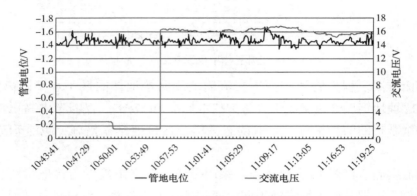

图3-42　15#阀室交直流电压监测曲线

将阀室工艺区接地网与阀室彩钢房接地网跨接，缓解后的交流干扰电压为2.5V，单独使用工艺区接地网做排流接地，缓解后的交流电压为1.5V，说明阀室围墙接地网与附近高压线产生了感应电压，但不影响排流效果。断开去耦合器，分别测试管道和接地网24h的交流干扰电压和阴极保护电位，测试结果如图3-43所示。

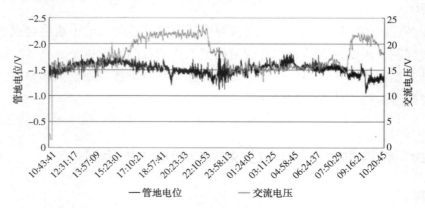

图3-43　15#阀室管道端交直流电压监测曲线

测得管地电位约为-1.5V，24h内交流干扰电压为15~22V，用电负荷最大时管道感应交流电压最大值为22V。

根据焦耳定律 $E = I^2Rt$，电流(I，A)在一段时间(t，h)内通过电阻(R，Ω)产生热量 E，排流持续时间长，导致卡箍处连续高温，过高的热量最终将接地线外绝缘层烧蚀，如图 3-44 所示。

图 3-44 接地线外绝缘层烧蚀

（2）原因分析。15#阀室彩钢房接地系统和工艺设备区单独安装的一套接地系统通过电气连接形成等电位。前期为了有效缓解 15#阀室附近管道的交流干扰，在 15#阀室安装了固态去耦合器，排流系统利用阀室工艺区的接地网作为地床，交流排流后接地网有 2V 左右交流电压，通过开挖接地网发现彩钢房与工艺区接地系统等电位连接扁钢虚接，虚接后等电位失效导致彩钢房和工艺区接地系统不等电位，存在交流电压差。

门禁开关镀锌管和固定镀锌管的卡箍（卡箍与彩钢板墙通过螺丝连接）存在虚接，该位置存在接触电阻，当存在电位差时就会有电流通过。门禁开关穿线管与彩钢房铁皮（卡箍）未接触时存在交流电位差，当二者采用金属构件可靠连接时，形成等电位，不会产生火花；当连接的金属卡箍及螺丝松动时形成虚接，产生火花。

（3）隐患排除。临时将杂散电流固态去耦合器拆除，开挖排查后发现 1 处接地网虚接，将接地网采用焊接方式可靠连接，解决了不等电位问题。接地网整改后恢复杂散电流固态去耦合器，15#阀室再未发生打火现象，消除了隐患。

3. 启示

输气管道阀室接地系统应基于完整性统一设计，接地网应做可靠等电位连接，防止不同专业各自设计的接地系统相互连接，出现不等电位造成放电打火现象。阀室应尽量保持开放环境，防止密闭环境造成可燃气体聚集而发生安全事故。

（国家管网集团北京管道河北输油气分公司李磊、梅安、李祥琦、孙少辉供稿）

3.2.21 废弃输油管道无害化处置案例

1. 背景

某输油管道始建于 1984 年，管径为 529mm，壁厚为 8mm，设计压力为 6.27MPa，全长 288km。其中一段长 70.61km 的管段曾在 1985～1987 年输送大庆原油，停输后进行了扫线，但是管壁上仍有一定量的残留油膜，其余管段自建成后一直未投用。2016年，这条停用封存约 30 年的管道腐蚀老化严重，安全和环保风险较大，需采取合理的处置措施。

2. 做法

（1）论证。该管道腐蚀老化严重，不具有重新启用的价值与需求。由于曾投入运行的管段残留有油气，存在发生油气泄漏爆炸和环境污染的风险。未投入运行的其余管道存在发生漂管、导流的风险。为了彻底消除该管道的安全和环境污染风险，确定采取残

图 3-45 腐蚀严重部位

留物清洗、局部注浆填充技术进行无害化处置。

（2）措施。对残留油膜的管段进行了完整性状况调查，以确定是否满足清洗的基本条件。经过对干湿交替的位置进行腐蚀状况调研，对高程相对低点的残留油膜厚度进行采样，表明待清洗段局部腐蚀严重，最大腐蚀量近 4mm（图 3-45）。管道整体上基本完整，管道承压满足管道清洗需要（即管道清洗承压不小于 0.8MPa），管道变形、弯头满足通球要求。管内残留物分布不均，但主体结蜡厚度不超过 20mm，满足组合清洗（清管器+化学清洗剂）条件。

根据管道高程、施工的便利性和当前组合清洗技术的可靠清洗长度，共分 18 个清洗段进行残留油污清洗。组合清洗工艺流程如下：

清洗剂室内试验—施工准备（临时性征地、管沟开挖、管道切割、焊接收发球筒、清洗设备连接、设备调试等）—管道清洗—残留物回收及无害化处置—清洗效果验证（切口表观验证、可燃气体检测、内窥镜检测等）—管沟回填及地貌恢复。管道清洗达到管壁无油、无蜡、无积液，可直接火焰切割的洁净程度（图 3-46）。

(a)清洗前残留油膜

(b)清洗后内壁

图 3-46 清洗效果

清洗后，对穿越建筑物占压区域的 2.45km 进行注浆处理，材料为水泥砂浆，最终填充率为 95%，结石强度为 2.25MPa，依据 SY/T 7413—2018《报废油气长输管道处置技术规范》规定，满足防塌陷的要求（图 3-47）。

对未曾投入运行的管段，采取局部注浆处理或者拆除的处置措施。由于管道废弃处置成本高，而且全部拆除对环境的破坏较大，在全线清洗且局部区域采取合理措施后（例如防塌陷、漂管注浆、局部拆除等），依据现有标准，大部分管道可原位留置。

3. 启示

组合清洗技术可解决传统管道扫线无法彻底清除管壁残留污染物的问题，该技术应在报废原油管道处置中全面推广。

我国管道废弃业务处置发展较晚，多数管道运营期内并未预留未来报废处置专项资金。由于管道处置成本高，一旦大规模报废则面临处置资金难以落实的问题。有必要建立制度，在管道运营期计提报废处置专项资金，从而促进管道的长期可持续发展。

图3-47 注浆填充效果

废弃的油气管道并非再无利用价值，可作为管件、缆线通道，甚至改输其他介质。当前，国内废弃管道再利用探索不足，有可能造成资源浪费。建议业界借鉴国外经验，积极探索废弃管道再利用途径和应用场景，促进资源节约和循环利用。

（国家管网集团科学技术研究总院分公司康叶伟供稿）

3.2.22 废弃输油管道注浆固化技术处置案例

1. 背景

陕西延长石油（集团）管道运输公司某废弃原油管道长34.56km，管径为159mm，壁厚为5.6mm，设计压力为9MPa，于2005年停运并充氮气封堵。2019年9月5日，发现其敷设在河道内的管段因管体腐蚀造成原油渗漏，随即启动应急预案进行清理、回收和封堵。该废弃管道敷设经过区域90%属于高后果区，并沿河道敷设多次穿越河道，与市政排水管网交叉、并行较多。为避免再次发生类似事故，采用注浆固化技术进行无害化处置。

2. 做法

参照SY/T 7413—2018《报废油气长输管道处置技术规范》、GB/T 35068—2018《油气管道运行规范》，采用清洗、吹扫、氮气置换以及注入泥浆、水泥浆或水泥砂浆等方式进行处理。

（1）管道疏通清洗。在注浆前使用清水、泡沫、皮碗和磁力钢刷清管器对废旧管道进行疏通和清洗，压力控制在2MPa以内。

（2）注浆前准备工作。勘察选取管道注浆位置（约每1km 1个注浆口），开挖作业坑，并采取冷切割方法将注浆管段断开，两端分别焊接盲板和法兰，安装阀门后使用打孔机在每段注浆管段末端开孔并安装排气阀门。

（3）设备和材料选择。采用油田40-17型固井水泥灰罐车进行注浆，该注浆车压力易控、排量可调、计量准确，最高压力为40MPa，排量为1.7m³/min。选用G级高抗油井水泥作为注浆材料，试验密度为1.85g/cm³，稠化时间大于75min，45℃下抗压强度

图 3-48　注浆现场

大于 10MPa。

（4）注浆过程。首先将水和水泥送入注浆车搅拌，然后使用高压软管将废弃管道与注浆车相连，启动注浆车，压力控制在 0.4MPa 以内，将浆液泵入管道内，连续作业直至另一端有浆液流出，最后关闭阀门等候凝固（图 3-48）。

（5）填充度检验。注浆结束 48h 后，根据地形特征选取部分注浆管道，在注浆管段两端、中间、最高点和最低点位置进行填充度检验，浆体固化填充率达到 95% 以上则满足要求。

（6）管道封堵和回填。注浆工作全部结束后，拆除注浆管段法兰、阀门，对排气孔和注浆口进行焊接封堵，然后原位回填。

3. 启示

注浆固化技术是处置废弃原油管道的一项无害化措施，具有安全、环保、无污染、施工简单、费用低、对地面建筑设施影响小等优点，但不适用于腐蚀严重的废旧原油管道，因为浆液与管壁残留原油不能充分混合，管道仍然存在二次污染环境的风险，建议开挖拆除。

地势较低的管道填充率达到 100%，地势较高管道填充率为 95% 左右，为此，建议根据地势选取注浆口和划分注浆管段长短，提高填充率。

[陕西延长石油(集团)管道运输公司刘兴瑞、王磊、杭光供稿]

3.2.23　煤场占压输气管道隐患治理案例

1. 背景

西气东输一线博爱输气站所辖管道为 56km，管径为 1016mm，设计压力为 10MPa，于 2003 年 10 月投产。管道建设时穿越了博爱县 23 家煤场，大量堆积的煤炭在管道上方形成活动性占压，并造成了围墙圈占等安全隐患。煤炭运输车辆每天在管道上方频繁碾压，直接危及管道安全（图 3-49）。

2. 做法

博爱站将煤场占压管道问题作为重大安全隐患上报至省、市、县三级政府主管管道保护工作的部门，采取管道月报形式及时反映煤炭占压、管道安全距离不足等隐患情况。同时与地方政府有关部门建立管道保护微信

图 3-49　管道上方重车频繁碾压

群，第一时间发布信息，加强工作交流。

在政企双方共同努力下，长期影响管道安全的煤场占压问题终于得到解决。政府有关部门责令相关煤场清除管道上方堆积的煤炭，对管道上方重车碾压问题采取防护措施（图3-50），拆除占压管道的围墙（图3-51），并采取桩牌加密、划定保护距离等措施，禁止在管道中心线两侧5m范围内堆放煤炭。

图3-50　对管道加盖板保护　　　　　图3-51　将占压实体围墙改为金属栅栏

3. 启示

管道安全隐患整治工作离不开地方政府和相关单位的支持。在政府的领导下开展安全隐患整治工作，方能排除干扰取得事半功倍的效果。

解决管道占压隐患要加强源头管理，管道建设选线应避让城乡规划区、物流园区等容易产生高后果区的地段，防止管道安全"先天不足"。同时要加强日常巡护管理，防患于未然，避免"小洞不补、大洞难补"情况发生。

（国家管网集团西气东输郑州输气分公司张伟、司润川、毛建供稿）

3.2.24　垃圾堆场占压输油管道隐患治理案例

1. 背景

某输油管道途经广东省茂名市，长度为65km，管径为500mm，设计压力为5.0MPa，设计管输量为$1000×10^4$ t/a，于1994年建成投产。电白区一垃圾堆场占压输油管道长度约为200m，多次发生垃圾自燃事件，且最近处距离管道不足2m，造成了极大的安全隐患。因经费和搬迁场地等问题，一直未得到有效解决。

2. 做法

2020年，广东省开展油气管道安全专项整治三年行动，部署安全隐患排查整治工作，并将此垃圾堆场占压管道隐患作为重点解决事项。

茂名市公安局作为主管油气管道保护工作的部门，组织管道企业、电白区有关单位联合开展整治工作，除多次到现场督导清理管道上方堆积的垃圾之外，还争取资金300余万元，将垃圾堆场整体搬清。省能源局检查组深入实地督导，了解工作进度及遇到的困难和问题(图3-52)。在省市有关部门的支持下，垃圾堆场按期完成了整体搬清工作，输油管道安全隐患得到了有效整治。

图3-52　专项检查组现场检查

3. 启示

对于管道占压安全隐患整治工作，管道企业要运用《中华人民共和国石油天然气管道保护法》这个法律武器，抓早抓小，掌握工作的主动权。其中最为关键的是要加强请示汇报，积极取得公安、能源等主管部门的帮助和支持，形成政企合力，方能排除各种障碍，把安全隐患消灭在萌芽状态。

(广东省茂名市公安局高陈雄供稿)

3.2.25　LNG 管道管体缺陷检测案例

1. 背景

某 LNG 管道于 2017 年投用，规格为 Φ813mm×14.4mm，3PE 外防腐层+阴极保护，材质为 X70，运行压力为 8.5MPa，2020 年首次检验。漏磁内检测发现，管道本体存在一处 32% 的金属损失。开挖验证超声波检测结果显示，在管体 270° 至 180° 方向 150mm 处，存在一条形裂纹缺陷，长度约为 25mm，宽度约为 10mm，深度距离管道外表面约 10.1mm(图3-53)。

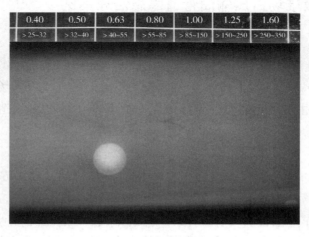

图3-53　超声波检测结果

2. 分析

业主委托检验机构开展复测工作。超声相控阵检测结果显示，在管道顺气流5~6点钟方向、10~12mm深度方向，存在长约20mm的细小夹层。超声波检测结果显示，在管道顺气流5~6点钟方向、12.5mm深度方向，存在长约20mm的管道本体内部夹层，缺陷自身高度约为2mm。结合漏磁内检测、超声波检测、X射线检测以及超声相控阵检测结果，初步判定该管体缺陷为疑似裂纹（图3-54）。

图3-54 检测结果判定

对该处存在缺陷的管道现场切取试样，对缺陷位置再次进行磁粉和渗透检测，结果显示在缺陷位置近表面存在一条平行于螺旋焊缝的主裂纹以及与主裂纹呈一定角度的微裂纹。在体式显微镜下宏观观察，发现内壁存在坑状缺陷，且在坑内有高温熔化后凝固的球状焊渣，初步判断该处可能为补焊时产生的焊接缺陷（图3-55）。从两处圆形缺陷位置切取金相样品，观察其截面金相组织。对试样经过镶嵌、研磨和抛光后，用4%硝酸酒精侵蚀，可明显观察到焊接产生的不同区域，即焊缝区、热影响区。金相组织观察发现，焊缝区内存在大量焊接缺陷和裂纹，在热影响区存在沿晶裂纹，且在晶界处发现呈黄色物质，判断其可能为含Cu的低熔点金属，同时在裂纹内有灰色氧化物存在。为了确定焊缝金属及热影响区晶界处的黄色物质的成分，在扫描电镜下对其进行能谱分析，结果显示缺陷区域存在大量的Cu。

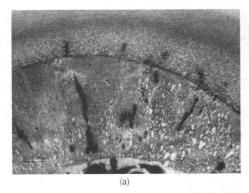
(a)

(b)

图3-55 焊缝检测结果

缺陷位置存在明显的热影响区，可以判断该位置进行过补焊。焊接过程中产生了焊缝处的缩孔、焊缝及热影响区的放射状裂纹。在热影响区的裂纹中发现有Cu渗入，并有较多的高温氧化产物，说明焊缝及热影响区的裂纹在服役阶段未发生扩展。初步判断是施工焊接过程中的误操作导致铜线打火，将缺陷位置烧伤，在未清理或者清理不彻底的情况下进行了管体补焊。

3. 启示

管道检验检测过程中，经常会遇到多种无损检测方法的验证结果不一致的情况。检验人员应充分掌握各种无损检测方法的检测原理、适用工况和优缺点，基于各种检测方法的检测结果综合判断，尤其当两种检测方法对缺陷性质的判断差别较大时，应进一步深入分析。

缺陷致因分析工作应该得到检验人员和管道建设、运营企业的高度重视，有利于查找缺陷原因，加强本体质量控制，预防类似事件的再次发生，并向相关责任方追究赔偿责任。

（中国特种设备检测研究院李仕力供稿）

3.2.26 输气管道内壁金属损失等缺陷检测案例

1. 背景

某管道 2011 年投用，长度约为 90km，管道材质为 L415，管道规格为 Φ559mm×7.1mm/8.8mm/11mm/12.5mm，外防腐类型为 3PE，阴极保护类型为强制电流，设计压力为 6.3MPa，最大安全操作压力为 5.3MPa，输送介质为湿气，含水。根据 TSG D7003—2022《压力管道定期检验规则——长输管道》要求，委托某检验机构开展管道内检测。

2. 做法

（1）检测结果。共检出 350 处变形（其中凹陷变形 196 个，椭圆度变形 154 个）；40388 个管体金属损失（含 1 个制造缺陷），其中最大金属损失深度达到了管道公称壁厚（wt）的 79.4%（内壁金属损失）；环焊缝异常 59 处（均为轻度），螺旋焊缝异常 1 处（轻度）。将管道金属损失量按不同的程度区间进行统计（按 10%wt 为一个统计区间）。由统计结果可知，本管道 48.46% 的缺陷金属损失量均小于 10%wt。

（2）原因分析。管道内壁金属损失平面分布如图 3-56 所示，展示了不同金属损失程度的金属损失点在管道轴向及周向的分布情况，横轴表示检测里程，纵轴表示金属损失周向时钟方位，不同颜色的点分别代表不同金属损失程度的金属损失点。管道金属损失点主要集中在管道底部，结合清管结果可以初步判定是由管道内积液对管道造成的腐蚀。

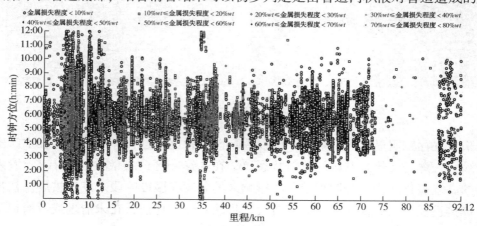

图 3-56 金属损失平面分布图

（3）开挖验证。共开挖 5 处金属损失严重点，进行超声波测厚，测量值与漏磁检测结果基本吻合（表3-2）。如某开挖点位于上坡弯头前置管段，管道底部大面积腐蚀，腐蚀程度为 47.6%wt（内壁金属损失），腐蚀区域为 4 点钟经 6 点钟至 7 点钟区域（图3-57）。

表 3-2　开挖验证结果表

内检测结果										
特征名称	检测里程/m	定位点	方位	距离/m	内/外	距前环焊距离/m	距后环焊距离/m	长度/mm	宽度/mm	钟点(h:min)	程度/%wt
金属损失—腐蚀	43902.2	警示牌	上游	66.4	内	6.3	5.1	79.0	41.0	7:23	56.8

开挖测量结果										
金属损失—腐蚀	43902.2	警示牌	上游	66.4	内	6.3	5.1	85.0	49.0	7:23	47.6

内检测结果-开挖测量结果(+代表偏大；-代表偏小)										
特征是否吻合	里程是否吻合	定位点是否吻合	方位是否吻合	距离偏差/m	内外壁是否吻合	距前焊缝距离偏差/m	距后焊缝距离偏差/m	长度误差/mm	宽度误差/mm	钟点偏差(h:min)	误差/%wt
吻合	吻合	吻合	吻合	0	吻合	0	0	-6.0	-8.0	0:00	+9.2

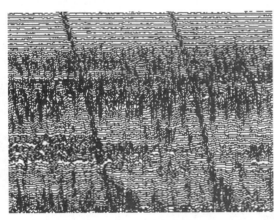

(a)缺陷信号

(b)开挖检测

图 3-57　某开挖点缺陷信号图和开挖检测图

3. 启示

本次内检测的管道气源含水，水露点未做严格控制，使得大量地层水（含有大量的氯离子并混有部分 O_2 以及 H_2S、SO_2 等酸性气体）进入正常输气工艺流程，造成管道弯头前的直管段或管道低注点大面积腐蚀或孔蚀（体积型缺陷）。应严格控制气体的水露点，做到对湿气彻底脱水，确保管道内壁干燥。合理确定清管周期，选择泡沫清管器及直板清管器定期进行清管。对易聚集积液的管段，采取壁厚监测的手段，获取管道腐蚀速率信息。

（中国特种设备检测研究院李仕力供稿）

3.2.27 管道利用外检测方式开展定期检验案例

1. 背景

某输油管道于 2006 年投运，设计压力为 6.4MPa，规格为 $\Phi377mm \times 6mm/7mm/8mm/9mm/10mm$，材质为 L360，根据 TSG D7003—2022《压力管道定期检验规则——长输管道》要求，利用外检测方式进行油气管道定期检验。

2. 做法

（1）宏观检查。发现管道占压 50 处，总计长度为 4639m，其中直接占压 37 处，间接占压 13 处，占压物主要为蔬菜大棚、房屋等（图 3-58）。《中华人民共和国石油天然气管道保护法》第三十条规定：在管道中心线两侧各 5m 范围内，禁止取土、采石、挖塘、修渠、修建养殖水场，排放腐蚀性物质，堆放大宗物资，盖房、建温室、修筑其他建筑物、构筑物等。GB 50253—2014《输油管道工程设计规范》4.6.2 条规定：里程桩应沿管道从起点至终点，每隔 1km 至少设置 1 个。阴极保护测试桩可同里程桩合并设置。检测发现，测试桩缺失 1 处、损坏 19 处，1227 处标志桩中损坏 6 处、倒塌 4 处，2 处警示牌损坏。

（2）埋深检测。GB 50253—2014 的 4.2.3 条规定：埋地管道的埋设深度，应根据管道所经地段的农田耕作深度、冻土深度、地形和地质条件、地下水深度、地面车辆所施加的荷载及管道稳定性的要求等因素，经综合分析后确定。管顶的覆土层厚度不宜小于0.8m。检测发现埋深不满足设计文件要求共 453 段（处），长度为 31450m。

（3）环境调查。包括土壤电阻率检测、杂散电流检测。土壤腐蚀性为中和低，杂散电流干扰强度 1 处强，9 处中，其他为弱（图 3-59）。

图 3-58　某管道占压图　　　　　　　图 3-59　Data logger 测电位波动

（4）防腐层质量检测。发现防腐层破损点共计 194 处，比首次检验（2007 年）新增62 处。阴极保护检测结果表明 165#测试桩～202#测试桩段未达到有效保护率，占整体保护率的 20.65%。

（5）开挖检测。结合防腐层整体质量等级评价，重点考虑等级为差（4 级）处的破损点；结合杂散电流测试情况，重点考虑动态或静态杂散电流干扰较"严重"或"中等"区域内的破损点；结合土壤电阻率检测情况，重点考虑土壤电阻率为"强"或"中等"处的破损点；结合阴极保护检测情况，重点考虑未保护管段区域内的破损点。重点考虑高后果区域内的破损点和新增破损点。开挖结果见表3-3，部分典型缺陷（未防腐、机械刮伤）见图3-60和图3-61。

表3-3　开挖结果统计

序号	类别	单位	数量
1	锚固墩损坏	处	8
2	机械刮伤	处	13
3	未防腐	处	4
4	盗油阀	处	1

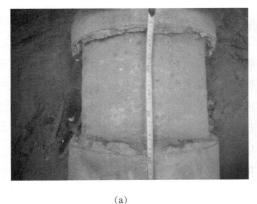 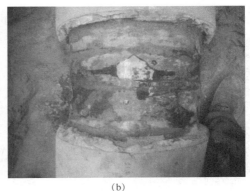

　　　　　　　（a）　　　　　　　　　　　　　　　　（b）

图3-60　未防腐

 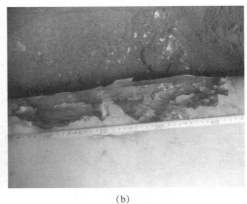

　　　　　　　（a）　　　　　　　　　　　　　　　　（b）

图3-61　机械刮伤

3. 启示

利用外检测方式进行油气管道定期检验，可及时发现管道占压隐患与标志桩牌缺失并进行处置，可有效发现防腐层破损、正在发生的外腐蚀、阴极保护系统失效等问题并及时采取相应防范措施。

（中国特种设备检测研究院李仕力供稿）

3.2.28 场站(阀室)工艺管道缺陷检验案例

1. 背景

某站场(阀室)工艺主管道规格为 $\Phi356mm \times 13mm$、$\Phi711mm \times 22.2mm$ 等,材质为 L360N 及 L415M,运行压力为 8MPa,设计压力为 10MPa。温度套管主要为温度变送器取温套管及温度计取温套管,材质为 316L 不锈钢,焊条为 E309-16(A302),为异种钢角焊缝。某检验机构受委托对该站场(阀室)的工艺管道进行定期检验及缺陷治理技术服务工作,并出具检测与评价报告。

2. 做法

(1)埋地管道检测。土壤电阻率测量值范围为 14.53 ~ 35.1Ω·m,根据 GB/T 21447—2018《钢质管道外腐蚀控制规范》评价,土壤腐蚀等级为强。进行 8 处杂散电流检测,检测时间为 1h,其中 1 处管地电位波动范围为 -1669 ~ -1610mV,杂散电流干扰强度为中,其他均为弱。管道采用强制电流阴极保护系统,经检测管地电位,阴极保护有效(图 3-62)。选择 8 处位置进行开挖,开挖后进行防腐层及管体破损情况检测、超声波测厚及几何尺寸检测,未发现异常。

图 3-62 管地电位检测

(2)架空管道检测。经过磁粉检验(图 3-63)和渗透检测,发现出站阀组区共有 23 处温度套管焊趾部位存在裂纹。

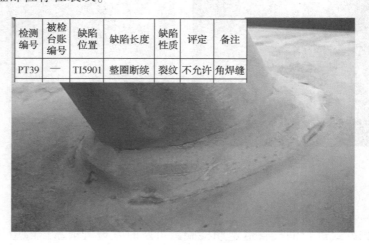

检测编号	被检台账编号	缺陷位置	缺陷长度	缺陷性质	评定	备注
PT39	—	TI5901	整圈断续	裂纹	不允许	角焊缝

图 3-63 角焊缝裂纹磁粉检测

对温度套管角焊缝裂纹进行打磨及渗透检测(图 3-64),最大深度约为 1.5mm,部分可打磨消除,部分打磨深度较深,会影响管道本体。经专家讨论,裂纹产生的原因为异种钢焊接造成的延迟裂纹，决定对发现角焊缝裂纹的温度套管进行全部更换，更换时，在去除原角焊缝缺陷及热影响区基础上，管道本体上的开孔尺寸原则上应保持一致。结合现场实际情况，应选择与管道本体相同或相近材质的法兰连接管，由设计单位提供料单和设计方案。开孔后应对坡口位置进行表面检测，对坡口50mm范围内的管体进行超声波检测，确保坡口面及管体无缺陷。

检测编号	被检台账编号	缺陷位置	缺陷长度	缺陷性质	评定	备注
PT32	—	TI1702	整圈断续	裂纹	不允许	角焊缝

图3-64 角焊缝裂纹渗透检测

3. 启示

由于场站设计文件对温度套管的材质选型未作明确要求，选取不锈钢材质后，如未能按照异种钢焊接技术要求进行焊接，易产生腐蚀、裂纹等隐患。建议设计单位进行必要论证，温度套管选取与主管道相似的材质，场站管道埋地部分按照长输管道相关技术规范进行检验，架空管道按照工业管道相关技术规范进行检验，可有效发现场站管道的腐蚀、裂纹等隐患。

（中国特种设备检测研究院李仕力供稿）

3.2.29 管道内腐蚀外检测案例

1. 背景

某输油管道材质为L360，规格为Φ377mm×6.4mm/8.0mm，长度为200km，2016年运行以来，输量逐渐降低，曾在1年内发生泄漏事故10余次，大部分泄漏发生在管道4~8点钟方向之间的区域。

2. 分析

由于该管道不具备开展内检测的条件，根据GB/T 34350—2017《输油管道内腐蚀外检测方法》，首先进行输油管道相关数据收集。根据实际地形并结合输油管道流体分析、腐蚀风险分析、高程地势变化数据分析和历史泄漏位置统计分析，对管道内腐蚀敏感位置进行预测，对重点腐蚀管段进行开挖检测。

该管道输送的原油为低含盐、低含水、低含硫且低酸原油，原油本体的腐蚀性不强。采出水腐蚀性及结垢性较强，在管线底部形成沉积水，易对管线造成底部腐蚀，引起管线底部穿孔。管道全线地势起伏较大，高程落差大，存在很多容易积液的低洼部位。管道流速长时间维持在较低水平（0.3m/s），加速了管道的腐蚀。不同流速下水层位置变化模拟见图3-65。

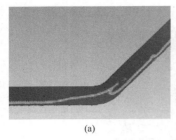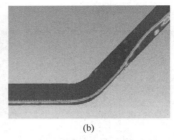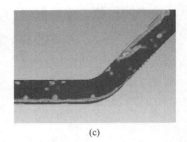

(a)　　　　　　　　　　(b)　　　　　　　　　　(c)

图 3-65　不同流速下水层位置变化模拟

图 3-66　开挖点壁厚检测

通过高程测量，对频繁发生腐蚀泄漏的管段进行流体模拟，分析管道内易于出现积水的位置，共预测有 21 处腐蚀敏感区域，确定了 10 处位置为本次开挖验证检测位置。通过管体壁厚测量（图 3-66）、管体腐蚀漏磁检测和超声相控阵检测（图 3-67）等，共发现 65 处不同程度的腐蚀减薄情况，且位置均在管道 4~8 点钟方向。分析得出的腐蚀点均存在不同程度的局部腐蚀情况，10 个检测点的数据分析结果证明，通过内腐蚀直接评价技术得出的腐蚀点位置均可靠、有效。

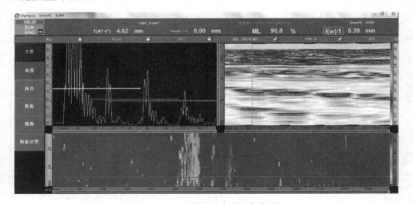

图 3-67　开挖点相控阵检测

3. 启示

输油管道内腐蚀特征主要以点蚀和局部腐蚀为主，腐蚀主要集中在 4~8 点钟位置。由于长时间低流速运行，导致管道全线低洼部位因积液形成多个内腐蚀高风险部位。内腐蚀风险点随介质含水量的增加而增多，随介质流速的增加而减小。管线运营单位可根据实际情况，适当提高管内介质流速，从而降低内腐蚀风险。

（中国特种设备检测研究院李仕力供稿）

3.2.30　管道泡沫清管器卡堵解堵案例

1. 背景

某成品油管道于 2003 年 6 月建成投运，长度为 55.3km，管道规格为 $\Phi219mm\times6mm$，材质为 20#无缝钢管，设计压力为 6.0MPa，输送能力为 $75\times10^4t/a$，全线设置合用阀室 2 座，该管道与一条原油管道和一条汽油管道属于同沟敷设。

2013 年 8 月，该管道 79#~80#段因地面上部出现滑坡迹象，进行了改线换管治理，采用带压开孔封堵器封堵，实施换管作业。2018 年 6 月，公司对该管道进行首次内检测作业，连续发送两颗泡沫清管器，均未在末站收到。排查后怀疑泡沫球卡堵在管道某处，但无法确定卡堵位置，影响了后续内检测工作。

2. 做法

(1) 梳理和核对管道基础信息，分析可能卡堵部位，重点对管道涉及入地部分、桁架、弯头、阀室和改线换管段部分逐一排查。发送带有信号的皮碗清管器，以卡堵位置前后 50m 为重点，各布设三组人员进行监听。

(2) 通过监听信号，初步判断皮碗清管器位于管道 79#~80#桩之间。通过内检测技术服务方的信号检测器和线路巡护队的 PCM 仪，确定管道位置和埋深情况，划定需要开挖的位置和范围界区。

(3) 通过管道停输、开孔排油、冷切割、取封堵器、换管作业、焊接探伤和管沟恢复，顺利完成了该管道清管器解堵、封堵器隐患消除工作(图 3-68~图 3-70)。

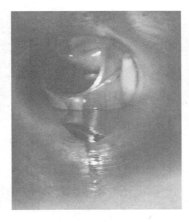

图 3-68　解堵作业现场　　　　　图 3-69　卡堵位置油流　　　　图 3-70　卡堵位置油流
　　　　　　　　　　　　　　　　　　　　方向背面　　　　　　　　　　　方向正面

3. 启示

产生卡堵的原因是在封堵器作业中，内置切片未放置到位，发生错位偏转，形成管内障碍，虽不影响输油，但无法通过各类清管器，也存在油流静电等安全风险。建议应慎重考虑不停输换管方式，特别是对于带压开孔封堵器的使用，宜选择技术精湛的队伍，确保封堵器安装、作业质量和复位完全符合规范要求。

在开展管道内检测作业前，应对管道历年运行、隐患治理和改线换管等信息做详细调查核对，辨识作业风险，编制作业方案，采取相应控制措施。例如在本案例中，应提前在难通过的风险段设置通球监听，以便及早发现和判断卡堵情况。

［陕西延长石油（集团）管道运输公司张会斌供稿］

3.2.31　管道基于内检测修复腐蚀点案例

1. 背景

某原油管道于 2006 年建成投产，长度为 280km，管径为 610mm，壁厚为 11.9mm，设计压力为 10MPa，沿线多为草原、戈壁、沙漠。2018 年 2 月，公司经内检测分析确认，管道存在 1 处腐蚀量为 90%壁厚的腐蚀点，并在提交的报告中着重提示了该腐蚀点。

2. 做法

（1）开挖。现场使用巡管仪测量管道埋深为 3.5m，采用人工结合机械方式进行开挖，防止机械开挖破坏管线光缆。

（2）验证。腐蚀点位于补口带下 130mm×238mm 大面积金属损失处，腐蚀最深处壁厚损失为 90%，已经存在轻微泄漏（图 3-71、图 3-72）。

图 3-71　腐蚀形貌 1　　　　　　　　图 3-72　腐蚀形貌 2

（3）修复。对腐蚀点进行加装 B 型套筒补强作业（图 3-73）。

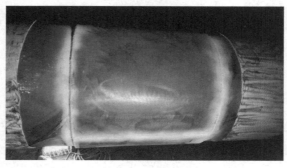

图 3-73　B 型套筒补强修复

3. 启示

通过管道内检测可发现多种缺陷和损伤，进而判断管道风险程度，预防和减少事故发生。管道企业应当按照相关法律法规和技术规范的要求，定期对管道进行内检测。对于内检测中发现的大变形、严重金属损失等不可接受缺陷，需要及时修复，以消除管道本体缺陷隐患。

（中油管道检测技术有限责任公司张东杰供稿）

3.2.32 管道基于内检测修复褶皱变形案例

1. 背景

某原油管道于 2015 年建成投产，管径为 508mm，设计压力为 6.3MPa，长度为 188km，管道均采用保温管，保温层采用 40mm 厚聚氨酯泡沫塑料。2019 年对该管线实施了内检测，经过对该管道变形检测数据分析确认，发现 1 处管道外径 17.5% 的变形点，因该变形点变形量较大，随即对该点进行开挖验证，现场验证结果与检测数据吻合，最终对该变形点进行了换管处理。

2. 做法

（1）定位。根据检测信息，对该变形点进行了定位，该点位于该管道某阀室内。

（2）开挖。现场使用巡管仪，对管线走向及埋深进行了测量，测量管道埋深为 1.5m。因该点位于阀室内部，管线附件线缆较多，为防止开挖时破坏管线光缆及其他供电及信号线缆，采用人工进行了开挖。

（3）换管。检测数据显示管道变形位于管道 6 点钟方向，管道底部为软质土壤，无石块，现场剥离底部保温层后，确认管道存在大变形，有明显褶皱（图 3-74）。

经完整性评估中心评估，决定管线停输后进行换管。在作业过程中，管线褶皱处开裂发生泄漏，由于现场提前准备了储油设施存放泄漏的原油，未对环境造成污染。

图 3-74 管道存在大变形且有明显褶皱

3. 启示

为降低运营风险，管道企业应按照 GB 32167—2015《油气输送管道完整性管理规范》中的完整性评价方法及评价周期要求，定期开展管道内检测工作，对于发现的严重问题，如大变形、严重金属损失等缺陷，应及时进行修复处理，以彻底消除安全隐患。修复处理时应制定应急预案，完善应急队伍和应急物资保障，防范环境污染等次生灾害发生，确保管道安全和公共安全。

（中油管道检测技术有限责任公司李扬供稿）

3.2.33 管道基于应变检测修复变形点案例

1. 背景

某高原输气管道于 2001 年建成投产。通过两次内检测数据比对分析，发现途经冻土区域的 4km 管段出现新的变形点且原有变形点有增长趋势。需要查找管道变形部位，分析变形原因，及时消除安全隐患，并提出相应对策。

2. 做法

（1）检测。采用内检测与惯性测量组合技术，将高精度惯性测量单元（IMU）搭载于内检测设备实现管道缺陷信息和管道中心线三维地理坐标同时采集，并基于 IMU 数据进一步识别和定位管道弯曲变形缺陷。依据两次内检测 IMU 弯曲变形检测数据发现有 5 处变形点，其中 4 处为新增变形、1 处为深度增加变形。

（2）定位。借助 RTK 静态测量精确定位管道弯曲缺陷点坐标（图 3-75），管道埋深为 1.8m，位于 3800m 高海拔牧区，土壤为冻土层，地表有砂石。

（3）开挖验证。对 1 处深度增加变形进行开挖，经观察分析，管道外防腐层完好，与管体黏接正常。2:55～8:45 时钟位置发现管体凸起，高度为 25mm，长度为 130mm，宽度为 1020mm。结合内检测数据对比分析，判定缺陷是由冻土层导致应力集中形成的褶皱（图 3-76），最大弯曲应变为 0.403%，为不可接受缺陷。

图 3-75　缺陷点上游焊缝及缺陷点定位示意图　　　图 3-76　应力集中形成的褶皱缺陷

3. 启示

地处冻土层的管道，在长期运行过程中由于管-土相互作用，冻土融化时会使管道向下挠曲，冻土冻胀时又可能使局部管道上拱，当管道应力、应变超过极限状态时将导致管道失效。精确定位管道应力、应变集中位置，及时消除管道安全风险具有重要意义。本案例根据检测验证结果对不可接受缺陷采用了换管修复方式，消除了安全隐患，对其他缺陷给予了重点关注和监测。

管道内检测器加载惯性测绘单元（IMU）可以在管道正常运行状态下测绘管道三维坐标，结合高精度参考点 GPS 坐标加以修正，能够精确描绘管道中心线走向图。高精度中心线坐标参数能有效识别管道变形和管道位移，评估管道曲率及与曲率变化相关的弯曲应变，极大地方便了管道业主开挖定位缺陷点及制定维修方案，提高了维修效率和安全管理能力。

（中油管道检测技术有限责任公司索富强供稿）

3.2.34 管道管体补焊缺陷检测案例

1. 背景

某输气管道长 112km，管径为 914mm，壁厚为 16mm，材质为 X70 钢，设计压力为 9.2MPa，于 2015 年 1 月投产。在首轮内检测中发现存在一处壁厚减薄 39% 的金属损失缺陷，剩余壁厚为 9.76mm。采用喷洒方式进行磁粉检测未发现裂纹，超声波检测实测最大壁厚减薄 41%，结合射线检测、TOFD 检测结果判断为内壁开口型金属损失。

2. 检验与分析

（1）宏观分析。管道缺陷部位 3PE 防腐层存在补伤行为，将补伤片剥离后，管道缺陷部位凹凸不平且外表面熔结环氧粉末涂层缺失，如图 3-77 所示。

(a)开挖后缺陷部位的外表面形貌　　　　　　(b)剥离补伤井后缺陷的外表面形貌

图 3-77　开挖后缺陷部位的外表面形貌和剥离补伤片后缺陷的外表面形貌

在缺陷对应位置选取 2~3 个区域进行轻微研磨、抛光，采用硝酸酒精进行腐蚀，进一步观察宏观形态，缺陷点表面色泽光亮，未见裂纹、腐蚀坑等缺陷，但缺陷点宏观镜面形貌存在明晰可辨的反复堆焊的重叠状融合线，结合 X 射线底片分析，疑似补焊痕迹。

（2）硬度测试。在管道外表面缺陷点疑似补焊部位和其余部位分别取样，使用 Equotip-Piccolo2 型便携式里氏硬度计进行表面硬度测试（图 3-78）。硬度测试位置和结果如表 3-4 所示。

表 3-4　缺陷点硬度测试结果

测点名称	测试次数	测点硬度（HB）		平均硬度（HB）
		最大	最小	
1	6	262	212	233.8
2	6	227	209	216

续表

测点名称	测试次数	测点硬度（HB）		平均硬度（HB）
		最大	最小	
3	6	252	231	241.5
4	6	167.5	147.5	160.1
5	6	253	236	242.2
6	6	132	129	130.6
7	6	130	121	125.3

注：测点名称1、2表示远离疑似补焊位置的管道母材部位，3、5表示疑似焊缝左侧母材部位，4、6表示疑似焊缝右侧缺陷部位，7表示疑似补焊部位。

 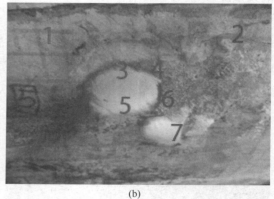

(a)   (b)

图3-78　硬度测试

根据硬度测试结果可知，远离疑似补焊位置的母材部位、疑似焊缝左侧母材部位的硬度相对较高，最高可达242.2HB，而疑似补焊部位的硬度较低，最低仅有125.3HB，说明疑似补焊部位的力学性能与母材部位管壁相比存在显著差异。

（3）金相分析。为表征缺陷点疑似补焊部位与离缺陷点较远部位管道母材组织的差别，在缺陷点疑似补焊部位和离缺陷点较远母材部位分别选点，根据金属显微组织检验方法，分别进行金相检验分析。金相检测部位经轻微研磨、抛光、硝酸酒精腐蚀后，用金相显微镜进行组织观察，结果如图3-79所示。

根据图3-79的观察结果可知，管道母材的金相组织均为铁素体，呈带状分布，晶粒细小，如图3-79（a）、（b）所示；热影响区靠近母材一侧为重结晶区，晶粒相当细小，而靠近熔合区一侧组织略微粗大，如图3-79（c）所示；熔合区组织为针状铁素体，且晶粒比较细小，如图3-79（d）所示。此外，缺陷点宏观镜面形貌存在明晰可辨的反复堆焊的重叠状融合线，进一步表明缺陷外表面经历过补焊操作。

（4）成因分析。该处管道缺陷产生的原因是管道外表面补焊所致，管体补焊区域的宏观镜面形貌存在明晰可辨的反复堆焊的重叠状融合线，远离补焊区域的硬度较大，补焊部位的硬度较小，且补焊区域与其他母材部位的金相组织存在显著差别，不仅降低了管材的力学性能，且容易形成"大阴极小阳极"效应，导致补焊位置发生腐蚀现象。

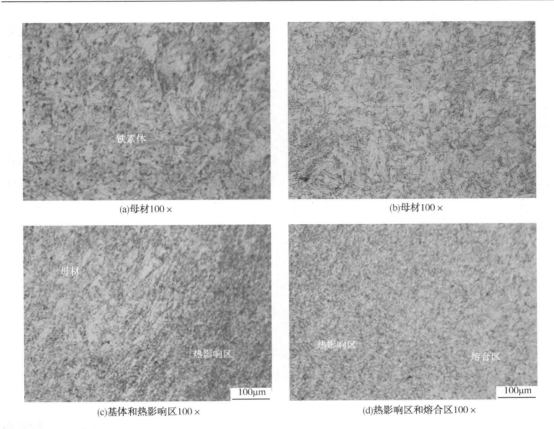

(a)母材100×　　(b)母材100×

(c)基体和热影响区100×　　(d)热影响区和熔合区100×

图3-79　缺陷部位金相组织

3. 启示

严格管道采购、检验、安装全过程质量控制，加强管道防腐层、本体保护，防止任何形式的管道损伤，禁止采用补焊的形式修补管道外表面损伤。强化管道建设安装、监理人员的质量与安全意识，落实管道安装质量验收环节各方责任，杜绝一切未经记录的缺陷转移到运营环节。加强管道运营期检验检测，具备条件的要及时开展内检测，同时做好检测数据分析和缺陷开挖验证管理。

（国家管网集团广东省管网有限公司陈启斌、陈帝文供稿）

3.2.35　管道环焊缝缺陷修复作业案例

1. 背景

某输气管道全长约278km，设计压力为10MPa，管径为1219mm，壁厚主要为18.4mm、22mm、27.5mm三种规格，采用X80级高强管线钢，于2011年投产。近年来累计开挖排查焊口1431道（图3-80），对适用性评价不可接受的缺陷焊口进行了修复作业。

2. 做法

（1）安全措施。执行"管道光缆人工开挖七步法"，严格落实放坡、堆土、支护、错台、围挡、布控警戒等措施要求，全程采用钝铲、小型工具人工开挖，边挖边测，确

图 3-80　特殊点位开挖排查

保开挖过程不损伤管道及光缆。检查清单包括人、机、料、法、环，工作清单包括施工、监理、检测、监护、场站人员，明确责任范围，盯紧各自清单内容，逐项进行确认。

（2）质量措施。检测单位、检测监理、项目部三方复核，层层把关底片质量，提高检测准确性，底片黑度为 2.5~4.0，高于 SY/T 4109—2020《石油天然气钢制管道无损检测》标准要求，底片质量合格率为 100%，达到优质水平。

（3）进度措施。建立"日通报、周研判、月考评"机制，提高全员工期意识，优化作业时段，提高作业效率。最大化合理安排作业组，抓好早晚黄金时间段施工，现场形成"流水线"作业，白天开挖和夜间检测无缝衔接。

（4）合规措施。针对项目实施的点位变化调整、焊口数据差异性、工程量变化等情况，加强过程管控和有效沟通，验收结算有据可依。对于特殊点位，设计单位现场踏勘出具设计方案，施工单位编制施工专项方案，属地管理单位牵头组织联合审查。

（5）治理措施。监理单位、作业区、管道部对提交的检测或复检结果进行确认，缺陷适用性评价单位对缺陷超标焊口进行适用性评价，给出是否对缺陷进行补强修复的明确结论和推荐的补强方式。适用性评价结论为不需要进行补强修复的焊口，进行下一步防腐层恢复的作业工序。适用性评价结论为需要进行补强修复的焊口，根据环焊缝缺陷类型、缺陷特点、焊口类型、周围环境、缺陷所能承受的轴向临界应力和检测轴向应力的相互关系，确定处理手段和修复方式（图 3-81）。

图 3-81　B 型套筒焊接

3. 启示

建议在排查建设期底片和内检测数据的基础上，重点针对人员密集型高后果区的特殊焊口进行分类分级排查，注重精准开挖和依法合规，用更科学的排查方法、更严格的管控手段，高质量地推进环焊缝质量风险排查和治理工作。同时，从人防、物防、技防、信息防等方面下功夫，强化现场管控，防治结合，确保管道本体安全。

（国家管网集团广东省管网有限公司胡贵斌供稿）

3.2.36 管道斜接环焊缝补强处置案例

1. 背景

某输油管道于2007年建成投产，全长23.7km，材质为20#钢，管径为159mm，壁厚为6mm，设计压力为4MPa。2017年经首次三轴高清漏磁内检测，发现多处环焊缝存在斜接问题(即环焊缝处钢管对接角度大于3°)，其中最小一处斜接角度达11°，最大一处斜接角度达30°。在内压作用下，管道斜接环焊缝会产生附加弯曲应力，附加弯曲应力和内压产生的薄膜应力叠加，会产生应力集中，导致管道承压能力下降，同时增加应力腐蚀开裂敏感性，从而降低管道服役寿命，存在失效风险。

2. 做法

（1）有限元ANSYS模拟计算。由于SY/T 6477—2017《含缺陷油气管道剩余强度评价方法》不适用于斜接角度超过10°的斜接焊缝，无法对剩余强度作出准确评价，因此选取最大斜接角度为30°的环焊缝，采取有限元ANSYN进行模拟计算(表3-5、图3-82)，最终确定是否需要返修，同时也为其他类似缺陷评价修复提供借鉴。

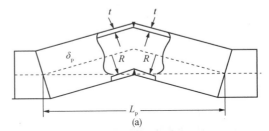

图3-82 环焊缝处斜接示意图和实物照片

表3-5 斜接环焊缝的特征参数

项 目	数 值
钢级	20#
管道外径/mm	168
设计壁厚/mm	6
设计压力/MPa	4
实际运行压力/MPa	2.3
设计系数	0.72
需要评价的环焊缝两侧钢管的内直径平均值/mm	159
管道上游侧需要评价的环焊缝两侧钢管的内直径平均值/mm	159
管道下游侧环焊缝两侧钢管的内直径平均值/mm	159
壁厚腐蚀裕量/mm	0

续表

项 目	数 值
管道上游侧当前环焊缝两侧钢管腐蚀深度/mm	0
管道下游侧当前环焊缝两侧钢管腐蚀深度/mm	0
环焊缝处腐蚀平均深度/mm	0
环焊缝斜接角度/(°)	30
钢管安装闭合时的环境温度/℃	20~25
介质输送温度/℃	50~55
管顶埋深/m	1.5

① 约束条件及参数设定。管道钢级为 20#，屈服强度为 245MPa，弹性模量为 206GPa。基于圣维南原理管道连接段无摩擦支撑，避免形成应力集中。土壤对管道具有弹性支撑作用，选择当地硬塑性黏土，管顶埋深为 1.5m，土壤抗压系数为 0.015N/m³。温度引起管道轴向应力，取出进站温度为 50℃，管道内部压力设置为设计压力 4MPa。

② 判定条件。基于 GB 50253—2014《输油管道工程设计规范》，轴向许用应力（ANSYSY 有限元模拟对应等效应力）不得超过最小屈服强度；轴向许用应力（ANSYSY 有限元模拟对应法向应力）不得超过最小屈服强度的 0.8 倍，即 0.8×245MPa = 196MPa。模拟结果见表 3-6、图 3-83、图 3-84。

表 3-6　修复前受力模拟数据

应力类别	修复前受力模拟/MPa	应力允许值/MPa	结 论
等效应力	216.1	245	未超出允许范围
法向应力	178.12	196	未超出允许范围

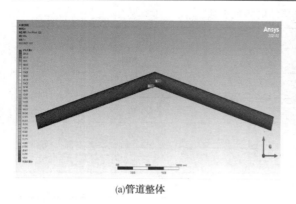

(a)管道整体

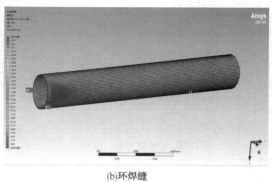

(b)环焊缝

图 3-83　管道整体和环焊缝处等效应力云图

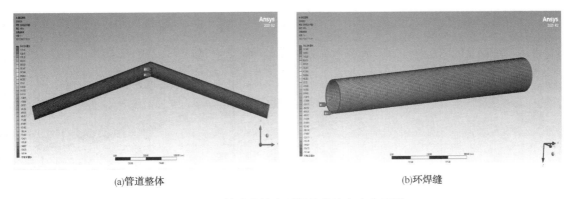

(a)管道整体   (b)环焊缝

图 3-84　管道整体和环焊缝处法向应力云图

（2）复合材料补强修复。鉴于模拟结果接近许用应力，综合考虑焊缝所处区域等级、地质情况和生产实际，2021年采用复合材料对该处斜接焊缝进行了补强修复。复合材料经实验室测量抗压强度可达113.7MPa，抗挠强度可达98.6MPa。利用复合材料的高强度和高弹性模量，通过涂敷在缺陷处的高强度填料，以及管体和纤维补强层间的树脂，将管道承受的载荷均匀地传递到复合材料修复层上（图3-85）。

图 3-85　复合材料补强修复

（3）补强修复后有限元ANSYS模拟验证结果见表3-7、图3-86、图3-87。

表 3-7　修复后受力模拟数据

应力类别	修复后受力模拟/MPa	应力允许值/MPa	结　论
等效应力	125.54	245	在允许范围
法向应力	136.56	196	在允许范围

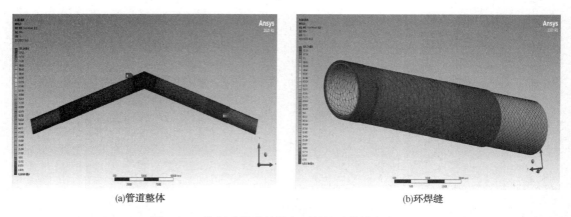

(a)管道整体　　　　　　　　　　　　(b)环焊缝

图 3-86　修复后管道整体和环焊缝处等效应力云图

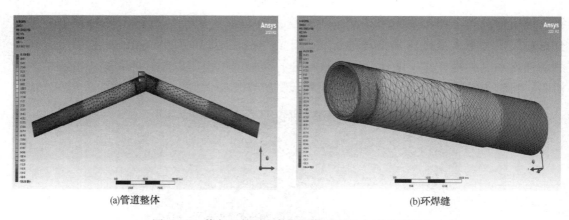

(a)管道整体　　　　　　　　　　　　(b)环焊缝

图 3-87　修复后管道整体和环焊缝处法向应力云图

3. 启示

管道斜接环焊缝的斜接角度、输油环境闭合温度和运行压力等会直接影响环焊缝处的应力水平，给管道企业后期运行带来较高的安全风险。对于低钢级、低压力运行管道的斜接焊缝问题，采用复合材料修复可以有效地减少应力集中产生的焊缝开裂现象。建设期管道焊缝施工质量应严格执行 GB 50253—2014《输油管道工程设计规范》和GB 50369—2014《油气长输管道工程施工及验收规范》，杜绝此类现象发生，从根本上保障管道安全性。

［陕西延长石油(集团)管道运输公司刘建刚、黄延斌供稿］

3.2.37　管道环焊缝缺陷无损检测案例

1. 背景

某输气管道规格为 Φ1219mm×18.9mm，管材为 X80 高强钢，运行压力为 8MPa。2020 年，在环焊缝无损检测底片复核时发现 1 道焊口底片（1#底片），评定结论为疑似热影响区裂纹或坡口未熔合，不排除该焊缝存在不可接受缺陷（裂纹）的可能性（图

3-88）。遂决定进行第二次开挖复拍，并依据复拍结果（2#底片）由适用性评价单位现场专项验证，并最终确定处理措施。

(a)焊口1#底片

(b)焊口外观检测

图3-88　焊口1#底片及外观检测

2. 做法

（1）相关方复查情况。经公司质量管理部门与施工单位、检测公司、监理公司、底片数字化单位等相关技术人员共同复查，未能找到该道焊口建设期底片，未能查询到管材质量合格证明，施工与竣工资料均无返修记录。

（2）二次开挖现场复检情况。拟定二次开挖后先检查焊缝表面，再射线补拍底片并超声检测验证，最后进行磁粉表面检测的方案。

对该焊口存疑部位进行射线底片复拍，复拍2#底片显示焊缝热影响区缺陷影像依然存在（图3-89），评定为裂纹缺陷，缺陷位置从44mm起始至54mm结束，缺陷长度为10mm；超声波检测结果评定为条形缺陷，缺陷位置、长度同上，缺陷深度为2.5mm；磁粉检测结果评定为裂纹缺陷（图3-90），缺陷位置、长度同上，缺陷宽度为1.0mm；渗透检测未检测出该缺陷，说明缺陷为近表面缺陷。

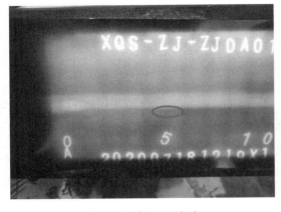
图3-89　焊口2#底片

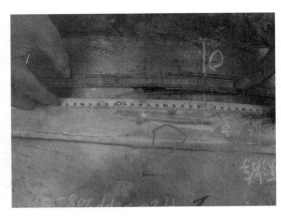
图3-90　磁粉检测复检

焊缝外观检查时发现缺陷位置有明显错边，缺陷位置有建设期返修痕迹，为自动焊，有手工补焊痕迹，怀疑是返修缺陷未处理干净或返修后缺陷延迟开裂。经对该焊口缺陷位置进行磁粉检测，证实裂纹缺陷确实存在。进行 TOFD 检测及相控阵检测，并对该缺陷作出适用性评价。

（3）检测结果。二次复检采取 4 种检测方法，2#底片评定结果：射线评定为裂纹缺陷，超声波评定为条形缺陷，磁粉评定为裂纹缺陷，渗透评定为无显示。开挖复拍结果：缺陷位置从 44mm 处起始存在裂纹 10mm。现场 TOFD 和相控阵检测复核结果如下：

裂纹：环向 0:08 位置，环向长度为 10mm，缺陷高度为 2mm，距表面深度为 3.8mm。外表面裂纹：环向 0:15 位置，环向长度为 10mm，缺陷高度为 1.7mm。经射线复检发现存在缺陷影像，超声波复检缺陷深度为 2.5mm，磁粉复检有缺陷显示，而渗透复检没有缺陷显示说明是近表面缺陷。

通过现场核实确认该焊口缺陷位置有明显错边，有返修痕迹，但返修过程不受控，造成了此次缺陷。适用性评价单位评价结果为本焊口缺陷在压力波动较小且无其他附加载荷（如地质移动）的前提下，可满足运行安全，但考虑到焊口存在裂纹，有扩展风险，建议 6 个月内加装 B 型套筒或换管修复。确定该焊口缺陷后，管道企业立刻加装 B 型套筒进行了修复。

3. 启示

该焊缝二次开挖复拍重新检测，验证了各项检测过程和结果均符合 SY/T 4109—2020《石油天然气钢质管道无损检测》和《西气东输环焊缝排查开挖复拍操作规程》的相关要求。为避免类似情况再次发生，应持续加强焊缝外观检查，对开挖后的原始焊道和打磨焊道拍照存档。对有返修迹象的影像部位重点评价，增加检测方式，确保无错评。对环焊缝排查过程中发现的疑难、争议底片，应组织专家会审确定无损检测结论，避免错评漏评误报情况发生。同时需对该段管线施工单位焊接作业情况进行详细核查，全面分析，对管线非受控返修情况、多次返修情况以及其他没有记录在册的非受控施工行为进行彻底排查。

（国家管网集团西气东输公司舒亮、李治华供稿）

3.2.38　管道违规补焊缺陷验证案例

1. 背景

某输气管道于 2015 年 1 月正式投产运行。2019 年 10 月，根据首次内检测漏磁检测报告，3 处内部金属损失缺陷深度分别为管道壁厚的 39%、22% 和 15%，时钟方位分别为 8:00、4:20 和 7:32，距邻近上游环焊缝分别为 2.65m、2.06m 和 2.32m。于是采取开挖验证和修复措施，进一步重点分析内部金属损失 39% 壁厚缺陷的成因及影响。

2. 做法

（1）管道检测及开挖验证。开展了超声、射线、磁粉、TOFD、金相组织分析及硬度测试等检测。经检测发现：缺陷处均存在防腐补伤（补伤片），剥离防腐层后检查均发现环氧粉末缺失、原3PE防腐层有椭圆形损伤痕迹及管体外表面凹凸不平等特征(图3-91)。对管道外表面轻微研磨、抛光,并采用硝酸酒精进行刻蚀后观察缺陷宏观形态,发现缺陷点表面色泽光亮,未见裂纹、腐蚀坑等缺陷,但宏观镜面形貌显示存在反复堆焊的重叠状金属融合线(图3-92)。对表面硬度进行测试对比分析,发现缺陷位置硬度较低(最低仅有125.3HB),管道母材硬度较高(最高可达241.5HB)。

金相检验对比分析显示,缺陷部位一侧金相组织略微粗大,管道母材正常部位金相组织为铁素体且呈带状分布、晶粒细小,表明管道母材正常部位与缺陷部位金相组织存在明显差异,缺陷部位表面硬度和金相组织接近焊接特性(图3-93)。

综合施工资料分析和现场开挖验证及专家意见,判断3处管道本体缺陷均为施工期违规焊补造成的。

(a)补伤片剥离前　　　　　　　　　　　　(b)补伤片剥离后

图3-91　补伤片剥离前后对比

 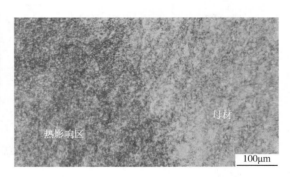

图3-92　缺陷处焊接融合线　　　　　　　图3-93　金相组织分析

(2)原因分析。直接原因为管道施工单位违规施工,私自在管道上进行补焊操作,导致缺陷位置基体材质与周边母材性质存在差异。此外,监理单位存在失职行为,未能及时发现施工违规行为,导致未经记录的缺陷转移到管道运营环节。间接原因为管道缺陷部位材质与周边母材性质存在差异,易形成"大阴极小阳极"现象,加剧了管道焊补位置内腐蚀,造成了管道内壁减薄。

(3)缺陷修复。及时采用钢制环氧套筒方式进行了临时修复。在此基础上,为了消除安全隐患对缺陷部位管段全部进行了换管。

3. 启示

加强施工过程管理，提高管道施工、监理人员的质量安全意识和责任意识，严格管道采购、检验、安装全过程质量控制，落实安装质量验收环节各方责任，严禁以焊补等违规行为修补管道本体缺陷。定期开展管道内外检测及完整性评价，加强检测数据分析和管道本体缺陷及类似缺陷特征开挖验证，及时发现并修复管道本体质量缺陷，以便消减施工期违规焊补造成的安全风险。

（国家管网集团广东省管网有限公司朱振供稿）

3.2.39 管道腐蚀泄漏案例

1. 背景

某油田输油管道总长度为 93.8km，管道材质为 X52 直缝高频电阻焊钢管，管道规格为 Φ323.9mm×6mm，设计压力为 6.4MPa，介质为原油，设计输量为 $100×10^4$t/a，管道采用石油沥青外防腐层，沿线设有三座阴极保护室，采用外加电流对管道进行阴极保护，于 1994 年 7 月投产运行。管道沿线总体地势为西高东低，海拔高程为 932~970m，管道沿线大部分为农田、季节性沼泽地、盐碱地以及红柳林地，环境比较脆弱。2018 年，该管道因严重内腐蚀发生多次穿孔事故（图 3-94）。

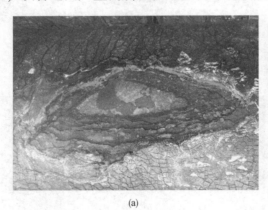 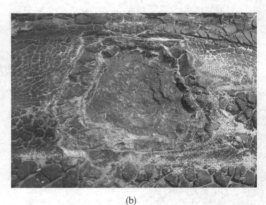

(a)   (b)

图 3-94　管道腐蚀穿孔漏油

2. 做法

（1）分析模拟。通过对管道油样、垢样以及管道腐蚀处管道材质的分析，在原油及其爆管补强夹层垢样中检测到硫酸盐还原菌（SRB），证明管道低洼处积水、污泥及腐蚀产物的聚集与 SRB 代谢有关。有机酸、重质组分、泥沙及腐蚀产物等聚集在管道低洼处，为细菌尤其是 SRB 代谢提供了生长繁殖的有利环境，其代谢产物 H_2S 更进一步加剧了管道腐蚀。基于油流速度在 0.07~0.21m/s 之间的不同时刻的积水分布模拟，管输油流携水能力不强，不足以将低洼处积水携带进入上倾管段，这也为 SRB 的生存与繁殖提供了有利条件，加速了管段局部内腐蚀，并造成点蚀穿孔。通过分析、模拟发现，管道腐蚀失效的主要原因是低洼处积水、SRB、采出液本身腐蚀、输油温度及压力等因素的共同作用，最终导致管壁因内腐蚀而减薄与穿孔。

（2）工艺对策。管道硫化氢腐蚀是重要的腐蚀损伤模式，输送的介质应严格控制 H_2S 含量。应在管道低洼处设置排水装置，定期进行积水排放，避免因积水产生管道腐蚀。可添加有效的杀菌抑菌剂，减少硫酸盐还原菌（SRB）菌群繁殖，降低微生物腐蚀。通过提高流速，可减少水的聚集，减缓内壁腐蚀。应定期对管道内腐蚀情况进行检测，及时修复管道腐蚀缺陷，预防管道失效事故发生。

（3）加强检测。按照内腐蚀控制设计准则要求，需要测定细菌、二氧化碳、氯化物、硫化氢、氧等腐蚀性杂质含量，以便为腐蚀的控制和防护措施的制定提供依据。按照有关法规要求，需加强管道定期检验工作，督促管道企业定期开展内检测工作，对不具备内检测条件的管道，应定期开展内腐蚀外检测工作。

3. 启示

不同地区的管道其输送介质成分有一定差别，腐蚀失效模式也各不相同，减缓管道腐蚀的方法应根据具体情况而定，采用经济有效的工艺控制措施，避免管道发生失效事故。应加强各类腐蚀性物质控制标准研究和编制相应规范，并明确管道设计、运行期阶段应注意的事项，推进相应的管道检测检验工作顺利开展。

（山东特检大学科技园发展有限公司席光峰；

山东省特种设备检验研究院集团有限公司柳长、秦之炜、张璐供稿）

3.2.40　沿海站场阴极保护系统的阳极地床选型案例

1. 背景

位于天津市滨海新区某站场的阴极保护系统于2015年投运，采用强制电流阴极保护系统，设计寿命为20年。辅助阳极为金属氧化物（MMO）柔性阳极，站场处于沿海区域，站内土壤电阻率为 $1.25\sim2\Omega\cdot m$。2021年5月20日，该站场恒电位仪输出超压报警。次日开挖发现，失效柔性阳极出现"烧伤"情况（图3-95），说明该处阳极有大量电流流出或与其他地下构筑物搭接，形成短路。

2. 做法

（1）分析。根据现场调查和查阅相关资料，该站场内所有地下裸露接地扁铁全部与管道相连接，接地扁铁的外表面积为 $198m^2$，电流需求密度为 $0.145A/m^2$，计算所需电流量为28.7A，地下管道保护体的外表面积为 $250m^2$，管道所需电流密度为 $1.5\mu A/m^2$，所需电流量为0.375mA。

该站场使用的柔性阳极总铺设长度为200m，设计最大工作电流密度为 $82mA/m^2$，允许输出电流量为16.4A，而实际接地扁铁

图3-95　失效柔性阳极出现"烧伤"情况

的电流需求量为 28.7A，超出设计最大工作电流 1.75 倍，远大于设计额定电流值。长期满负荷电流输出导致柔性阳极内保护氧化膜的薄弱点被击穿，形成单一电流流出点，通过接地扁铁流回电源。同时沿海区域土壤电阻率低、腐蚀性强，柔性阳极在电流流出点更快腐蚀，回路电阻升高，最终设备超压报警。

（2）措施。①阴极保护系统的作用是恒电位仪（整流器）通过阳极输出直流电流经过被保护体（管道）裸露的金属部分流回整流器，从而实现管道极化电位位于标准要求的-850~-1200mV（CSE），免受电化学腐蚀。阴极保护系统主要的易损件为辅助阳极，当站场强制电流阴极保护系统受到接地设施影响时，要正确选择辅助阳极，以使区域阴极保护系统发挥最佳状态。②辅助阳极包括高硅铸铁阳极和柔性阳极。高硅铸铁阳极是单一的铁质材料，输出电流高、耐腐蚀、节省地下空间、造价低。柔性阳极主要包括导电聚合物阳极和金属氧化物 MMO 阳极，前者是把导电塑料包覆在铜芯上，后者是在金属钛的线材上覆盖活性贵金属氧化物。柔性阳极的结构和外形与电缆极为相似，小电流稳定输出，但其固有的缺陷使大电流的载流能力受限而易发生问题，从而引起阴极保护系统失效。③对该站场阴极保护系统实施维修改造，将原有柔性阳极更换为高硅铸铁阳极，预置电位为-1200mV，输出电压为 30.7V，输出电流为 29.1A，且输出电流、电压平稳，经现场测试满足阴极保护要求。

3. 启示

沿海站场区域的阴保系统因在土壤电阻率较低的环境中，更易发生接地扁铁屏蔽被保护体电流或与被保护体处于类似短路状态，导致阴极保护系统 90% 以上的电流流入裸露扁铁形成回路，阴极保护效率进一步降低。采样控制点的保护电位不达标，造成辅助阳极的电流输出增加，加大了阳极消耗。所以区域阴极保护系统的辅助阳极选型非常重要。

设计阶段应考虑不同地区的土壤电阻率差异和被保护体的实际情况，选择合适的辅助阳极形式。施工过程中，应在地面对阳极走向进行清晰标记，当与其他埋地设施交叉时应采取绝缘措施。管道与接地扁铁之间可加装固态去耦合器，但要根据现场情况合理设计去耦合器的阈值。同时调整好管道、接地扁铁、辅助阳极的位置，避免管道被接地扁铁屏蔽而影响阴极保护效果。

（国家管网集团北京管道天津输油气分公司杨百强、时春利、夏坤坤供稿）

3.2.41 近海输气站场地面金属部件电偶腐蚀案例

1. 背景

近海输气站场地上金属腐蚀是共性问题。某输气站场发生地上金属腐蚀情况比较典型，跟踪 1 年来发生的腐蚀情况发现，反复发生锈蚀的金属部件所用材质与其周围部件所用材质不同，两个发生腐蚀的螺母垫片为普通碳钢材质，而其周围部件为不锈钢材质（图 3-96）。为此，开展测试分析，查找腐蚀原因。

图 3-96　近海某输气站场阀组螺母垫片腐蚀示例

2. 做法

（1）分析。普通碳钢相对不锈钢金属活性高、电位更负，不锈钢相对电位偏正。由于电位不同，两种金属接触部位局部发生电偶腐蚀。分别选择不锈钢、普通碳钢、镀锌材质的螺栓螺母在相同土壤环境中进行对地电位测试。相比硫酸铜参比电极，各类材质对地电位分别为不锈钢 $-0.21 \sim -0.35$V、普通碳钢 $-0.41 \sim -0.59$V、镀锌类材质 $-1.01 \sim -1.11$V。金属活性大小依次为镀锌材质>普通碳钢>不锈钢。普通碳钢和不锈钢在沿海比较潮湿的空气环境中或在金属表面存在液膜的情况下会形成电解质环境，形成腐蚀电池回路，活性强的金属被腐蚀，活性弱的被保护，类似阴极保护系统的牺牲阳极。图 3-96 中的普通碳钢螺母垫片是阳极，周围不锈钢材质为阴极，潮湿空气或金属表面上的液膜类似土壤电解质，形成腐蚀原电池而持续发生腐蚀。

（2）措施。实践中，即使及时更换普通碳钢螺母垫片，运行一段时间后仍会发生腐蚀。而更换为与其周围其他部件材质相同的不锈钢螺母垫片，在同一环境运行 1 年后仍保持完好，如图 3-97 所示。

图 3-97　更换不锈钢材质螺母垫片运行 1 年后的效果

3. 启示

发生腐蚀的部件不能只是简单地喷涂防锈漆或更换原腐蚀组件，而要查出腐蚀诱发因素，采取针对性的措施。应保持易腐蚀部位设备设施表面的清洁，避免形成发生腐蚀的电解质环境。在近海站场设计建设阶段，设备设施应尽量采用同一种金属材质。非接触工艺管道的独立设施需使用不锈钢组件。

（北京管道天津输油气分公司杨百强、吴念文、胡定兵供稿）

3.2.42　公路边坡侧滑挤断输气管道燃爆案例

1. 背景

2017 年 7 月 2 日 9 时 50 分左右，贵州省黔西南州晴隆县境内某天然气管道沙子镇段发生断裂燃爆事故，造成 8 人死亡，35 人受伤。

该管道于 2010 年动工，2013 年 10 月建成投产，管径为 1016mm，设计压力为 10MPa。晴隆县沙子镇为侵蚀切割山区地貌，以中低山和中山为主。在断裂爆燃段，管道在简易公路（可能为施工便道）外侧斜坡坡脚敷设，地层为二叠系薄至中厚层状细砂岩，岩层产状近水平，覆盖层较薄，管道敷设在强风化的基岩面上下。管道建成后，管道上方的原简易公路进行了改扩建，弃土堆填在公路外侧，形成坡度约为 35° 的边坡。

2. 分析

根据国务院有关部门关于此起事故的通报，初步分析是当地持续降雨引发公路边坡下陷侧滑，挤断沿边坡埋地敷设的输气管道，导致天然气泄漏引发燃烧爆炸。

滑坡为道路外侧填方边坡沿基岩面发生滑动形成（图 3-98、图 3-99）。滑坡后缘宽度约为 30m，前缘宽约为 40m，滑坡后缘到管道水平距离约为 25m，厚度为 4~8m，滑坡体积约为 6500m³。

降雨是导致滑坡的重要诱发因素。事发前 20 天为以持续阵雨为主的天气，长时间持续的降雨使土层趋于饱和，土体重度增加、强度降低，为滑坡准备了力学条件。公路外侧的填方堆载则为滑坡提供了不稳定土体。经计算，在不考虑管道下方土体的阻滑作用时，根据 GB 50330—2013《建筑边坡工程技术规范》中的附录 A.0.2，计算得到滑坡在管道位置的剩余推力最大可达 450kN/m；按横穿状态下均质滑坡对管道的推力计算公式进行计算，作用于管道的推力最大可达 228kN/m；按完全弹性材料计算管道的内力时，在该推力下滑坡中部管壁最大拉应力为 1738MPa，远远超出了管道材料的弹性范围，实际上管体不可能存在如此大的应力，该滑坡足以导致管道断裂。若存在管体缺陷，特别是环焊缝缺陷对轴向应

图 3-98　滑坡后缘错动陡坎

力较为敏感，容易在较大轴向应力作用下发展导致管道断裂失效。滑坡等地质灾害常导致管体产生较大的轴向应力，因此在滑坡和管体缺陷共同作用下管道更容易发生断裂。若该段管道存在对轴向应力敏感的管体缺陷，可能较小幅度的滑坡变形活动即可导致管道断裂。

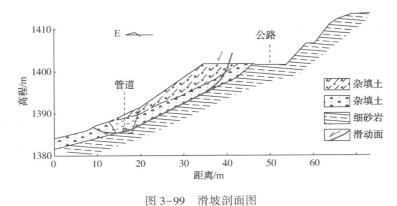

图 3-99　滑坡剖面图

3. 启示

对管道附近的工程建设活动需要密切关注，尤其要禁止管道所在斜坡地段的堆填弃土行为，防范堆载引起滑坡问题。若管道存在对轴向应力敏感的管体缺陷，较小幅度的滑坡变形活动即可能导致管道断裂破坏。因此，地质灾害的防范要抓早抓小。

[中国地质大学(武汉)邓清禄供稿]

3.2.43　大型滑坡造成输气管道拉断爆炸案例

1. 背景

2016 年 7 月 20 日 6 时 30 分左右，川气东送管道在恩施市崔家坝镇境内燃烧爆炸，造成 2 死 3 伤。该段管道穿越马水河后总体纵坡向上敷设，坡度为 15°~25°。基岩地层由三叠系中统巴东组紫红色泥岩、泥质砂岩(T_2b^2)和泥质灰岩(T_2b^3)组成，地层产状为 115°∠30°，为逆斜向坡结构。低洼的凹沟部位为崩坡积覆盖层，主要由含碎石粉质黏土构成。滑坡总体沿着低缓的凹沟发育，滑坡发生前该部位基本上为旱作梯田(图 3-100、图 3-101)。滑坡为覆盖层滑坡，下部可能包括了基岩强风化层。滑坡主滑方向为西南向，边界形态总体呈不规则的喇叭形，后缘高程约为 685m，前缘高程约为 495m，宽 50~200m，长 900m，厚度为 20~30m，体积约为 300×10⁴m³，属于大型滑坡。

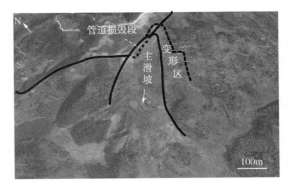

图 3-100　恩施崔坝管道爆炸点平面示意图

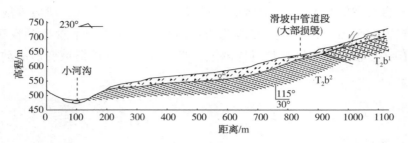

图 3-101　恩施崔坝管道爆炸点滑坡剖面图

2. 分析

管道在滑坡区的右后侧通过，在滑坡及强变形区的管道长度约为150m，滑坡造成管道拉断。此处出现大规模滑坡的原因可归结为不利的地质条件和强降雨。滑坡区出露地层为三叠系中统巴东组。巴东组是鄂西南与渝东地区典型的"易滑岩组"，在三峡库区的东段，有大量的滑坡发育在巴东组中，是滑坡的高敏感性地层。强降雨是该滑坡的主要诱发因素。2016年7月18日8时至20日8时期间，恩施市崔坝雨量站6h最大降雨为206.0mm，24h最大降雨为360.0mm，其中6h暴雨重现期约为100年，24h暴雨重现期超过100年。滑坡所在部位为低缓凹沟，为大量雨水汇集和入渗提供了地貌条件。

3. 启示

类似川气东送管道恩施市崔家坝段的大多数大型滑坡，在失稳前已经历了一定的变形过程，如坡面出现拉张裂缝、挡土墙倒塌等情况，只要提前识别滑坡地质灾害风险变形征兆，就可以采取有针对性的风险减缓措施。

应加强建设前期路由及敷设方式优选。本案例滑坡发生在中三叠统巴东组（T_2b）中，该组地层为渝东鄂西地区著名的易滑岩组，所以选线宜尽量规避此层位。即使不能规避，也应在敷设方式上采用有利于管道安全的方式，如采取沿山脊线敷设或隧洞方式等。

应向社会公众宣传可接受性风险（或称风险容忍度）的概念。地质灾害防治工程都有设防标准，如滑坡防治工程，根据GB/T 38509—2020《滑坡防治设计规范》，防治工程级别Ⅰ、Ⅱ、Ⅲ级相应按100年、50年、20年降雨强度重现期作为强度荷载标准进行设计。管道水域穿越工程，根据GB 50423—2013《油气输送管道穿越工程设计规范》，工程等级大型、中型、小型对应防护工程设计洪水频率为1%、2%、2%。以上说明，防范是设定在一定的外荷载程度范围内的，但近些年来，一些管道地质灾害事件是在异常气象条件下发生的，异常气象通常超出了工程设计设防的上限，这种条件下出现事故可以理解为可接受性风险。降低风险不是越低越好，因为采取措施降低风险需要付出代价，所以通常将风险限制在一个可接受的程度。对可接受的风险，应通过完善应急预案等措施，最大限度地降低风险损失。

[中国地质大学（武汉）邓清禄供稿]

3.2.44　渣土堆场滑坡挤断输气管道案例

1. 背景

2015年12月20日，位于深圳市光明新区的红坳渣土受纳场发生滑坡事故，造成西气东输二线管道广深支干线管道断裂泄漏。红坳受纳场所处位置原为采石场，经多年开采形成东、西、南三面环山的凹坑，北面有狭窄出口，并存有积水约9×10⁴m³。凹坑四周露出花岗岩。2013年开始作为弃渣场堆填弃渣，2015年12月20日滑坡前受纳场堆填总量约为583×10⁴m³，主要由建设工程渣土组成（图3-102）。

图3-102　红坳受纳场地理位置示意图

2. 分析

事故发生前红坳受纳场渣土堆填体由北至南、由低至高呈台阶状布置有9级台阶（图3-103）。0级台阶高程为56.9m，堆填体实际最高高程为160.0m。西气东输二线管道广深支干线管道位于红坳受纳场以北，距离为70～200m，埋深为2～4m，管径为914mm，设计压力为10MPa。管道高程与滑坡前缘高差约为60m，管道走向与滑动方向基本垂直。

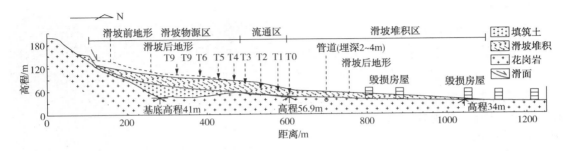

图3-103　滑坡剖面图

根据《广东深圳光明新区渣土受纳场"12·20"特别重大滑坡事故调查报告》，"由于红坳受纳场没有建设有效的导排水系统，受纳场内积水未能导出排泄，致使堆填的渣土

图 3-104 西气东输二线广深支干线
管道滑坡断裂段平面示意图

含水过饱和,形成底部软弱滑动带;严重超量超高堆填加载,下滑推力逐渐增大、稳定性降低,导致渣土失稳滑出"。体积庞大的高势能滑坡体形成了巨大的冲击力,形成高速远程滑坡。滑动距离约为700m,模拟计算推测最大滑动速度为23.8m/s。滑坡在高速滑动过程中逐渐转化为碎屑流,在运动路径上冲刷铲刮原地面浅层土体,当冲刷铲刮深度达到或超过埋地管道深度时,碎屑流的摩擦或裹挟作用导致管道断裂泄漏(图3-104)。由于断裂泄漏时管道仍埋在土体中,且周边大面积滑坡覆盖,远离火源,因而未引发爆炸起火。

3. 启示

深圳光明新区滑坡剪出口距离管道最小距离为70m,由于高速运动的碎屑流向下部的侵彻和铲刮作用,导致管道发生损毁事故,警示了管道企业不仅要注意滑坡体上的管道安全防护,还要注意处于滑坡运动路径上的管道安全防护。

地质灾害早期识别对于管道安全运行至关重要。滑坡发生前,有裂缝、鼓胀等变形迹象,如果管道企业能及早发现或掌握这些信息,就可以及时采取风险减缓措施或启动应急措施,避免重大地质灾害的发生。

[中国地质大学(武汉)邓清禄供稿]

3.2.45 管土相互作用引发输气管道断裂泄漏爆炸案例

1. 背景

2013年5月26日上午7点20分,西二线湘潭联络线羊古塘段天然气管道发生断裂泄漏爆燃(图3-105),事故造成2人轻伤。早在此前两个多月,事发段光缆曾出现断缆事件。

2. 分析

管道近东西向敷设,管径为660mm。所在场地为低丘地貌,相对高差为10~20m。基岩地层为白垩系红层,发育深厚的风化层,表层数米为红黏土,往下为褐红色含碎石砂质泥岩。管道出现变形断裂是多种因素共同作用的结果:

(1)弹性敷设,存在初始管道应力。管道设计时将管道布设在工业园区大道旁侧,但实际敷设施工中,为了绕过较深的

图 3-105 管道爆炸点

山坳，管道拐到山坳外侧较平缓处通过，从而管道敷设呈弧形（图3-106）。后来开挖发现此拐弯段管道未设弯头，为弹性敷设，因此管道在敷设时即存在较大的初始应力。

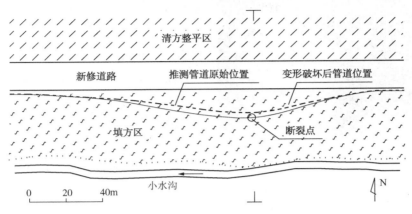

图3-106 管道爆炸点平面示意图

（2）管道段堆填加载。此段管道原始埋深为1.46m，但此区段后来进行工业园建设，一侧开挖、另一侧回填，回填厚度约为9m，加上原始管道埋深，管道上覆土层达到10m，给管道增加了较大的附加应力。

（3）侧向推移。原始地面不是平的，存在一定的坡度（根据附近残留地貌特征推断为10°~20°），管道失效时回填区地面总体呈宽缓斜坡（约10°），但在回填过程中形成的填土边坡坡度会更大，因此回填土存在沿管沟基础软土滑移变形的条件（图3-107），并因土体滑移推动管道发生弯曲拉伸变形。开挖后观察管道变形现象可以证实这个推断：管道断裂后弧形段管道产生了明显的回弹，在管弧外侧与土体间观察到回弹后留下的空隙，管道断口两端脱开约1.5m（图3-108）。

（4）管沟地基土软弱。在开挖现场观察到，管底土层为红黏土，为软塑状态，管道在外力作用下更易变形。

综合分析认为，以上单一因素可能不足以使管道断裂，应是多因素联合作用导致了管道的破坏。管体也可能存在对轴向应力敏感的本体缺陷，在轴向拉力作用下，从薄弱点扩展而失效。

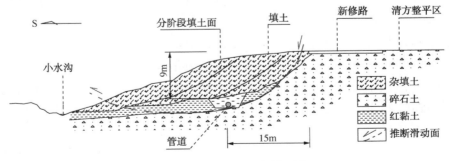

图3-107 管道爆炸点剖面图

图 3-108 管道断开(断口两端距离约 1.5m)

3. 启示

管道保护需密切关注管道周边较大规模的工程活动,如进行工业园、住宅区等建设。管道本身可能存在弹性敷设应力,堆载区可能给管道增加了较大的附加应力,特别是存在软弱地基的情况,使管道增大了变形空间,甚至引起滑坡,从而易导致管道断裂。

地质灾害早期识别至关重要,滑坡早期裂缝及原因不明的断缆或断芯应引起重视,这些都可能是土体滑移的前期变形征兆。只要能够提前识别出地质灾害风险,就可以及时采取有针对性的风险消减措施。

管道周边滑坡、塌陷等地质灾害的防范,需要按照管道保护法及地质灾害防治条例等要求,坚持预防为主、避让与治理相结合,需要向社会公众宣传灾害防控知识,构筑政府、企业和社会公众共识共防共治机制。

[中国地质大学(武汉)邓清禄供稿]

3.2.46 填方滑坡引发输气管道破裂泄漏案例

1. 背景

2011 年 9 月 30 日山西沁水压气站煤层气管道进站段发生破裂泄漏,由于发现及时并处置妥当,未引起燃爆事故。

西一线与煤层气管道近东西向纵坡敷设,斜坡长度约为 170m,坡度为 18°~37°。地层上部为覆盖层,包括上部的人工填土和下部的坡积物,厚度为 13~25m,基岩为二叠系下统砂岩、页岩,基岩产状平缓(310°∠11°)。

2. 分析

滑坡是造成管道破裂泄漏的直接原因,间接的原因是较大规模的填方。此段斜坡经历过多阶段的填方,包括修建老陵沁公路时的填方、管道建设前期的填方及修建中木亭互通连接线时的填方。修建中木亭互通连接线的填方规模较大,局部(特别是斜坡后部)使管道呈深埋状态。中木亭互通连接线在管道运营一年后于 2010 年通车,2011 年即出现管道破裂泄漏事故。总体来看,滑坡为填方滑坡,可分为 H_1 和 H_2 两个滑坡体,也可能属于前后两个阶段的滑动变形(图 3-109、图 3-110)。H_1 滑坡体位于填方坡体前缘,坡体较陡(约 30°),由于雨季降雨入渗以及公路涵洞排水的入渗(涵洞出水口正好处于 H_1 滑坡体的后缘),增加了土体容重,软化了填方土体,引发前缘土体的滑移。H_1 滑坡体滑移的结果是减少了坡脚部位荷载,从而诱发或加剧了原本不稳定的填土斜坡的变形破坏,出现 H_2 滑坡体。滑坡破坏模式为复合式,兼具推移式和牵引式特征。

图 3-109 沁水中木亭连接线滑坡平面示意图

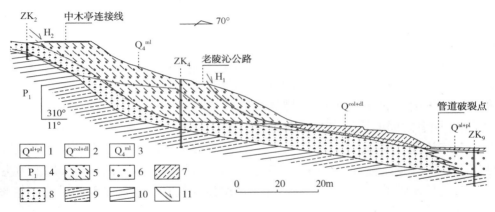

图 3-110 沁水中木亭连接线滑坡剖面图

1—第四系冲洪积；2—第四系崩坡积；3—人工填土；4—二叠系下统；5—杂填土；
6—砂卵石堆积；7—粉质黏土；8—碎石土；9—泥岩；10—砂岩；11—滑面

管道方向与滑坡滑动方向总体一致，此种滑坡作用于管道，构成管道后方受牵拉、前方受挤压的受力模型。管道破裂点没有出现在滑坡区（填方区），而是出现在距离滑坡前缘约65m处，一种可能是滑坡前段管道较为平直，管道埋深较大，管沟土密实，管沟土对管道有较好的约束，直至滑坡前缘约65m处，由于地形转变等因素，出现应力集中，引起管道在此处屈服破坏；另一种可能是滑坡前缘到达了管道破裂部位。后者可能性较大，因为填方前缘到管道破裂点间地形为平缓凹沟，下部为碎石土，不利于在此段发育滑坡。

3. 启示

需密切关注管道附近的各种工程活动，避免在管道上方形成大规模或多阶段的填方，同时也需注意排水沟、排水涵管等排水出口的布置，避免在土质斜坡地带出现集中的入渗点或冲刷点，集中的入渗和冲刷易引发滑坡、泥石流等灾害。本案例为存在类似情况的管道安全防护敲响了警钟。

应提高地质灾害的识别与防范意识。本案例事故发生前，中木亭连接线路面就有开裂下沉失稳变形现象，如果管道企业在巡护中能及时发现并排查这一隐患征兆，就可以早抓、早防、早治，达到防患于未然的目的。

要科学分析地质滑坡特征。滑坡破坏模式有单一式或复合式，有推移式或牵引式等特征。本案例滑坡为复合式，兼具推移式和牵引式特征。要结合管道后方受拉、前方受挤压应力状况，有针对性地采取释放应力或增强管体抗力等消减风险措施。

[中国地质大学(武汉)邓清禄供稿]

3.2.47 规范输气管道与燃气管道管理边界案例

1. 背景

2021年济宁市能源局在管道安全隐患排查治理工作中发现，该局负责监管的天然气长输管道与市住建局负责监管的城镇燃气管道之间有440km管道缺失具体监管部门，成为安全生产的"盲区"和"死角"。

2. 做法

（1）调查研究。市能源局通过查阅相关法律法规、标准规范、部门职责和上级文件等，请教油气管道行业专家，了解到目前天然气长输管道分输站的监管适用于《中华人民共和国石油天然气管道保护法》，燃气管道城市门站的监管适用于《城镇燃气管理条例》，而连接两者之间的管道究竟归谁监管一直不明确。

（3）系统梳理。根据山东省安全生产工作任务分工和济宁市行业安全生产主管部门与行业安全生产直接监管责任部门分工要求，市能源局以管道产权和设计规范为主要依据，对天然气长输管道和城镇燃气管道分布情况摸底调查，绘制了管道分布示意图(图3-111)，划分出28个分界点。

（3）明确分工。市能源局与市住建局共同印发《关于明确全市天然气长输管道和城镇天然气管道监管职责分界点的通知》(济能字〔2021〕33号)，明确了平泰、冀宁、宣宁3条天然气长输管道与华润、昆仑、潜能等19家城镇燃气企业之间440km连接管道的监管责任，并在双方管道连接点设立"管道安全监管桩"。

3. 启示

吸取教训，认真履责。要深刻汲取青岛原油管道爆炸事故和十堰燃气管道爆炸事故教训，按照"管行业必须管安全、管业务必须管安全、管生产经营必须管安全"和"谁主管谁负责、谁审批谁负责、谁监管谁负责"的要求，抓实、抓细、抓好安全生产工作，牢牢守住安全发展的底线，切实保障人民群众生命财产安全。

学法遵法，学以致用。面对安全监管责任不明确、存争议等问题，双方不等不靠、不推不拖，以法律法规为依据，加强沟通合作，终于攻克了久拖多年的老大难问题。

政企合作，保障安全。这次工作成果得益于政府部门和相关企业思想高度统一、行动积极配合，为今后政企合作、共同治理安全隐患提供了有益的借鉴。

(山东省济宁市能源局赵阳供稿)

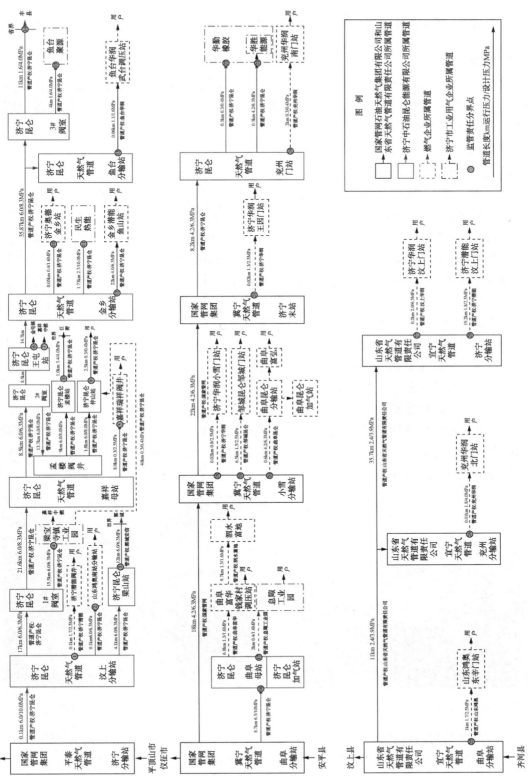

图3-111 济宁市长输管道和燃气管道分布示意图

3.2.48 管道保护法隐患整治条款运用案例

1. 背景

在管道保护日常工作中，管道企业经常受到占压、安全距离不足、施工挖掘作业等干扰影响，应恰当地运用管道保护法相关条款，并在当地政府的支持下，相关部门依法行政，及时制止危害管道安全的行为，助力企业保护管道安全。

2. 做法

1）第二十五条应用案例

广西境内某管道近年曾连续两次发生堆土导致管道变形褶皱。2019年10月，管道附近再次出现大量施工堆土，输油部立即拨打110报警电话，但阻止无效。

广西壮族自治区主管管道保护工作的部门是自治区能源局，南宁市由住建局负责，其余地市由发改委负责。输油部发现无法排除的外部安全隐患后，根据管道保护法第二十五条的规定，管道企业在排除外部安全隐患有困难时，应当向县级以上地方政府主管管道保护工作的部门报告，主管部门应当及时采取措施，协调排除管道外部隐患，可根据需要报请人民政府及时组织排除安全隐患，于是立即向当地主管管道保护工作的部门紧急报告，报告附1~2张现场图片，标注管道具体走向并加注说明，以便上级部门作出准确判断。主管部门随即协调市政管理、应急管理等部门，责令建设单位停止施工、回收土方，及时有效地避免了对管道的伤害（图3-112）。

2）第三十条应用案例

某个体经营者在管道附近修建山庄，其围墙将30m输油管道包围在内，并紧邻管道5m外修建烧烤炉，经管道巡护人员现场多次协调，该个体经营者仍态度强硬，拒绝拆除违章建构筑物（图3-113）。

图3-112 施工方回收管道附近高堆土

图3-113 被占压的输油管道

输油部根据管道保护法第三十条的规定，管道中心线两侧各5m的地域范围是管道保护的核心区域，为防止损坏管道的情况发生，此区域内禁止进行取土、用火、使用机械工具进行挖掘施工等作业，禁止建房以及修建其他建筑物、构筑物，于是向当地发改委报告请求予以纠正。发改委接到报告后高度重视，组织应急、消防、市场监督等部门联合执法，最终拆除山庄围墙，迁移烧烤炉远离管道，问题得到妥善解决。

3）第三十一条应用案例

某学校计划在成品油管道5m外扩建校园，输油部得知后，立即登门告知安全风险，劝其调整方案。学校以建设手续齐全为理由，不同意调整。

管道保护法第三十一条规定：在管道线路中心线两侧和本法第五十八条第一项所列管道附属设施周边修建下列建筑物、构筑物的，建筑物、构筑物与管道线路和管道附属设施的距离应当符合国家技术规范的强制性要求。这是防止在管道周边形成人员密集型高后果区的条款，对于保障公共安全具有重要作用。但由于该条款对距离没有作出具体的数值规定，政府和企业的一些管理人员往往以为5m就是法律的要求。该条款提出的"保障管道及建筑物、构筑物安全和节约用地的原则"容易被忽视而没有得到很好的运用，这也是导致高后果区不断增加、企业管理被动的一个重要原因。输油部据此向当地政府主管管道保护工作的部门报告，说明管道一旦发生失效事故可能造成群死群伤的严重后果。主管部门立即组织专项安全评估，最终决定将学校教学楼和围墙适当后退，对管道上方局部硬化，加密日常巡护频次，加装视频监控摄像头，开展法律知识宣传，加强对师生的安全避险教育（图3-114）。

4）第三十五条应用案例

某市乡村电网工程要在距离管道6m的位置架设电杆，电杆底部附带接地线。输油部对接时，建设单位表示，施工方案已经满足埋地管道与交流接地体的最小距离，执意按原计划施工。

输油部根据管道保护法第三十五条的规定，与管道交叉或管道线路中心线两侧各5m至50m的线性第三方工程，包括新建、改建铁路、公路，架设电力线路，埋设地下电缆、光缆，设置安全接地体、避

图3-114　管道保护宣传进校园

雷接地体等特定施工作业应当报政府审批，持续加强对管道附近的建设项目管理，不论规模大小，落实"两协调、四告知、五查清"要求：即协调建设单位和政府有关部门避让管道，协调建设单位和政府有关部门避免在管道周围形成新的高后果区或使现有高后果区升级；向工程承建单位和工程业主单位告知管道具体位置、告知管道埋深、告知管道遭受破坏可能引起的危害后果、告知管道保护法等相关法律法规；查清工程名称，查清工程业主单位及负责人联系方式，查清工程承包商情况及负责人联系方式，查清施工范围，查清施工进度。本案例中，输油部立即向市发改委报告，在发改委的组织下，双方协商确定了施工方案，签订了安全防护协议，建设方同意增加排流措施，使潜在的安全隐患得到消除。

3. 启示

随着城乡建设步伐加快，管道安全运行面临的违法占压、安全距离不足、施工挖掘作业等隐患干扰影响问题越来越多，输油部坚持以管道保护法为武器，依法依规协调解决隐患治理问题，收到较好的效果。首先以法律法规为依据，编制管道保护告知书，向沿线单位、居民和施工机械操作手发放，告知管道保护的责任和义务，并广为张贴宣传，营造法治社会氛围。其次及时了解管道周边施工信息，加强与施工方的沟通合作，提醒对方办理申请相关手续。对风险较大的施工项目，及时向政府主管部门汇报，取得支持和帮助。对于不听劝阻的违法占压和施工挖掘行为，紧急上报主管部门采取有力措施予以制止。对管道附近的建设项目，落实"两协调、四告知、五查清"要求，了解第三方施工项目情况，落实法律知识和安全风险告知，实现管理闭环。

（国家管网集团华南公司广西分公司吕炜供稿）

3.2.49　运用警示事件提升管道安全保护水平案例

1. 背景

近年来广东大鹏液化天然气有限公司管道沿线每日发生施工作业达30余处，给管道安全运行带来了较大威胁，为此提出要加强"管道保护警示事件"管理，主要针对未告知管道企业或擅自进入管道核心保护范围，并未被巡护人员及时发现或制止的危险性机械作业。公司认为这类事件由于企业事先未能充分掌握有关信息因而带来的安全风险更大。应将这类事件作为管道管理的重点，不断分析原因查找漏洞，有针对性地采取防范措施，补齐短板，提升公司管道安全保护水平。

2. 做法

（1）分析原因。针对2012~2019年公司发生的79起警示事件，运用故障树分析法（FTA）分析后得出主要原因为：管道巡护存在漏巡漏检，巡护外包队伍不稳定、技能偏低，管道地面标识不准确、巡护便道不畅通，业务交底及教育培训不到位，管道保护体制机制不健全，管道保护范围内与土地物权人有利益纠纷等（图3-115）。

图3-115　管线安保管理程序及警示事件汇编

（2）事件管理。公司推行警示事件"四个一"原则，即事件发生后必须在"一小时"内报告至主管人员，事件调查必须在"一天"内完成并上报，对巡护人员的警示教育培训必须在"一周"内完成，涉及的各项整改措施必须在"一个月"内予以跟踪落实。

（3）防范措施。完善管道保护制度体系。公司在不断总结经验教训的基础上编制了涉及巡护方案、操作规程、隐患排查、监控督导、教育培训、信息员维系及发展、后勤保障、绩效考评、事件管理和应急管理等12个内控体系文件。

① 保持管道保护廊带畅通。按照高于行业标准要求，缩短管道标识埋设间距，控制其偏离管道中心线的误差。清理两根标识桩之间的障碍物，及时修复或更新损毁的管道标识，在山地丘陵地段沿管道中心线修建0.8m宽的混凝土巡护通道（图3-116）。

② 安装无线视频智能监控系统。重点在管道高后果区安装并辅之以微型无人机巡护，及时预警危及管道安全的第三方机械施工行为（图3-117）。

图3-116　管道巡护专用便道　　　　　图3-117　管道高后果区无线视频智能监控

③ 加强企地信息沟通。实行信息员有奖报料和定期回访交流，开展村镇和社区管道保护宣传慰问活动，与土地权属人签订联防协议，与第三方施工单位签订保护协议，主动参加属地政府管道保护与规划建设部门召开的专题会议。

3. 启示

通过警示事件管理推动了企业管道制度的完善，增强了员工责任心，基层巡护人员违纪次数明显减少，技防手段得到推广应用，警示事件发生次数总体呈下降趋势，连续多年未发生外部作业损伤管道事件。促进了企业、政府和各相关方的信息沟通，提升了政企合作水平，减少了社会层面的不安全行为，使周边群众更加关注自身安全和管道安全。

（广东大鹏液化天然气有限公司宋家友供稿）

3.2.50　协商解决管道用地民事纠纷案例

1. 背景

珠三角区域某天然气管道于2006年投产。在2014～2015年期间，深圳市两村庄持续出现村集体、土地承包权人以管道企业侵害集体土地所有权、土地承包经营权为由，要求管道搬迁的情况，其行为也逐步从妨碍管道巡护升级到在管道上方实施开挖、搭建房屋等严重影响管道安全的过激行为（图3-118）。从土地利用情况看，村集体和土地承包人

图 3-118　管道上方被开挖

需要在集体土地进行农业种植、鱼塘养殖等农业行为，而管道在土地下方埋设通过，不仅使用了土地，而且还对管道中心线两侧依法设定的安全保护范围进行了权利限制。因此，管道埋设对于土地的使用，在一定程度上影响到村集体、土地承包权人对土地的利用，因而导致管道通过权与集体土地所有权、土地承包经营权之间的冲突。土地权属人对于土地权益主张的过激行为，不仅危害到管道安全，也严重影响到企业的正常经营，双方存在无法回避的矛盾。

2. 做法

事件发生后，管道企业采取了报警、向政府主管管道保护工作的部门汇报、要求处理等措施，虽然一时制止了现场的开挖或冲突问题，但无法根本性地解决企业与村集体之间的用地矛盾。后经主管部门协调，双方多次协商和表达了各自的关注点。管道企业关心管道用地的范围、期限，而村集体、村民关心土地价值的实现，但最核心的管道运行安全，也是双方共同关注的问题。在这一问题上达成共识后，根据《中华人民共和国石油天然气管道保护法》第十四条关于管道通过集体所有的土地，影响土地使用的，管道企业应当按照管道建设时土地的用途给予补偿的规定，双方签订了用地协议，并将双方关注的问题在协议中明确，列明了土地权属方不得实施危害管道安全的行为并配合管道企业的管道巡护工作，企业也依法给予了补偿。协议生效后，村集体、村民再未出现危害管道安全的行为。企业通过管道巡护、举报信息奖励、安全共建宣传等方式与村集体、村民建立了良好的管道保护互动关系。

3. 启示

在城市化快速进程中，企业、社区、个人、政府均是经济发展、安全发展链条上的一环。要做好管道保护宣传工作，就要寻求相互理解与支持。只有相互配合、相互支持，才能保障各方权益。企业要利用各种机会宣贯法律知识，引导社区、村民增强法治意识，在法律框架下解决纠纷问题。在冲突发生时，引入第三方平衡机制，如律师和法务人员的参与，有利于引导各方全面宏观地看待矛盾、在法律允许范围内解决争议。

(广东大鹏液化天然气有限公司王松供稿)

3.2.51　管道企业维护用地权利诉讼案例

1. 背景

某输油管道途经某市境内 52.97km，以政府授权经营的方式取得了管道土地使用权。随着当地经济发展，管道逐渐被城区包围。为了彻底消除该重大安全隐患，管道企业积极落实主体责任，对城区段 14.5km 管道进行改线，改线后城区段旧管道暂时封存。市政府为推进城市棚户区改造，提出收回上述封存管道土地使用权的要求，经与管道企业协商，未能达成一致意见。随后，市政府作出国有土地使用权收回的决定，无偿收回管道企业位于本市改线段管道用地的土地使用权。以后又发生房地产开发商将管道企业停用管道封堵后挖出，在管线上方修建永久性建筑物的问题。为此管道企业先后分别提起行政诉讼和民事诉讼。

2. 诉讼及审理

（1）行政诉讼。2017年6月，市中级法院作出一审判决，以市政府作出的国有土地使用权收回的决定明显不当为由，撤销该收回决定。市政府未上诉，法院判决生效。

（2）民事诉讼。2018年4月，管道企业发现有房地产开发商将停用管道封堵后挖出，并在管线上方修建永久性建筑物。企业及时固定有关证据，并在前期行政诉讼胜诉的基础上，就某房地产开发商侵权行为向市法院提起民事诉讼，并将市政府列为第三人，以诉讼手段促使政府主动出面解决土地有偿收储问题。

管道企业认为，被告在未取得土地使用权证、建设工程各类许可的情况下，在管道企业享有土地使用权的土地上建设永久性建筑物，且将管道强行挖出，严重侵害了管道企业权益。法院受理后协调双方协商解决本案。2019年，市政府主动与管道企业取得联系，委托市司法局、自然资源局代表政府与管道企业沟通协商，共同委托第三方评估土地价值为590.29万元，市政府按评估价格据实补偿并收储土地，同时收回废弃管道所有权，承担后续安全环保责任。某房地产开发商给管道企业赔偿损失4.93万元。

3. 启示

本案例采取"以诉促谈"方式，促成废弃管道土地使用权有偿收储和安全环保责任移交，不仅为管道企业挽回了经济损失，还防止了后续可能引发的安全环保风险，为其他管道企业处理类似土地收储事宜提供了可供借鉴的思路和经验。

[中石化石油销售（石油商储）公司孔卓然供稿]

3.2.52 管道用地纠纷诉讼案例

1. 背景

近年来，随着管道途经地域经济发展和城市扩张，管道保护与管道沿线有关单位和个人利用土地之间的矛盾日益突出，相关法律纠纷诉讼时有发生。例如，某驾校管道占地纠纷案和某房地产公司管道占地纠纷案就是典型的管道用地法律纠纷案例。

2. 诉讼及审理

1）某驾校诉管道方占地纠纷案

2015年9月14日，某汽车驾驶培训中心有限公司（以下简称某驾校）以管道企业输油管道途经其取得使用权的土地，影响其使用为由，向区人民法院起诉，要求管道企业改线。

本案争议焦点为管道临时占地与管道途经土地使用权之间是否存在矛盾问题。庭审过程中，管道企业认为管道属于为公共利益建设的基础设施，为依法建设的先建工程，不具有可迁移性，同时管道企业已根据管道保护法将管道竣工测量图报当地规划部门备案，原告无法证明管道企业管道建设违反规划。

2016 年 9 月 5 日，法院审理后认为，当物权的行使受到妨害时，物权人有权请求法院排除妨害，但该妨害必须以违法性为前提，管道企业根据管道保护法为保护管道安全而限制物权人行使权利，不具有违法性，物权人有容忍的义务。据此，法院判决驳回某驾校诉讼请求。

2）某房地产公司诉管道方占地纠纷案

2015 年 6 月，某房地产开发有限公司（以下简称某公司）以某输油管道穿越其所有土地，影响其建设房屋，未给予任何经济补偿为由，起诉管道企业。

县人民法院经审理认为，输油管道经国家核准，管道竣工测量图已经报当地规划部门备案，属合法建设。管道企业根据《中华人民共和国石油天然气管道保护法》和 GB 50253—2014《输油管道工程设计规范》规定，为保障管道安全和公共安全，阻止某公司在管道中心线两侧建设房屋并不违法，据此，判决驳回某公司诉讼请求。

3. 启示

管道企业依据《中华人民共和国石油天然气管道保护法》建设油气管道的行为与《民法典》中土地使用权人享有土地上之物权的规定并不存在矛盾。一方面，任何权利的行使不得违反包括管道保护法在内的有关法律规定，不得危害管道安全这一公共利益；另一方面，管道企业基于管道保护法限制物权人使用土地，不具有违法性，物权人应当做出必要的容忍。

[中石化石油销售（石油商储）公司孔卓然供稿]

3.2.53 违法占压管道维权诉讼案例

1. 背景

为提高在开展隐患整治工作中依法维权的意识和能力，以下案例供相关部门和管道企业在开展清理占压过程中以案说法、以法说理之用。

2. 诉讼及审理

（1）某公司占压管道案件。2009 年年底，某公司在输油管道两侧 5m 范围内建设钢筋水泥墙，管道企业及时予以制止并以该公司侵犯管道企业土地使用权和违反管道保护法为由，向县法院起诉，要求该公司立即停止侵害，消除危险。本案经过法院一审和一审再审程序后认为，某公司在 2007 年与当地镇政府签订了土地租赁协议，但由于管道企业之前已经依法取得了该块土地的使用权，任何人不得侵犯。同时根据《中华人民共和国石油天然气管道保护法》第三十条规定：管道中心线两侧各 5m 范围内禁止修筑建（构）筑物。据此，法院于 2014 年 5 月作出一审判决，判决该公司于判决生效之日起三个月内将建筑在管道两侧各 5m 范围内的基础土方和混凝土水泥墙柱拆除，排除妨害，消除危险。

（2）某制药公司占压管道案件。该公司厂房、院落共圈占输油管道 226m，其中生产车间直接占压管道 45m，管道本体及防腐层已严重受损，存在重大安全隐患。2014

年6月，管道企业将该公司起诉至区人民法院，要求该公司排除妨害、消除危险。由于被告合法持有占压管道地段土地使用证，而管道企业并未取得该地段土地使用证，致使管道企业处于不利的诉讼地位。管道企业依据《中华人民共和国石油天然气管道保护法》第三十条关于管道中心线两侧各5m范围内禁止修建建(构)筑物的规定和第四十四条关于"后建服从先建"的规定，以青岛黄岛原油管道"11·22"泄漏爆炸特大事故惨痛教训据理力争，被告最终同意出资改线工程总金额的50%对占压管道进行改线。

3. 启示

管道企业运用法律武器、通过诉讼程序是清理占压隐患的重要手段。提起诉讼前，管道企业应对诉讼风险进行评估。诉讼后，管道企业应采取庭上诉讼与庭下协商相结合、法院裁决与政府推动相结合的方式，综合治理占压隐患，不能一诉了之。法院判决管道企业胜诉后，败诉方拒不执行法院判决的，管道企业应以法院判决为依据，及时向法院申请强制执行。

管道企业应将管道保护工作关口前移，防患于未然，做好管道沿线的法律法规宣传，加强巡护管理，做到早发现早制止，在萌芽状态解决占压隐患问题，以减少矛盾，降低成本。

[中石化石油销售(石油商储)公司孔卓然供稿]

3.2.54　管道用地权利申请行政复议维权案例

1. 背景

管道企业开展某管线隐患治理整治工作过程中，针对两处占压管道的住宅房屋，要求房主根据《中华人民共和国石油天然气管道保护法》有关规定拆除管道中心线两侧各5m范围内的建筑物、构筑物。在交涉过程中，两处住宅房主拿出房屋用地的《集体土地使用证》，拒绝拆除房屋。经调查，两处住宅房主的土地使用权与管道敷设用地存在部分重叠。

2. 行政复议

2015年11月，管道企业为维护自身合法权益，根据《行政复议法》第六条等规定，向市人民政府提起行政复议，请求依法撤销两处房主持有的由县人民政府颁发的《集体土地使用证》。2016年2月2日，市人民政府下达行政复议决定书，撤销两处房主执有的集体土地使用证与管道企业执有的国有建设用地土地使用证的重叠部分，上述两处占压房屋现已全部拆除。

3. 启示

管道企业享有的土地使用权，任何单位和个人不应侵害，针对地方政府重复划拨或出让管道企业管道用地的"一女二嫁"问题，管道企业可及时提起行政复议或行政诉讼，申请撤销有关单位和个人土地使用权与管道企业土地使用权的重叠部分，维护企业的土地权益。

[中石化石油销售(石油商储)公司孔卓然供稿]

3.2.55　管道企业民事诉讼维护合法权益案例

1. 背景

某天然气管道于 2006 年建成投产，部分管段与某南方城市一环路并行。从 2008 年开始，何某某承包了一环路和管道旁的部分农用地，管道位于实际使用土地范围内。但后来何某某在管道上方自行搭建了房屋。根据《中华人民共和国石油天然气管道保护法》第三十条规定，该行为属于违法行为。管道公司反复多次与何某某沟通，告知修建房屋将危及管道安全，应立即停止施工，但何某某要么置之不理，要么要求高额补偿。2014 年 1 月，管道企业向当地政府主管管道保护工作的部门汇报要求协调处理。2015 年 12 月有关部门对房屋作出了违法建筑的认定，并进行了拆除(图 3-119)。

2. 诉讼及审理

2016 年，何某某向法院提起诉讼，要求管道公司将管道从其承包用地中迁出或进行赔偿。管道企业经过分析，案件的焦点在于管道是否位于原告的承包用地范围内、是否存在影响承包用地使用的情况、影响使用的赔偿标准等。为查明基本事实，管道企业向法院申请依职权向相关政府职能部门调查取证，到当地市区镇的政府服务大厅、住建部门、国土部门协调查找资料。通过红线图资料对比核实，确定管道位于一环路的征地范围内，并非在原告承包用地范围内。原告又提出走司法鉴定程序，要求法院对于管道所处位置进行现场勘察比对。勘察结论最终也证实了管道未处于原告承包用地范围内(图 3-120)。确定不存在影响承包用地的事实，认定管道企业未侵犯原告利益，判决驳回原告全部诉讼请求。

图 3-119　违章建筑拆除后的现场情况

图 3-120　环路与管道坐标对比图

3. 启示

管道用地面临历史遗留问题多、涉及权利主体多、协调难度大、补偿标准不确定等困难，但管道企业还是要坚持做好基础工作，明确管道位置，做好土地用途分析，坚持后建服从先建的原则，在法、理、情上做到有所兼顾。企业人员要熟悉相关的法律法规、相关政策和企业在管道保护中的权利义务。以诉讼方式解决企业与第三方之间的争议，要以客观事实为依据，以法律法规为准绳，积极争取行政部门与司法部门的理解和支持，最大限度地维护企业的合法权利。

（广东大鹏液化天然气有限公司王松供稿）

3.2.56　油气田输气管道爆炸特大事故案例

1. 背景

2006年1月20日，某油气田分公司输气站发生天然气管道三次爆炸着火特大事故。第一次爆炸，爆炸长度约为5.3m，为典型的爆炸开裂，炸开埋地宽度约为4m。第二次爆炸，管线炸为多个碎片，爆炸长度约为40m，为典型的燃爆现场，爆开的土壤已被烧成红褐色，类似于烧砖窑，管道周围100m范围内所有的可燃物均化为灰烬。6min后在进气管线部分发生第三次爆炸。由于管线两侧高层房屋密集，有许多人爆炸时跑出房屋，造成了10人死亡、3人重伤、47人轻伤，直接经济损失达995万元。

2. 分析

由于城乡经济发展，管道两侧5m范围内形成了较多违章建筑物等安全隐患。本次发生爆炸的螺旋焊管线规格为 $\Phi720mm\times8mm$，于1976年安装并投用，设计压力为4MPa，平时的运行压力为1.7~1.8MPa，未进行过检测。

（1）直接原因。根据对事故现场第一爆炸点断口形状观察分析，起爆点在螺旋焊缝处先开裂，扩展呈撕裂状，断口完整无碎片。由此认定为管材因螺旋焊缝存在缺陷，在内压作用下管道被撕裂，导致天然气大量泄漏。泄漏的天然气携带的硫化亚铁粉末从裂缝中喷射出来遇到空气氧化自燃，引发泄漏天然气爆炸（系管外爆炸）。因第一次爆炸后的猛烈燃烧，使管内天然气产生相对负压，造成部分高热空气迅速回流管内与天然气混合，引发第二次爆炸。第三次爆炸机理与第二次爆炸相同。

（2）间接原因。①管道运行时间长，疲劳损伤现象突出。由于管材生产及检测手段落后，导致管道先天存在较大缺陷。防腐工艺落后，管道未能得到有效保护，管道内外腐蚀严重。②该输气站进出管道两侧5m范围内存在较多建筑物，造成管道两侧承受了较大的压力，管道外壁长期处于不均匀受挤压状态，导致该管段应力集中，形成薄弱环节，第三次爆炸点尤为突出。③管道企业对站场管线大修工程的投产方案采用的是天然气直接置换空气方式，严重违反了SY/T 5922—2003《天然气管道运行规范》的规定，对周围安全隐患重视不够，巡查保护不力，整改不及时。④地方政府对小集镇规划、建设指导和督促检查不力，相关部门对城镇规划建设项目审批把关不严，致使站场周围建构筑物过密，以致逃生通道狭窄、人员不能及时安全撤离。

（3）事故性质及责任追究。事故调查组认定该事故是一起特大责任事故，对油气田分公司共计17人提出了党纪政纪处分建议。

3. 启示

本案例虽然发生时间较早，但教训十分深刻。管道建设使用的管道元器件应符合国家技术规范要求、质量合格。市场监督管理部门应加强压力管道元器件制造、安装监检及定期检验工作。管道企业应加强完整性管理，定期对管道进行检测、维修，确保其处于良好状态，及时将隐患消除在萌芽状态。

地方和管道企业均应落实高后果区"管存量、控增量"的要求，严格控制管道周边项目审批。应加强管道保护法制建设，明晰安全保护责任，制定管道保护距离标准，设立管道周边安全区域。

(中国船级社质量认证有限公司陕西分公司王鹏斌供稿)

3.2.57 打孔盗油依法重判案例

1. 背景

犯罪嫌疑人李某某、张某某自 2013 年 7 月至 12 月期间，先后十余次在两处输油管道上采用电钻打孔、安装阀门后敷设引管的方式，盗窃原油共计 107.47t(其中被公安机关查扣了 11.17t)，价值 55.07 万元。

2. 案件审理

当地法院审理查明上述事实后认为，根据《关于办理盗窃油气、破坏油气设备等刑事案件具体应用法律若干问题的解释》规定，若判处被告人破坏易燃易爆设备罪，扣除已被公安机关查扣的原油，直接经济损失为 49.34 万元，属于破坏管道"未造成严重后果"，仅能对被告人适用三年以上十年以下有期徒刑刑期。若判处被告人犯盗窃罪，则被公安机关查扣原油价值可计入量刑情节，进而构成"盗窃金额特别巨大"，可对被告人判处十年以上有期徒刑。

据此，2015 年 1 月，判处李某某犯盗窃罪，判处有期徒刑 12 年，剥夺政治权利 3 年，并处罚金 20 万元；判处张某某犯盗窃罪，判处有期徒刑 8 年，并处罚金 6 万元。

3. 启示

在案件刑事侦查阶段，管道企业应积极与公安机关沟通，举证企业损失等证据材料，有利于管道企业行使民事诉讼权利、挽回财产损失、履行国有资产保值职责、威慑打孔盗油等犯罪行为、确保司法机关依法办案。

在案件审理阶段，管道企业应当及时与公安机关和检察机关沟通犯罪嫌疑人退赔赃款事宜。诉前和诉中发现犯罪嫌疑人可供执行财产的，可依法向法院申请保全。法院判决后，管道企业应及时向法院申请强制执行。

[中石化石油销售(石油商储)公司孔卓然供稿]

3.2.58 打孔盗油造成严重后果案例

1. 背景

兰成渝管道于 2002 年 9 月建成投产，管径为 508mm、457mm、323.9mm，管道材质为 X60，设计压力为 14.7MPa，设计输量为 $700 \times 10^4 m^3/a$，是国内第一条大口径、长距离、高压力、大落差、自动化程度高、多介质顺序密闭输送的成品油管道。

2003 年 12 月 19 日，丁某某、张某某、罗某某等携带阀门、水带、电瓶、特制手钻等作案工具，在四川广元赤化镇附近将兰成渝成品油管道钻通，成品汽油从破裂处呼啸而出，油柱高达数十米，90 号汽油外泄 440m³。距泄漏点仅 40m 的宝成铁路停运 7 个多小时，60 列火车晚点，输油管道停输 14 个多小时，附近的清江河有 500m 河面被污染，石油类超标 7951 倍，直接经济损失达 448 万元。

2. 案件审理

2004 年底，四川省广元市中级人民法院作出一审判决：被告人丁某某、罗某某犯破坏易燃易爆设备罪被判处死刑，剥夺政治权利终身；被告人张某某被判处死刑，缓期两年执行，剥夺政治权利终身；被告人李某某、王某某、李某某、张某某分别被判处有期徒刑 8 年、4 年、6 年和 4 年。宣判后，丁某某等人不服，提出上诉，四川省高级人民法院审理后，认定事实和适用法律正确，程序合法，裁定驳回上述人员的上诉，维持原判(图 3-121)。

图 3-121　法庭审判现场

3. 启示

本案例是震惊全国的最严重的特大成品油打孔盗油案件，也是首例出现死刑判决的打孔盗油案件。运用本案例在管道沿线开展警示教育，对于提升法律的震慑力，严防各类违法行为发生具有重要作用。应加快运用无人机巡护、智能监测、光纤预警系统等先进技术，有效防范打孔盗油等犯罪行为对管道的破坏。

(甘肃省管道保护协会姜长寿根据有关资料整理)

3.3　研究分析

3.3.1　问题与教训

2020 年，国务院安委办督导组分别对天津、河北、辽宁、黑龙江、上海等 16 个省市进行检查，发现油气储存和长输管道企业存在安全风险隐患 1066 项，其中重大隐患 40 项，责令停产整改企业 2 家。究其原因主要是一些影响管道安全的深层次问题尚未得到根本有效的解决。

一是管道保护体制机制不够健全。一些地方的部门"三定方案"对管道保护职责、安全监管职责的规定还不够具体，相关部门之间缺乏有效配合，没有形成合力，存在管理盲区。

二是管道企业主体责任落实不够。部分管道企业人防、物防、技防、信息防的措施还未完全到位，不能做到及时发现和治理各类隐患。

三是管道企业用地权利无保障。管道敷设用地"临时征用、长期占用"，管道保护法对土地权益人使用土地有诸多限制，造成管道企业与土地权利人的利益冲突，违法占压、安全距离不足、违法施工挖掘损坏管道等行为屡禁不止。

四是工程相遇关系处理有待加强。目前管道企业多是在工程相遇前期与相关设计院和建设单位沟通较多，往往工程完工后人员随之发生变化，沟通衔接发生断档，没有形成一个长期有效的信息沟通协调机制，一些隐患风险不能及时消减。

3.3.2　做法与经验

近年来，地方政府部门、管道企业和相关单位密切合作，创造性地开展了以下工作。

1. 建立管道保护地企合作机制

各级地方政府加强了对本行政区域管道保护工作的领导，督促检查有关部门和企业依法履行管道保护职责，采取切实可行的措施，帮助企业排除管道的重大外部安全隐患，逐步形成了地企共管、定期会商、联防联控等有效制度。

2. 建立风险隐患双重预防机制

管道企业定期开展风险辨识和评价工作，科学评定安全风险等级，制定和严格落实风险管控各项措施，定期监督检查措施落实情况，对于隐患及时进行整改，建立健全安全隐患排查、治理体系，实现风险有效管控、隐患自查自治，做好安全风险隐患事前预防工作，从而遏制生产安全事故发生。

3. 建设安全隐患监控平台

为增强管道安全生产的感知、监测、预警、处置和评估能力，一些企业建立了集信息化、智能化和可视化于一体的"管道地质灾害监测与预警平台"。如西南管道公司开展了滑坡、水毁、采空区、高后果区、跨越、隧道、焊缝等风险的监测，成功预警了多处风险，避免了事故发生。

4. 运用法律武器治理安全隐患

依照管道保护法的相关规定，解决管道隐患整治中发生的一些矛盾纠纷，如在遇到违法占压时，运用管道保护法第三十条规定；在遇到管道周边修建人员密集场所时，运用管道保护法第三十一条规定等。在问题得不到有效解决的情况下，可以向人民法院提起诉讼，尽最大努力维护管道企业的合法权利。

第4章 高后果区风险防范

4.1 管道保护法相关要求

管道高后果区，顾名思义是指管道泄漏后可能对公众和环境造成较大不良影响的区域。管道保护法第二十三条规定：管道企业应当对管道安全风险较大的区段和场所进行重点监测，采取有效措施防止管道事故的发生。根据 GB 32167—2015《油气输送管道完整性管理规范》规定，管道在建设期应开展高后果区识别，优化路由选择，无法避绕高后果区时应采取安全防护措施；管道运营期应周期性地进行高后果区识别，识别时间间隔最长不超过 18 个月。当管道及周边环境发生变化时，应及时进行高后果区更新，对高后果区管道进行风险评价。

据国家有关部门统计，到 2023 年年底，全国油气管道周边存在人员密集型高后果区 11000 多处，其中 I 级高后果区 1200 多处，II 级高后果区 8400 多处，III 级高后果区 1800 多处。在此之前，原国家安监总局等八部委下发《关于加强油气输送管道途经人员密集场所高后果区安全管理工作的通知》（安监总管三〔2017〕138 号），各级地方政府和管道企业针对通知中的"管好存量、严控增量"的要求，积极采取管理和技术手段，加强合作，开展了大量工作。

4.2 典型案例剖析

4.2.1 避免管道地区等级升级案例

1. 背景

2016 年 5 月，泾川县玉都镇政府规划在西气东输二线管道桩号 BN029～BN030 处建设 6 栋 7 层住宅楼，有 360 多户，1500 余人，楼栋最近距离管道 20m。该处管道原为二级地区，强度设计系数为 0.6，壁厚为 17.6mm，线路截断阀室间距为 24km。根据 GB 50251—2015《输气管道工程设计规范》规定，该住宅楼建设项目将导致地区等级由二级升为四级，潜在影响半径为 382m，同时管道强度设计系数应相应调整为 0.4，壁厚应调整为 26.2mm，截断阀室间距应不大于 8km。现有技术参数和保护措施无法保证管道合规运行。

2. 做法

为了保证管道合规运行并保障管道周边公共安全，西气东输甘陕管理处紧急报告泾川县人民政府，建议依据管道保护法第三十一条等有关规定，对该建设项目进行安全评价。接到报告后，县政府立即组织泾川县能源局和县规划局现场查看，指定由西气东输甘陕管理处与玉都镇政府牵头组织专家及专业评估单位对项目进行安全评估。经过评估和协商，最终将原规划方案由13栋改为11栋，最初设计距离管道20m处2栋6层楼房更改为2层楼房，同时将距离调整为88m（图4-1），东北角2栋6层楼房更改为3层楼房，距离调整为115m（图4-2）。管道地区等级仍维持二级，避免了地区等级升级风险。

图4-1　2栋6层楼房更改为2层楼房　　　　图4-2　2栋6层楼房更改为3层楼房

3. 启示

要加强管道保护法律法规和相关政策宣传，营造防控高后果区风险的社会氛围。沿线地方政府在管道周边规划建设居民区、医院、学校等公共设施时，应主动征求管道企业意见。

管道企业要做到关口前移，主动了解沿线土地开发、项目建设等信息，积极争取政府部门支持。管道企业应及时将管道中心线数据上报国土空间规划部门，共同做好管道规划与国土空间规划及其他专项规划的衔接，从源头上防止地区等级升级，保证管道合规运行。

（国家管网集团西气东输公司党鹏飞、邹亚飞、毛建供稿）

4.2.2　校园管道高后果区保护案例

1. 背景

西南成品油管道某管段的管径为457mm，管道材质为X60，设计压力为10MPa，防腐层为3PE，于2005年投产运行。由于地方经济建设和城市发展，县城区逐步将管道包围，形成人员密集型高后果区10处（其中学校2处、安置区4处、物流商贸城2处、厂区2处）。例如，某校园教学楼和宿舍楼距管道最近距离为15m，涉及管道长度为450m，宿舍为6层楼，教学楼为5层，建筑面积为54000m²，校园师生为3463人，为Ⅲ级人员密集型高后果区（图4-3）。

图4-3 高后果区航拍图

2. 做法

（1）工程措施。在管道进出校园内的两端各安装 1 台摄像头，对该段管道进行实时监控，在管道正上方按 10m 间距共埋设 45 个管道加密桩。设置管道安全风险宣传告知牌、警示牌、高后果区包保责任制信息公示牌，由该县分管副县长、输油部经理任高后果区区长。管道与教学楼之间安装铁栅栏和混凝土墙进行隔离，在管道与足球场之间设置绿植隔离带（图4-4）。在管道周边的排水观察井口增加围堰，抬高至地面以上 0.5m，防止泄漏油品流入密闭空间。

(a)   (b)

图4-4 在管道与教学楼之间安装铁栅栏进行隔离

（2）管理措施。采用管道智能泄漏监控、智能化阴保测试桩等技术手段，实时监控管道运行和阴极保护情况。对管道进行内检测，内腐蚀均小于 20%，未发现凹陷情况，并出具合于使用的评价报告。对管道进行 ECDA 管道防腐系统普查和外防腐层直接评价，站场每半年开展一次防腐检测，未发现缺陷情况。设置风向标和应急喊话广播，规划应急逃生疏散通道和集合点，企地联合开展油品泄漏及疏散应急演练。定期编制更新"一区一案"和应急预案，绘制地下管网与管道相互影响分布图，纳入应急预案管理。

3. 启示

地方政府在编制城乡国土空间发展规划时，要将在役管道和新建管道路由纳入规划，留足安全保护距离和发展余地，从源头上加以控制，避免形成新的高后果区。

管道企业要在管网建设规划中研究推进Ⅲ级高后果区管段迁改工程。尤其是在土地资源十分稀缺的地区，如何管好高后果区存量、控制高后果区增量、妥善处理好地方经济发展和管道保护之间的矛盾，需要深入研究并制定具体办法。

（国家管网集团华南分公司贵州输油部白清欢供稿）

4.2.3　县城段管道高后果区治理案例

1. 背景

西气东输一线山西蒲县段管道穿越蒲县县城约 2.6km，建设初期管道地区等级为一级、二级地区，周边无大型及高层建构筑物。自 2007 年起，随着蒲县城区不断扩张，管道周边 5~50m 范围内新增奥体中心等大型建筑物 17 处（图 4-5），50~100m 范围内新增西关居民区等 15 处，有高级中学等 6 处圈占管道。以上建构筑物集中在 8km 管段范围内，涉及人口约 1 万人（图 4-6、图 4-7），地区等级升级为四级地区（Ⅲ级高后果区），部分地段管道壁厚和阀室间距不能满足规范要求。西气东输公司多次致函或前往市、县政府部门汇报，请求规划建设项目避让管道。虽然部分建构筑物主体工程调整了布局，但仍无法避免高后果区的最终形成。

图 4-5　管道周边新增 17 处大型建筑物

图 4-6　文化广场高后果区

图 4-7　管道周边新建居民楼

2. 做法

（1）人防措施。将蒲县主城区管道分为 6 段，协调居委会（街道办）聘用当地居民负责该段管道看护工作，指定 2 名专职人员负责对看护工作进行管理。场站每周至少 2 次对看护工作进行指导。

（2）物防措施。加密管道标识，每 30m 增设 1 个警示牌，每 50m 设置 1 个加密桩，保证管道标识完整、通视、准确。对途经人员密集区场所管道铺设盖板保护，并埋设警示带。

（3）技防措施。管道安装应力应变监测预警设备，通过在线监测实时掌握管道受力状况。在规定检测周期内加密一次管道内、外检测，对防腐层及管体缺陷进行及时修复。每月开展阴保电位测试。

（4）应急演练。与地方政府主管部门联合编制管道泄漏抢修、人员疏散、警戒和救援应急预案，每年修订并演练一次。

（5）实施改线。为了消除人员密集型高后果区风险，在国家安监总局、山西省、中国石油天然气集团等共同推动下，于 2017 年 9 月实施了部分管道改线。

3. 启示

做好管道高后果区管理，需要政企双方切实履行管道保护职责，严把管道选线、城乡规划和管道周边项目审批关。强化地方政府和企业高后果区管理责任，将管道规划纳入国土空间规划，制定管道安全距离标准等。新建管道路由选线应尽量避开城乡规划区。管道企业应加强与发改、规划等部门联系，提前了解城乡建设信息，避免对管线安全造成影响。对风险不可接受的管段应采取改线措施。

（国家管网集团西气东输山西输气分公司孙立升供稿）

4.2.4 管道高后果区成因与对策研究案例

1. 背景

某市将西一线管道附近区域纳入规划建设用地，建设以居民小区为主体的建筑群，导致管道两侧 200m 范围内人口急剧增加，使得原设计的地区等级由三级地区升级为四级地区，高后果区等级达到Ⅲ级（见图 4-8）。

2. 做法

（1）分析原因。高后果区管理相关政策法规出台滞后、缺乏安全间距标准和评估规范、各方职责不明确、认识不统一。企业管理存在短板，预防地区等级升级和新增高后果区的协商处置流程、合规审批机制不完善。

（2）采取措施。管道企业对高后果区

图 4-8 管道周边新建居民楼

进行了定量风险评估,采取了限压运行等风险降低措施,同时申请协调地方出资实施改线,彻底消除了安全隐患。

3. 启示

鉴于输气管道高后果区风险管控工作的紧迫性与严峻性,结合形成过程及风险管控环节的难点、痛点,建议开展政府和企业合规管理、管道安全间距、风险消减与防控等方面的对策研究。

政府层面:明确主管部门及相关部门对高后果区管理的职责,严格控制在管道干线周边规划修建居民小区、商场、车站、学校等人员密集型场所;制定管道安全间距标准,明确管道风险评估方法与要求,建立高后果区风险管控资源投入的保障机制,建立管道失效数据收集机制;对风险不可接受的高后果区管段,应在政策和资金方面对拆迁、改线、降压、停用等给予支持,彻底消减风险。

企业方面:与地方政府建立管道周边土地开发利用协商机制,加强规划、建设等信息收集,主动向政府部门汇报,争取协调地方避免地区等级升级;定期分析高后果区风险,坚决抵制违法违规行为,对已形成事实的,应通报政府主管部门,告知管道风险、发生泄漏燃爆事故的严重后果以及责任界面,按照"后建服从先建"原则,通过拆迁、改线、原地换管等方式,管控高后果区风险;加强管道巡护、宣传教育、检测与维修等工作;针对每处高后果区制定"一区一案"等应急预案并报地方政府备案,定期开展高后果区识别与风险评价、政企应急演练,与政府合作组建高后果区风险管控共同体,建立群防群治机制。

(国家管网集团西气东输公司李锴供稿)

4.2.5 管道高后果区风险管控案例

1. 背景

国家管网集团北京管道有限公司管辖的陕京管道沿线 2020 年共识别出高后果区 311 处,其中人员密集型高后果区 252 处,占比 81%;因地区等级升级形成的高后果区 106 处,占比 36%。为了保障管道安全和公共安全,企业采取了"六化"管控措施,努力降低高后果区风险。

2. 做法

(1)高后果区识别评价制度化。周期性地开展识别评价工作,采用管道风险矩阵法、半定量和定量风险评价方法,判定风险等级,提出相应风险消减措施并制定专项风险管控方案,及时向政府主管管道保护工作的部门登记备案,确保高后果区动态更新识别评价覆盖率和报告备案率达到"双百"。

(2)高后果区巡检巡护标准化。制定和完善巡检内容、计划、职责、培训、装备、考核等标准。高后果区配备专职巡线人员,通过 GPS 设置巡检关键点,间距不超过 500m,每日至少巡检一次。巡检信息通过 GPS 上传至 PIS 系统,管理人员每天监督检查巡检情况,确保巡检率和管道标识完好率达到 100%。

（3）高后果区宣传走访常态化。走访高后果区所在地乡镇政府及规划、建设、水利、公路等部门，了解规划建设信息，建立信息共享机制，做到早发现、早告知、早协调、早解决。走访农户，了解种植、施工等安排。走访周边大型施工机械、农用机具所有者及操作手，排查、更新、建立资料库。联合地方政府开展集中宣传，建立微信群等宣传平台，设立报险联系点和有奖报险制度。

（4）高后果区监控手段信息化。在Ⅲ级高后果区应用次声、光纤预警等技术，24h实时监控监测管道泄漏及第三方施工等情况。监控系统具有智能识别及扩音喊话功能，支持对多种行为进行监测和报警。在管道与市政管网、交通设施等交叉、穿越易形成密闭空间等隐患处，安装可燃气体报警仪。在地质灾害高风险的管道高后果区管段，优先开展应力应变监测。安装电位自动采集仪，确保管道阴极保护率达到100%。

（5）高后果区应急处置联动化。根据高后果区管段的主要风险因素制定应急预案，将泄漏报警、人员疏散、危险区域、通行控制等作为预案重点内容。根据管道潜在影响半径，编制"一区一案"，向政府主管部门备案。完善"企地警"联动、齐抓共管的合作机制，每年对至少20%的高后果区开展联合应急演练，提高应急处置联动水平。

（6）高后果区责任落实系统化。全面建立高后果区"区长负责制"，做到专人、专责、专心负责。建立地方政府、部门和管道企业对高后果区管控的责任清单，例如市级政府核查有关部门、下级政府和管道企业开展管道保护工作与推行完整性管理情况等；国土、城建、交通、水利等部门负责城乡规划、专项规划与管道规划的衔接，制定管道周边建设项目审批制度及法律要求的安全距离标准等。

3. 启示

如何管好高后果区管好存量、严控增量，是当前亟待解决和思考的问题，为此建议如下：

进一步明确法律规范对高后果区的管理要求。管道保护法第十三条规定管道选线与建筑物、构筑物应保持国家技术规范强制性要求规定的保护距离，第三十一条规定在管道周边修建人员密集场所与管道的距离应符合国家技术规范强制性要求，但目前尚无国家技术规范对此作出具体规定，需要尽快制定相关规范以便于执行。

妥善处理管道保护与土地资源利用矛盾。随着地方经济快速发展，管道周边修建扶贫安置点、新农村建设、棚户区改造升级等日益增多，管道地区等级不断升高。应将高后果区纳入国土空间规划统一进行管理，设置安全距离红线，严控项目审批，防止出现无序增长。

将推行管道完整性管理要求写入法律。高后果区问题是经济社会发展的必然现象，有必要将管道完整性管理写入管道保护法，要求政府和企业运用完整性管理思想推进高后果区管理，加强识别与评价，采取措施消减安全风险，促进管道建设和地方经济共同发展。

（国家管网集团北京管道公司赵赏鑫供稿）

4.2.6 管道高后果区增量控制案例

1. 背景

长郴管道设计输送汽油（柴油）能力为 $600×10^4t/a$，管道规格为 $\Phi355.6mm×7.1mm$，设计压力为 10MPa，材质为 L360。管道 K241+600m 所处区域为Ⅲ级高后果区。湖南湘潭"永达九华府"房产开发项目位于长郴管道 K241+600m 处，有 3 栋高层建筑（33 层）与管道距离为 15~21m，2 栋低层建筑（别墅）与管道距离为 5.2~7.9m。如果项目实施，将会进一步增加人口密度和公共安全风险。

2. 做法

湖南输油管理处在接到报告后立即与开发商交涉，要求根据 GB 32167—2015《油气输送管道完整性管理规范》对该段管道开展高后果区识别与风险评价。开发商委托评估机构出具的项目安全间距安全条件论证报告显示：①永达九华府拟建项目实施前后，该区段 2km 管道中心线两侧各 200m 范围内输油管道高后果区识别没有变化，均属于Ⅲ级高后果区段；②该段管线各项工程项目均进行了相应设计和施工方案审查，施工过程中由具有法定有效资质的监理单位对建设期进行全过程、全方位的监督管理，施工工程质量检验评定合格，其主要技术、工艺或者方式和装置、设备、设施较为安全可靠；③该管线与永达九华府拟建项目区域重叠的共计 420m 输油管线，其安全间距符合管道保护法和 GB 50016—2014《建筑设计防火规范》、GB 50253—2014《输油管道工程设计规范》等的相关要求。

湖南输油管理处表示不能接受该报告得出的结论，并立即向湖南省能源局报告，请求给予协调。湖南省能源局委托甘肃省管道保护协会邀请国内多名专家对该项目与管道距离存在的问题从法理和安全风险的角度进行分析。经综合研判后认为，该项目一旦实施后果严重，风险不可接受，应采取调整建筑物与管道的距离或管道搬迁等措施，并建议进一步开展定量风险分析。湖南省能源局根据专家意见立即与湖南省安监局沟通，决定暂停该项目建设并要求再次进行安全评审。

图4-9 拟建项目与管道关系俯瞰图

开发商根据安全评审意见将建筑物与管道间距调整到 70m 开外（图 4-9），并委托湖南安全科学研究有限公司开展管道定量风险评价。评价报告认为调整距离后的个人风险和社会风险均可接受，整体风险可控，同时提出了包括应急措施、安全措施、隐患排查等方面的建议。

3. 启示

管道保护法第三十一条规定："在管道线路中心线两侧和本法第五十八条第一项所列管道附属设施周边修建下列建筑物、

构筑物的，建筑物、构筑物与管道线路和管道附属设施的距离应当符合国家技术规范的强制性要求。""前款规定的国家技术规范的强制性要求，应当按照保障管道及建筑物、构筑物安全和节约用地的原则确定。"由于目前没有相关的国家技术规范可以遵循，上述原则可以作为处理类似"永达九华府"问题的法律依据。

拟建楼盘与管道的距离经过调整后安全风险虽然得到一定程度的消减，但并未从根本上改变该区域为Ⅲ级高后果区这一现状，仍然存在较大安全风险，需要政府相关部门制定管道周边土地利用规划和实施细则，管道企业应加强日常管理，真正落实"管好存量、严控增量"的要求。

（国家管网集团华中分公司袁相铭、陈红波供稿）

4.2.7　预防公路服务区新增管道高后果区案例

1. 背景

乌海-玛沁公路红卫服务区规划建设服务中心大楼、加油站、停车场等，预估白天停留人数为800余人，晚上为200余人。服务区距离西气东输一线、二线管道不到50m（图4-10），其中西一线管径为1016mm、压力为10MPa，西二线管径为1219mm、压力为12MPa，潜在影响半径分别为318m和418m。服务区如建成将形成人员密集型Ⅱ级高后果区。

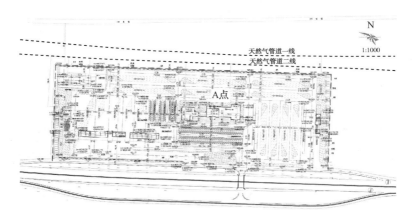

图4-10　红卫服务区建设规划与管道位置关系

2. 做法

2019年3月分公司收集到红卫服务区建设信息后，立刻与设计单位和业主单位沟通，设计单位允诺变更设计。4月，施工单位进场平整土地，作业现场距离西二线最近点仅21m，距离西一线40m。分公司立即阻止施工并发函告知设计单位和业主单位，要求业主单位根据GB 32167—2015《油气输送管道完整性管理规范》开展高后果区风险评价，同时向宁夏回族自治区发改委汇报。

业主单位委托青岛康安保化工安全咨询有限公司进行安全论证，2020年5月17日出具了红卫服务区/西气东输管道高后果区定量风险评价报告，结论是个人风险和社会风险不可接受，该建设项目被暂时叫停。

为支持地方经济建设，分公司主动与设计单位联系，共同勘察管道附近地段，重新选址建设服务区。变更新址后的服务区围墙距离西一线最近点357m，距西二线420m，距西三线421m，均在管道潜在影响半径之外（图4-11）。

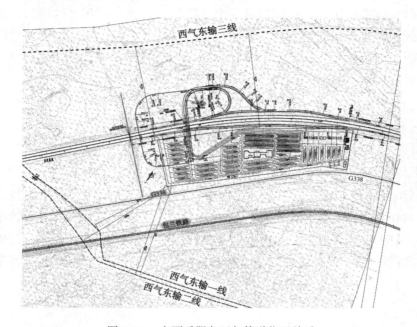

图4-11　变更后服务区与管道位置关系

3. 启示

现实中，管道保护和地方经济建设关系比较矛盾，往往管道风险"受控了"，地方经济发展又"受困了"。管道企业要牢牢树立管道保护工作离不开地方政府和相关部门支持、处理好企地关系是管道安全运行重要保障的理念，既合法、合规、合理地避免新增高后果区，又主动帮助地方协调解决服务区选址问题，将"管""地"之争转变为"管""地"双赢。

（国家管网集团西气东输银川输气分公司余海坤供稿）

4.2.8　预防港口物流园新增管道高后果区案例

1. 背景

西气东输南昌-上海支干线江西段全长333km，管径为1016mm，壁厚为17.5mm、26.3mm，管材为X70钢，设计压力为10MPa。

2019年，江西省某企业规划建设港口物流园，总用地面积为630多亩，人流量为2000多人。园区最近处距管道5m，建成后将导致管道地区等级由原来的一级升为四级，形成Ⅲ级高后果区（图4-12）。

图 4-12　港口物流园规划与管道位置关系

2. 做法

在发改部门支持下，分公司随即向业主单位鹰潭市交通运输局港航管理处送达管道保护函件，明确告知项目建成后将成为Ⅲ级高后果区，管道原设计壁厚和阀室间距不满足安全要求，一旦突发事故将对园区人员和财产造成巨大损失。

针对项目设计单位提出按照 GB 50016—2014《建筑设计防火规范》规定的 30m 距离进行设计的要求，分公司根据原国家安全监管总局等八部委《关于加强油气输送管道途经人员密集场所高后果区安全管理工作的通知》（安监总管三〔2017〕138 号）中有关严格控制高后果区增量的精神，以 GB 32167—2015《油气输送管道完整性管理规范》潜在影响半径计算为依据，要求园区项目规划在距管道 318m 外，同时建议对方开展管道安全评估并报发改委审批。在管道企业据理力争下，江西省港行投资集团最终决定放弃该处选址。

3. 启示

随着社会发展和城乡建设步伐加快，高后果区呈不断增长态势。管道企业要依据管道保护法和原国家安全监管总局等八部委 138 号文件要求，及时主动地向地方发改部门和规划部门汇报，从源头上有效控制后建项目的规划选址，保障管道安全和公共安全。在日常工作中要关口前移，及早掌握管道周边的发展规划，收集地方建设信息，加强与建设单位的沟通协调，提前开展风险评估，防止形成安全隐患。同时建议尽快修订管道保护法和相关标准规范，为做好高后果区"管存量、控增量"工作提供法律依据。

（国家管网集团西气东输南昌输气分公司曾传海供稿）

4.2.9　预防风景区新增管道高后果区案例

1. 背景

2018 年，海宁市盐官景区计划建设音乐小镇项目，该项目集居住、教育科研、商业综合开发于一体，项目与西气东输管道最近距离为 56m（图 4-13）。项目建成后，将导致管道地区等级升级为四级地区，形成 1 处Ⅲ级高后果区。此处管道原按三级地区设

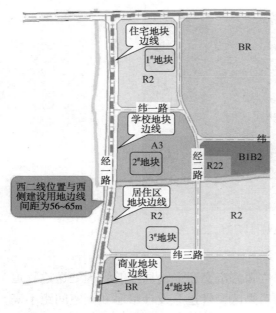

图 4-13 盐官音乐小镇与西气东输管道位置图

计，管径为 1016mm，壁厚为 21mm，项目建成后管道壁厚将不能满足安全要求。

2. 做法

浙江输气分公司主动向当地发改和规划部门汇报，多次与景区召开现场会、往来函件商议，提出原地换管、管道改线两种管道保护方案。景区管委会考虑到征地和建设成本等问题，前期商议时一度进展缓慢。分公司向有关部门和景区管委会反复阐述管道保护和公共安全的重要性，协调项目建设单位出资聘请具备资质的单位开展管道定量风险评价，论证项目建成后存在的社会风险和个人风险，以此说服政府有关部门和项目建设单位。

海宁市发改局根据地方政府要求进行深入论证，最终确定了采取管道改线措施。改线后管道与音乐小镇项目的最小间距为 290m，社会风险和个人风险值均满足法规要求。

3. 启示

控制高后果区增量是一个持续的过程。分公司根据八部委 138 号文件"关于严控人员密集型高后果区增量"的要求，主动向沿线各县、镇规划部门等送达工作函，要求在西气东输天然气管道周边规划修建居民小区等人员密集场所时，应提前与管道企业沟通对接，共同协商确定建设方案。当发现可能造成新增高后果区的情况时，管道企业要第一时间书面告知相关方，主动上门沟通，介绍法律和政策规定，建立合作关系，同时积极争取地方政府部门的支持，达成共识，形成合力。

（国家管网集团西气东输浙江输气分公司刘新、邵攀供稿）

4.2.10　管道周边规划建设项目调整案例

1. 背景

安徽宇阳科技发展有限公司年产 5000 亿片片式多层陶瓷电容器项目，总投资为 25 亿元，设计建有 4 栋 4 层员工宿舍，拟入住 1200 余人，宿舍楼距西气东输一线管道最近距离仅有 57m，将导致原有Ⅲ级高后果区人口密度进一步增大，存在较大安全风险。

2. 做法

合肥输气分公司多次将该项目建设情况汇报至滁州市开发区管理委员会及滁州市发展和改革委员会，陈述该项目存在较大安全风险，请求另外选址。但因该项目为市政府重点推进项目，需用地约 200 亩，而开发区内已无其他合适、连片的可用土地，致使管道企业的协调工作处处碰壁。分公司及时调整思路，提出建议将项目厂区内整体布局进行调整，将人员密度集中的员工宿舍、办公楼等远离管道200m外，距管道200m范围内用于停车场、自动化厂房、绿地等建设。经过反复协调，建议最终得到了有关部门的采纳，较好地控制了管道两侧200m范围内的人员密度，避免了人员密集型高后果区风险的进一步增加。

3. 启示

城市发展与管道高后果区"管存量、控增量"之间的矛盾不可避免且将长期存在。在这一过程中，管道企业应兼顾好地方经济建设与管道安全保护的关系，既要守住安全红线，又要尽力支持地方发展。当高后果区存量发生重大变化时，管道企业应及时向地方政府汇报，并建议采取相应管控措施。尽量调整建设项目布局以避让管道，无法避让时则应通过局部调整，尽量降低管道周边人口密度。如项目建设导致个人风险和社会风险不可接受，应提出停止建设或管道迁改等建议，彻底消除安全隐患。

（国家管网集团西气东输合肥输气分公司汪海、万强、赵洋洋供稿）

4.2.11　人员密集型高后果区风险消减案例

1. 背景

西南某成品油管道经过某村长达400m，管道沿街道村落旁敷设，油流方向左侧40m处有村委会，160m处有小学。管道两侧200m范围内有160户居民，无四层及以上楼房，按照GB 32167—2015《油气输送管道完整性管理规范》，该处识别为Ⅱ级人员密集型高后果区(图4-14)。风险矩阵法风险评价结论为3D，风险等级为较高，应在限定时间内采取有效措施降低风险。

图4-14　高后果区现场图

2. 做法

（1）日常管理措施。实行区长制，分级设立高后果区区长，实现三级区长管控，区长责任层层落实(表4-1)。

表4-1 高后果区区长制

区长级别	人员	职责
输油部级区长	副经理	每半年至少巡查1次,指导、监督输油站开展管控工作
输油站级区长	站长	每月手持GPS对该处徒步巡查1次,牵头开展管控工作
专职区长	外线员(段长)	每月手持GPS至少巡查1次,每2月开展一次无人机巡查

巡线承揽人巡检,发现问题及时进行"双汇报"。开展管道保护宣传,输油站与村委会成立管道保护领导小组,每年至少进行1次联合巡查等。

(2)工程技术措施。设置加密桩与警示牌:按照20m标准埋设加密桩,按照50m标准设置警示牌,水泥路面设置不锈钢标识牌。

(a)警示牌   (b)高后果区信息公示牌

图4-15 设置警示牌和高后果区信息公示牌

设置高后果区信息公示牌:按照50m间距设置1块高后果区信息公示牌,对高后果区风险进行告知和应急措施、应急疏散图等对外公示(图4-15)。

安装摄像头:设置3台固定式摄像头,实现全天24h远程监控,管理人员可随时查看;设置醒目风向标:在紧急情况下为人员撤离指示安全疏散方向(图4-16)。

(a)摄像头   (b)风向标

图4-16 安装固定式摄像头和风向标

地面硬化、修建物理隔离。在水工保护墙正面增设警示色带，标注管道位置和保护标语。修建巡线小道，标注管道位置。开展阴极保护电位测试(图4-17)。

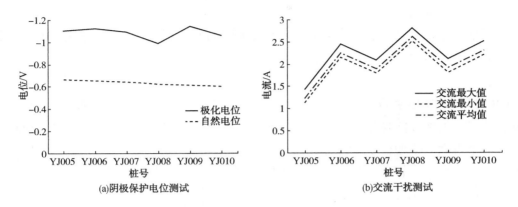

图4-17　每月测试分析阴极保护电位和交流干扰

定期开展年度外检测，每年10~12月对防腐层漏点、埋深、弯头壁厚等进行外检测。定期开展内检测，若出现缺陷点，将提升响应级别，优先采用永久修复方式。安装1台智能阴极保护测试桩，实时检测数据并上传系统。

投用泄漏监测系统实时监控，通过上下游压力变送器确定泄漏位置和泄漏流量，进行巡检查看(图4-18)。

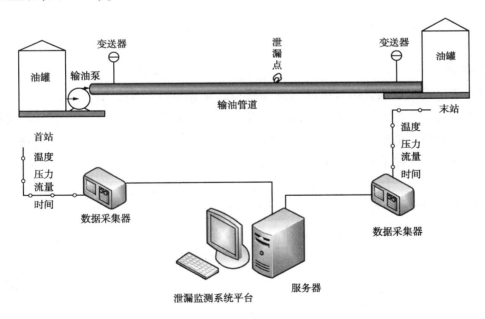

图4-18　泄漏监测平台

(3)应急管理措施。针对高后果区编制"一区一案"，绘制人员疏散路线图，并在信息公示牌内对外公示。

按照公司应急物资配备标准，在附近设置应急仓库并配备收油囊、围油栏、吸油毡、钢管桩、铜铲、铜瓢、铜盆等应急物资。

每年对照"一区一案"至少开展 1 次应急演练，动员群众参与疏散演练，提升群众应急意识和自救能力等。

经评估，采取上述措施后，高后果区失效可能性由 3 调整为 2，评估为 2D，等级为中等，风险水平可以接受，但应保持关注。

3. 启示

GB 32167—2015 将高后果区风险消减与维修维护措施分为日常管理与巡护、缺陷修复、第三方损坏风险控制、自然与地质灾害风险控制、腐蚀风险控制、应急支持、降压运行七个方面。为便于实际操作，结合实际运营情况，输油部归纳为日常管理、工程技术、应急管理三类管理措施，具有更强的针对性和可操作性，使得人员密集型高后果区风险管控更加系统化、规范化。

（国家管网集团华南公司段云跃、谭涛供稿）

4.2.12　管道高后果区识别与风险评价案例

1. 背景

某公司管辖的成品油管道全长 100.43km，管径为 273.1mm，设计压力为 6.4MPa，外防腐层主要为环氧粉末防腐层，穿跨越区域为 3PE 防腐层，于 2005 年 12 月投产运行。依据 GB 32167—2015《油气输送管道完整性管理规范》，开展了高后果区识别与风险评价工作。

2. 做法

（1）细化识别准则。结合成品油泄漏特点，根据事故教训，增加"管道两侧各 15m 内有输送油气及其他易燃易爆介质的管道及隧道、暗涵等地下设施"这一判据，将高后果区类型划分为人员密集区、重要设施区、环境敏感区三大类，也可是任意两种或三种的组合，制定了成品油管道高后果区识别准则（表 4-2）。

表 4-2　成品油管道高后果区识别准则

类别	分项	识别依据		数量	等级
人员密集区	A1	管道两侧各 200m 内	低层住宅（1~3 层）	>100 栋	Ⅲ级
				50~100 栋	Ⅱ级
				10~50 栋	Ⅰ级
			多层住宅（4~9 层）	>4 栋	Ⅲ级
				1~4 栋	Ⅱ级
			高层住宅（10 层及以上）	>2 栋	Ⅲ级
				1~2 栋	Ⅱ级
	A2	管道两侧 200m 内交通频繁，地下设施多的区段			Ⅲ级
	A3	管道两侧 200m 内有商业区、工业区、发展区等			Ⅱ级

续表

类别	分项	识别依据	数量	等级
重要设施区	B1	管道两侧各50m内有高速公路、国道、省道、铁路及易燃易爆场所等		Ⅰ级
	B2	管道两侧各15m内有输送油气及其他易燃易爆介质的管道及隧道、暗涵等地下设施		Ⅱ级
环境敏感区	C1	管道两侧各200m内有湿地、森林、河口等国家自然保护地区		Ⅱ级
	C2	管道两侧各200m内有水源、河流、大中型水库		Ⅲ级

通过结合GIS系统与现场调研共识别出高后果区31段，长度为32.36km，占总长度的32.22%。其中高后果区Ⅲ级有8段、11.47km，Ⅱ级有19段、19.47km，Ⅰ级有4段、1.42km。根据类型分类，其中人员密集区有13段、13.71km，重要设施区有13段、12.83km，环境敏感区有5段、5.82km。

（2）开展风险评价。危害因素分为六类：挖掘破坏、腐蚀、设计与施工、运营与维护、自然及地质灾害和蓄意破坏。每类因素为100分，各危害因素的权重可基于历史失效数据，由专家评判确定。失效后果考虑产品危害、泄漏量、扩散和危害受体4个泄漏影响系数，通过乘积得到后果的评判值。

① 失效可能性（R_{of}）计算：

$$R_{of} = 1 - \frac{\sum_{i=1}^{6} \alpha_i P_i}{100}$$

式中　P_i——危害因素的评分值；
　　　α_i——危害因素的权重值。

② 失效后果（C_{of}）计算：

$$C_{of} = PH \times LV \times DS \times RT$$

式中　PH——介质危害性评分值；
　　　LV——泄漏量评分值；
　　　DS——扩散情况评分值；
　　　RT——危害受体评分值。

③ 风险值（R）计算：

$$R = R_{of} \times C_{of}$$

基于高后果区的识别结果，结合站场和阀室两个因素，共划分出风险评价管段65段。根据各类专项评价报告、运行数据和失效历史、沿线自然人文环境信息等进行评分，得到该管道的风险值（图4-19）。根据风险等级标准得到各管段风险等级，其中较高风险1段（也为高后果区），中等风险12段，低风险52段。

分析得出引起管段较高风险的因素有打孔盗油、第三方施工破坏、杂散电流腐蚀及外防腐层破坏4种。

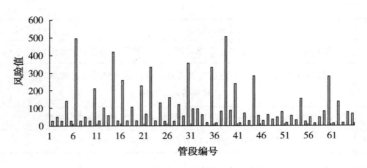

图 4-19 风险评价结果

（3）风险管控措施。加强对管道阴极保护系统的监控与维护，在重点区段安装智能阴极保护测试装置；加强与地方政府部门合作，打击打孔盗油、非法施工、占压等违法活动；加密重点部位巡线频次；对于高后果区、高风险管段，加强人防、物防、技防管理。

3. 启示

成品油管道高后果区识别不仅可以明确管道管理的重点，还可为管道风险评价、失效后果分析、采取管控措施等提供依据。建议修订 GB 32167—2015，对识别准则和评分指标体系进行完善及细化量化，以利于提升管道完整性及高后果区管理水平。

[国家管网集团华中分公司刘道乾、中石化（大连）石油化工研究院有限公司周立国供稿]

4.2.13 管道高后果区风险管控案例

1. 背景

沧淄、泰青威输气管道分别于 2002 年、2011 年投产运行，长度为 1177.681km。管道高后果区有 52 段，主要为人员密集型和易燃易爆特定场所型，合计长度为 72.18km，占管道总长度的 6.13%。其中，Ⅲ级高后果区有 6 段，长度为 13.43km；Ⅱ级高后果区有 38 段，长度为 54.62km；Ⅰ级高后果区有 8 段，长度为 4.13km。

2. 做法

（1）风险分析。部分管道高后果区电力、道路等新建基础设施与管道并行交叉，施工作业活动频繁，易对管道造成损坏。高后果区普遍对地面进行硬化，不便开展管道抢修维护，人口密度高，一旦发生失效事故，难以及时疏散，易造成人员伤亡。若管道影响半径范围内存在易燃易爆场所，易造成次生灾害。

（2）管控措施。

① 信息收集。包括高后果区起始点和终止点的位置、高后果区环境数据、管道建设基础数据、管道本体质量缺陷数据、管道周边应急资源数据等。

② 加密巡护。巡线工和管理人员每天各巡线一次。加密增设巡线关键点，利用GPS 设备采点验证，降低施工作业损坏和自然灾害等风险。

③ 宣传告知。对高后果区内的宣传对象进行了分类，针对集市、商铺、医院、广场等人员流动较大场所，以其管理人员为宣传对象，要求掌握应急处置措施；针对工厂、学校人员集中、相对固定等场所，增加集体安全意识和应急处置意识；针对加油站、加气站、面粉厂等易燃易爆场所，共同制定应急保护措施；针对村庄、小区等人员集中、相对固定居住区域，采取走村入户"一对一"宣传方式，逐家逐户宣传。

④ 标识管理。针对高后果区域地面大面积硬化、桩牌无法埋设等困难，因地制宜，采用墙面贴、不锈钢地牌、公路专用橡塑地面贴、瓷砖地面标识等方式，设置管道标识和警示内容。

⑤ 应急演练。按照"一地一案"要求，制定有针对性的应急处置措施。联合沿线地方政府部门、高后果区重点单位、高后果区住户开展现场联合应急演练，及时检验完善应急预案。

⑥ 政企合作。建立联席会议制度，及时向地方政府主管管道保护工作的部门汇报高后果区识别评价结果，共同制定风险管控措施，共同处理高后果区管理存在的重大问题。对拟在管道潜在影响半径范围内建设的人员密集型项目，开展安全评估。

3. 启示

目前关于高后果区日常管理缺少规范要求，建议建立高后果区量化评估模型和评分指标体系，综合度量高后果区风险水平，设置立即处置、重点防控和长期监控等分级防护措施，便于操作执行。另外，还应建立管道企业与沿线规划部门、主管部门协同管理机制，有效管控高后果区增量，严控管道沿线地区等级升级。

（国家管网集团山东省分公司张晓东、张学锋供稿）

4.2.14　管道高后果区风险识别评价案例

1. 背景

某管道于 2001 年建成投产，有一处 4km 长的管段敷设在人行道下方，潜在影响半径内住户为 11000 多户，包含二级甲等综合医院 1 座、学校 1 座、幼儿园 2 座、杂货市场 1 个、村子 1 个以及机关办公大楼多座（图 4-20），为Ⅲ级高后果区。依据 GB 32167—2015《油气输送管道完整性管理规范》，管道企业对高后果区风险进行了识别和评估。

2. 做法

（1）危害因素分析。危害因素主要有：管道本体如制造与施工缺陷、内腐蚀、外腐蚀等；外部如施工作业损坏、地质灾害影响等；管道周边高压电力线路、通信线路、部分厂区的机电设施较多，管道欠保护或者直流杂散电流流入会造成管道外表面腐蚀加剧；管道上方较多车辆通行引起的振动会引发管道周期性的疲劳损伤；地震会引起管道位移、开裂、折断和损坏站场设施等严重的次生灾害；排污、雨水、自来水、燃气、热力等市政管网以及电缆沟等与本段管道交叉较多，一旦管道发生泄漏，天然气可能窜入城市管网中，易发火灾爆炸事故。

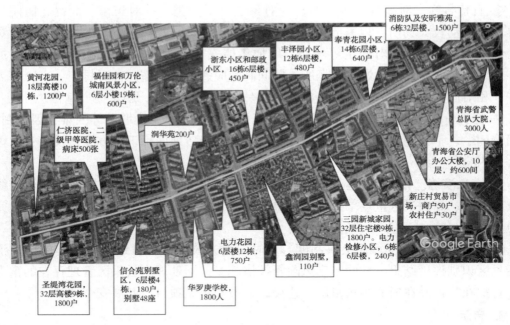

图 4-20　高后果区及潜在影响半径

（2）管道风险评价。采用 DNV 公司的 PHAST 软件，对管道沿线的个人风险和社会风险进行了定量分析。PHAST 软件整合了事件频率和事件后果，综合考虑了点火源、人口分布、建筑物、泄漏位置等信息，依据 QRA 计算方法进行风险整合计算。

① 失效频率。参照 GB 32167—2015 中附录 G 推荐的输气管道泄漏频率计算方法，计算结果为 $4×10^{-4}$ 次/（km·a）。管道的泄漏场景由 SY/T 6714—2020《油气管道基于风险的检测方法》和 SY/T 6859—2020《油气输送管道风险评价导则》定义，具体选取如表 4-3 所示。

表 4-3　长输管线泄漏场景比例及失效频率

序号	泄漏孔径/mm	比例	失效频率/[次/（km·a）]
1	S(5)	0.207	$8.28×10^{-5}$
2	M(25)	0.690	$2.76×10^{-4}$
3	L(100)	0.069	$2.76×10^{-5}$
4	RUP(完全破裂)	0.034	$1.36×10^{-5}$

失效频率调整根据 SY/T 6714—2020 通过设备系数（F_E）和管理系数（F_M）两项进行修正。根据以下公式利用设备系数（F_E）和管理系数（F_M）对失效频率进行修正：

$$F_{调整后} = F_{基础}×F_E×F_M$$

② 失效后果。利用 PHAST 软件，对可能发生的泄漏和可能产生的事故进行定量分析。以管道完全破裂下的天然气扩散、爆炸半径、喷射火致死率和闪火区域为例进行分析，如图 4-21~图 4-24 所示。

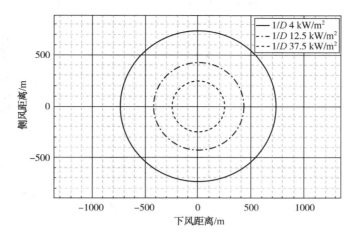

图 4-21　完全破裂下火球强度半径

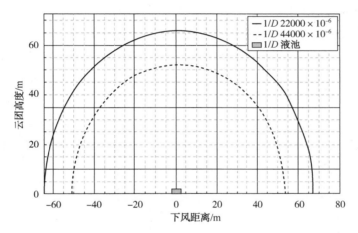

图 4-22　完全破裂下俯视图

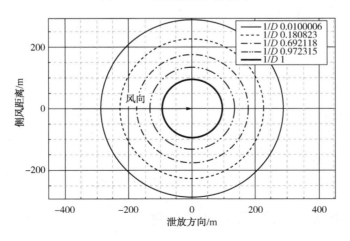

图 4-23　完全破裂下火球致死率

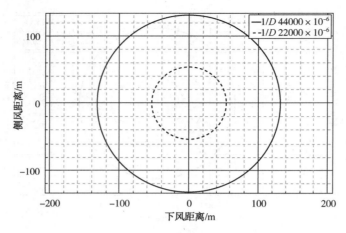

图 4-24 完全破裂下闪火区域

③ 个人风险和社会风险。潜在影响半径范围内的个人风险没有大于 10^{-8}/a 的风险，处于 SY/T 6859—2020 中个体风险可接受准则推荐值($<10^{-6}$/a)的广泛接受区内。

伤亡 10 人以上的社会风险处于 SY/T 6859—2020 中的不可接受区域内，伤亡 100 人以上的社会风险概率为 $10^{-7.2}$/a，大于 SY/T 6859—2020 中社会风险概率($<10^{-8}$/a)的要求(图 4-25)。

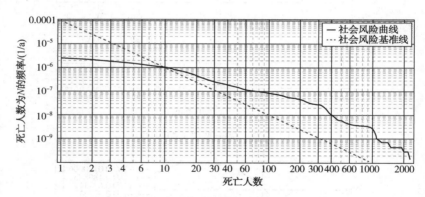

图 4-25 高后果区社会风险曲线

3. 启示

当地区等级升级导致原管道强度设计系数不能满足现有环境下的管道安全运行条件时，应及时开展风险评价。本案例社会风险巨大，地方和企业都不可接受，最终决定对该段管道实施改线，使风险得以消除。

(国家管网集团西部管道公司赵康、丁融、田野、邹斌、孙冰冰供稿)

4.2.15 校园高后果区风险消减案例

1. 背景

某天然气管道于 2005 年建成投产，管径为 610mm，设计压力为 6.3MPa，潜在影响半径为200m，按照二级和三级地区设计。随着沿线经济和社会发展，管道大部分处于某县县城中心区和已规划的城市发展区。2019年6月，管道企业得知在距离管线298+55m附近，原闲置的某合金厂厂房计划改建为高级中学，规划容纳师生约2000人，学校操场距离管道仅10m，正在办理审批手续，如项目得以实施，该区域将成为Ⅲ级高后果区。

2. 做法

（1）协调论证。2020年3月，县政府在听取管道企业汇报后，决定按照管道保护法第三十一条、第三十五条规定，组织专家对项目存在的安全风险和保护措施进行论证，认为可以采取"控制距离+防爆墙"的综合防控措施，将安全风险降至可接受水平。

（2）修防爆墙。防爆墙为钢筋混凝土结构，高5.5m，长223m，距离管道6m，经评估其抗爆性能为：防爆墙在爆炸载荷作用下发生前后振动，最大振动速度为0.4m/s，最大位移为1.3mm，且随着时间增长其振动速度、位移逐渐减小并趋于零，表明防爆墙在爆炸载荷作用下处于弹性振动状态，整体结构没有发生塑性变形，可满足防爆要求（图4-26）。

图4-26　现场修建的防爆墙

（3）控制距离。将教学楼与管道之间50m宽的土地由操场改为绿化带，另行选址修建操场。

（4）调整用途。将靠近管道原设计为教学楼的建筑调整为教学辅助用房。靠近管道的建筑物采用防爆门窗。管道周边设置可燃气体监测装置，实时检测天然气泄漏。

3. 启示

本案例管道企业定期走访发改、规划等部门，密切关注管道周边地质勘查、土地三通一平、挂牌出让等动态，当发现影响地区等级升级的重大风险后，提早介入，及时向投资建设单位及政府相关部门告知安全风险和管道保护要求，主动提出风险消减措施建议，被相关单位采纳，从而消除了矛盾，维护了地企关系。

（国家管网西气东输长沙输气分公司惠海军、王闯、罗四元供稿）

4.2.16　城区人员密集型高后果区风险管控案例

1. 背景

涩宁兰管道西宁支线于2001年5月投产，全长20.8km，管道沿新城大道人行道铺设，周边建有居民小区、医院、商铺等。近年来，随着南川工业园区建设加快，管道周边厂区和居民小区急剧增加，周边常住人口约49800人，形成5处人员密集型高后果区。其中Ⅱ级高后果区有4处，Ⅲ级高后果区有1处，总长度约为15km，占支线总里程的 72%。管道周围建筑施工、埋地及架空设施改造活动频频发生。管道企业不断总结经验教训，采取"管好存量、控制增量"等多项措施，有效保障了管道安全和公共安全。

2. 做法

（1）加强政企沟通合作。及时从政府有关部门获取管道沿线开发建设项目和施工等信息，并主动提供管道路由资料，纳入国土空间规划。配合有关部门对新增高后果区的合法合规性进行必要审查，严格控制在管道周边近距离规划建设居民小区、商场、车站、学校、医院等人员密集型场所，防止高后果区无序增长。

（2）编制"一区一案"。联合当地政府、应急管理、交通、医疗和社区等单位开展高后果区应急演练工作，提升联合应急处置能力，让周边群众了解掌握避险和自救常识。依托地方政府与通信、电力、自来水、城市燃气等企业签订高后果区联防协议，实现施工信息共享，提前做好管道保护预案。

（3）严格落实巡检制度。高后果区段属地巡线工、专职区长、作业区区长、分公司区长定期深入被圈隔、圈占区域和施工活动区域巡检，设置高后果区巡检关键点，Ⅲ级高后果区内无法沿管道徒步巡检的，对障碍物予以清理或设置巡检通道。

（4）加密管道标志和警示装置。高后果区管段每间隔 30～60m 以及"三穿"部位和不能打通的围墙两侧均设置高杆警示牌或明显管道标志。道路埋设不锈钢路面标志牌，间隔不超过 10m。桩体标志上方设置二维码，扫码信息包括管道输送介质、管道埋深、风险因素、影响半径及报险电话等。

（5）设置高后果区公示栏。高后果区进出通道口设置公示栏，间隔不大于 500m。公示栏内容包括高后果区基本信息、高后果区区长信息、企业和地方应急联络方式、人员安全疏散指南等。

（6）设置监控报警装置。依托通信铁塔资源，对中高风险高后果区进行 24h 视频监控，实时采集管道周边动态画面。在高后果区管道上方地面多处埋设可燃气体泄漏检测孔，使用激光甲烷探测仪每周检测一次，由站控电脑与手机 APP 远程监控。

（7）加强高后果区法规宣传。以政府部门工作人员和社区居民为对象进行形式多样的宣传，以引起对高后果区风险的重视，帮助和支持管道保护工作，掌握自救逃生知识。

3. 启示

由于高后果区内单位众多、人员密集，任何漏洞都有可能影响管道安全和公共安全。通过与高后果区内各单位联合开展管道保护法律知识和安全常识普及宣传活动，提高社会公众参与管道保护工作的积极性，群策群力防止隐患产生。目前该管线已列入当地"十四五"管道隐患治理计划，2023 年上半年已完成 50% 的迁改工程量，预计下半年完成其余整治工程后，将从根源上消除高后果区风险。

（西部管道兰州输气分公司西宁输气站李云涛供稿）

4.2.17 管道避免新增高后果区案例

1. 背景

2019 年底，精河县规划建设枸杞特色小镇项目，规划面积为 1751.5 亩，涉及西气东输二、三线 219#～220#测试桩管段周边 200m 范围。小镇规划常住人口 2000～5000 人，每年 8～15 万商旅人次，管道地区等级将由一级升级为四级，形成人员密集型高后果区，同时造成管道上方局部占压，给管道运行和周边环境带来严重的安全隐患。

2. 做法

得知这一情况后，作业区立即向当地政府有关部门及项目单位汇报沟通，送交风险告知函，申请重新对该项目进行规划。

接到风险告知函后，精河县发改委牵头组织各相关部门会同管道企业对枸杞特色小镇项目的安全风险重新进行评价，认为该项目距离管道过近，存在较大的安全风险，要求重新调整规划，在距管道 200m 范围内不修建人员密集型建筑物，管道两侧各 5m 范围内禁止修建建构筑物及种植深根植物。

3. 启示

输气管道地区等级升级和新增高后果区有多种原因，常见的为当地在管道周边规划新建居民区、商业区、医院、学校等人员密集的建构筑物。多数情况下管道企业事先并不知情，往往等到红线划定、开始动工时才能发现，而这时候再向上反映则时机已晚，调整规划的难度很大。

分公司制定了企业对外联系协调制度，要求定期走访地方政府部门，主动报备管道位置、路由走向等管道基础信息，沟通管道安全保护要求事项，宣传管道保护相关法律政策规定。通过积极争取地方政府相关部门的支持，提前掌握管道周边规划建设信息，从项目规划前期介入，在源头上减少和防止管道地区等级升级和新增高后果区，取得了比较好的效果。

（国家管网集团西部管道独山子输油气分公司王京京供稿）

4.2.18 管道因地区等级升级改线案例

1. 背景

2018 年 7 月，南京市江宁区政府在西气东输南芜支干线管道桩号 NA0m 处规划建设江苏省园博园，圈占管道 4.2km。园区主要展馆、商业街、精品园林建筑群、酒店等建构筑物分布于管道两侧 200m 范围内，距离管道最近为 17m，预计园区日接待游客 35000 人次。项目建成后地区等级将由三级升级为四级，同时形成Ⅲ级人员密集型高后果区，一旦发生泄漏、燃爆，将对建筑物和人员造成严重伤害。

2. 做法

分公司依据原国家安监总局等八部委 138 号文件关于高后果区"管好存量、严控增量"的精神，紧急致函江宁区发改委及园博园公司，提出园博园建设项目应避免形成管道高后果区，建议调整园区规划或管道改线。江宁区发改委随即组织召开协调会，要求园博园公司委托安评机构开展建设项目安全风险评价，评价报告经发改委审批后方可进行园区工程建设工作。

安评机构经过风险评价，结论为个人及社会风险均不可接受。为了不影响园区建设，园博园公司据此向分公司发函申请园区内管道改线。经过双方充分协商，并经分公司上级单位审查同意采取改线方案。新的管道路由完全绕开了园博园区域，从而避免了重大安全风险（图4-27）。

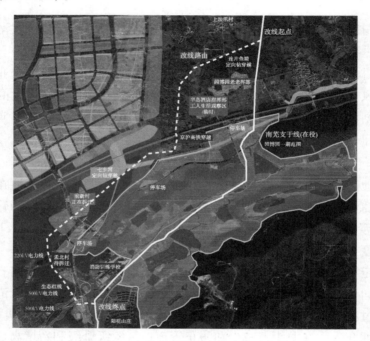

图4-27　南芜支干线南京段改线示意图

3. 启示

当前城乡建设和管道保护的矛盾比较突出，一些地方在管道周边规划建设人员密集型场所，使高后果区处于无序增长状态，带来了较大的公共安全风险。本案例中，管道企业面对政府重大建设项目，积极向当地政府和有关部门汇报，得到了理解和支持，最终采取改线方案，既满足了地方项目建设的需要又保障了管道安全运行，取得双赢结果。

（国家管网集团西气东输苏浙沪输气分公司吴桐供稿）

4.2.19　人员密集型高后果区标准化管理案例

1. 背景

中贵天然气管道的管径为1016mm，压力为10MPa，最小屈服强度为551MPa。管道沿线某高后果区管段全长3.5km，其中1.5km管道周边高楼林立，交通频繁，第三方施

工项目多，轻轨地铁站距管道较近；1.4km
管道途经某镇3个行政村，周边建有服务
外包产业园、中学、高尔夫球场等。根据
GB 32167—2015《油气输送管道完整性管理
规范》，该管段为典型的Ⅲ级人员密集型高
后果区，如图4-28所示。

图4-28　高后果区管道走向示意

2. 做法

（1）融入当地规划。主动向所在地发
改、住建等部门汇报工作，将管道纳入城
市发展规划。有关部门根据管道企业的意见，先后调整了高后区管段周边的住宅小区、
中小学、医院、危化品仓库等建设项目，从源头上避免了因人员密度增加导致高后果区
等级升高的风险。

（2）提升本体安全。对高后果区管段优先开展环焊缝隐患排查治理，累计开挖验证
20余道，对其中1道缺陷焊口进行了环氧套筒补强修复，消除了安全隐患。

（3）开展护管亮桩。强化高后果区三部位（起点、中间、终点）、三功能（目视告知
功能、风险告知功能、紧急疏散告知功能）建设。定期喷漆、张贴标识，加密"三桩一
牌"（图4-29）。在原有4个阴保测试桩、70个加密桩、20块警示牌、3块信息牌、3套
风向标基础上，更换3个测试桩、40个加密桩、20个警示牌，新增11个标志桩。

图4-29　加密"三桩一牌"

图4-30　设置警示标语和隔离栏

（4）宣传收集信息。组建微信工作群，每日掌握巡线工巡检工作情况。每月走访地
方政府，了解沿线建设规划及第三方施工情况，建立信息互通联动机制。每月入户开展
管道保护宣传。

（5）设置隔离护栏。在高后果区管段两侧各5m范围增设隔离护栏，防止无关人
员、机械进入，并在关键位置设置"高压管道，严禁靠近"标语，如图4-30所示。

（6）分级参与巡护。属地巡线工每天巡线2次，专职区长每天巡检1次，分区长每
月至少巡检2次，作业区区长每月至少巡检1次，分公司级分区长每季度至少巡检1
次，分公司级总区长每半年至少巡检1次。同时开展巡检小道建设。

（7）加强动态监测。在原有 3 套视频监控系统、2 套声光报警系统基础上，新增视频监控系统和声光报警系统，试行光纤预警系统，实时监控、掌握管道周边环境变化。在隔离护栏或者第三方施工现场安装触线报警器，配合视频监控系统，有效管控外部入侵。

3. 启示

随着地方经济建设快速发展，城乡发展与管道保护之间的矛盾日渐突出。通过加强高后果区标准化管理，保障管段本体安全，做到巡护无死角、管廊通透明目、位置标识清楚、重点部位实时监控，能够及时发现并消除地质灾害和施工挖掘活动等安全隐患，有效降低高后果区风险。

（国家管网集团西南管道贵阳输油气分公司艾力群、潘春锋、巩玉良、艾大惟供稿）

4.2.20　管道高后果区标识显现化案例

1. 背景

天水输油气分公司所辖管道全长 1428km，地处丘陵地带、秦巴山区，管道管理难度大。建设初期管道途经地区等级多为一、二级地区。随着城区建设发展，人员密集区域不断扩张，管道沿线高后果区段及风险增加，现有高后果区 215 段，共计 425km。

为了有效控制高后果区安全风险，分公司编制高后果区全域管控手册，提高三桩通视化管理标准，建设管道安全保护文化特色长廊，保障了高后果区管道安全运行。

2. 做法

（1）针对各类高后果区段，制定了地面管道标识标牌"5512TD"栽设标准以及河道显现化栽设标准。"5"即Ⅲ、Ⅱ级高后果区每 50m 栽设一个警示牌，"1"即Ⅰ级高后果区每 100m 栽设一个警示牌，"2"即其他地段每 200m 栽设一个警示牌，"T"即管道特殊部位（特殊地段可加密设置标识），"D"即管道地面标识（管道穿路的路面两侧钉入管道位置指示钢牌），如图 4-31、图 4-32 所示。

图 4-31　管道警示牌

图 4-32　管道地面标识

（2）以Ⅲ级高后果区为切入点，以"线路显现化+精准宣传"为抓手，推动高后果区三部位（起点、中间、终点）、三功能（目视告知功能、风险告知功能、紧急疏散告知功能）建设（图4-33）。

(a)　　　　　　　　　　　　(b)

图4-33　高后果区三部位、三功能建设

（3）根据管道穿越河道或沿河内敷设等情况，制定"涉水显现化"建设标准及安装图集。采取安装铭牌、拉设导索等多种形式，使得现场管道走向一目了然（图4-34）。

(a)　　　　　　　　　　　　(b)

图4-34　安装铭牌、拉设导索

（4）将管道安全保护宣传扩大至管道两侧350m范围。同时利用管道水工设施、道路、堡坎、墙面、山石、树木、村委公示栏等设施，粘贴、喷涂、镶嵌管道宣传标语，多举措展现管道安全保护元素（图4-35）。

3. 启示

推动管道目视化管理和特殊地段显现化建设，标明管道走向及位置，宣传管道遭到破坏的危害性，提升了周边群众的管

图4-35　管道宣传标语

道保护意识，及时向管道企业提供周边施工活动信息，对管控管道高后果区风险起到了积极作用。

（国家管网集团西南管道天水输油气分公司肖斌供稿）

4.2.21 基于数据对齐方法管控高后果区风险案例

1. 背景

管道高后果区兼具管道和高后果区的属性，其中涉及管道的数据参数包括管材、管径、壁厚、管道中心线、安装施工、无损检测、内外检测、阴极保护、三桩、第三方设施、管道修复、地质灾害等，涉及高后果区的数据参数包括建构筑物、河流、公路、铁路、易燃易爆场所等。数据对齐技术运用于分析管道高后果区数据参数，对于高后果区风险管控具有重要意义。

某天然气管道经过村庄附近，形成Ⅱ级高后果区，长度约为700m（图4-36）。因村民在距离管道中心线约10m处建房切坡导致形成高陡边坡。经现场勘察，坡体主要为碎石土，边坡一旦滑坡将影响管道长度约14m，给管道安全运行带来潜在威胁。运用数据对齐技术，对该高后果区的管道参数和高后果区参数进行了分析。

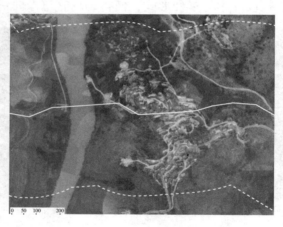

图4-36　某天然气管道高后果区影像图
（实线为管道走向，虚线为高后果区范围）

2. 做法

（1）数据对齐。将管道内检测、安装施工、无损检测、管道修复、高后果区边界、高陡边坡边界等数据进行位置对齐，统计出该高后果区内共有弯头15个、环焊缝93条，其中92条环焊缝底片复评结果合格，1条环焊缝已完成B型套筒修复且无损检测结果合格。管段内不存在大于管道外径2%的变形点，管道内外部有轻微腐蚀，最深处为管道壁厚的5%（不需要立即处理）。高陡边坡滑坡区域内有弯头2个、环焊缝3条。

（2）应力分析。以高陡边坡滑坡区域内管道为对象，利用ANSYS软件，建立该滑坡段管道应力分析模型。根据现场勘察数据，对模型施加边界条件，计算外部荷载作用下管道与焊缝的应力值。经计算，管道最大有效应力为335MPa（图4-37），最大轴向应力为325MPa(图4-38)，应力水平满足规范要求。提取受滑坡影响区域内环焊缝的应力值，结果显示满足规范要求。

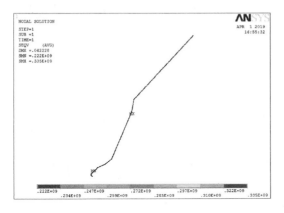

图4-37　管道有效应力云图

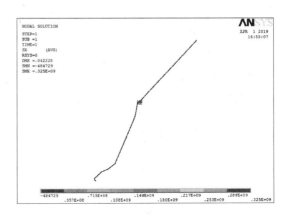

图4-38　管道轴向应力云图

（3）风险分析。将该高后果区关键数据进行对齐，综合分析影响管道安全运行的各类风险。其中环焊缝、管道变形、内外腐蚀等风险均在规定的可接受范围内。利用ANSYS软件，模拟分析滑坡条件下管道和环焊缝的受力情况，结果显示管道最大有效应力、最大轴向应力以及环焊缝应力值均满足规范要求。

3. 启示

数据对齐方法作为数据管理的基础工具，在实现管道高后果区风险管控乃至全生命周期数据一体化管理与深度应用方面起着重要作用。在目前，仍存在以下难点：一是数据采集标准不统一，这使得产生于不同阶段、不同设备的数据难以有效整合；二是数据处理模型不通用，无法做到管道数据的全面分析与综合管理；三是数据成果应用还不深入，需进一步挖掘数据间的关联与规律，并将结果应用于现场工作中。建议加快开展管道数据管理相关技术、标准规范的研究与应用，为管道大数据发展及推广应用提供强有力的支撑。

（国家管网集团西南管道公司吴东容、谢跃辉、王彬彬、王爱玲、方迎潮供稿）

4.3　研究分析

4.3.1　问题与教训

近年来，管道沿线高后果区不断增多，导致管道安全风险、公共安全风险增大，主要原因是：

（1）受管道路由限制影响。管道作为线性工程，受地理条件限制，有时不可避免地要穿越江河、湖泊、水源地以及居民点等，从而形成了一些环境敏感型高后果区。

（2）受城乡规划建设影响。随着城市化进程加快，许多原来在郊区的管道逐渐被居民区、商场、医院、学校所包围，从而形成一些人员密集型高后果区。

（3）受新建管道选线影响。部分管道建设选线事先开展风险评价不充分，对当地中长期发展规划了解不够，没有对现有或将会产生的高后果区采取避让措施，管道建成之日就是高后果区形成之时。

（4）受相关设计规范的影响。现有管道工程设计规范将管道建设选线与建筑物、构筑物之间的距离规定为不小于5m，一些地方政府规划部门将此作为建设项目选址的依据，从而造成管道周边高后果区无序增长。

4.3.2　改进措施

众多案例表明，高后果区管理需要政府部门和管道企业通力合作，在控制增量和管好存量方面采取有力措施。

1. 控制增量方面

（1）政府部门应做好以下工作：

对新增高后果区的合法合规性进行必要审查，严格履行审批程序，明确主管管道保护工作的部门及相关部门、管道企业和社会单位等各法律主体对高后果区管理"严控增量"的责任和义务。

加强管道周边建设项目管理，严格控制在管道周边规划修建居民小区、商场、车站、学校、医院等人员密集型场所，防止地区等级升级，从源头上避免形成新的高后果区，有效降低事故人员伤亡的风险。

研究制定管输介质泄漏控制与燃爆事故后果控制所需安全间距及评估方法，建立高后果区量化评估模型和评分指标体系，完善严重程度的综合度量，设置立即处置、重点防控和长期监控等技术规范。

建立风险管控资源投入保障机制，地方编制、调整国土空间规划时需要管道改建、搬迁或者增加防护设施的，应与管道企业协商确定补偿方案，防止企业的有限资源应对社会无限需求，确保可投入资源的持续性。

（2）管道企业要做好以下工作：

用管道完整性管理理念指导管道建设，建设期进行高后果区识别，及时开展风险评价，管道选线采取避让人员密集场所、优化路由选择或增加设计强度、缩小阀室间距等预防地区等级升级的措施。

就管道周边土地开发利用建立政企协商机制，加强规划、建设等前期信息收集，密切关注周边土地"三通一平"、挂牌出让等前期建设动态，及时向政府部门汇报，避免因地区等级升级形成高后果区。

2. 管好存量方面

（1）政府部门应开展以下工作：

完善已有高后果区存量管理，防范因地方建设导致地区等级升级，对风险不可接受的高后果区存量，在政策、资金和管理等方面支持管道企业，通过降压、停用、拆迁、改线等方式彻底消减风险。

加强管道周边土地利用规划管理，明确管道周边禁建限建要求。在管道中心线两侧建立管廊带、保护带和咨询区，在保护带范围内禁止修建人员密集型等场所，在咨询区内修建上述场所需进行安全评估。

（2）管道企业要做好以下工作：

建立政企协商机制。加强管道周边土地开发利用、规划建设等前期信息收集，发现可能导致地区等级升级的规划建设项目，通过走访建设单位和政府相关部门，积极协调避免因地区等级升级形成高后果区。

周期性地开展高后果区识别与风险评估，分析防范高后果区的安全风险。将管道发生泄漏可能进入市政管网的区域识别为Ⅲ级高后果区。高后果区细分为人员密集型、环境敏感型、易燃易爆场所和交通设施四种类型。

加强高后果区管道巡护、本体监检测与维修等高后果区管理工作。按照高后果区"一区一案"要求，制定应急预案与现场处置方案，与政府联合开展应急演练和公众法治宣传、风险告知、逃生训练等安全教育活动。

第5章 科技手段应用

5.1 管道保护法相关要求

随着输油气管道建设的快速发展，管道安全保护工作日趋繁重。应用先进的科技手段能够提高管道保护水平，降低管道运行风险，增强管道的安全性。管道保护法第九条规定："国家鼓励和促进管道保护新技术的研究开发和推广应用。"第二十四条规定："管道企业应当配备管道保护所必需的人员和技术装备，研究开发和使用先进适用的管道保护技术，保证管道保护所必需的经费投入，并对在管道保护中做出突出贡献的单位和个人给予奖励。"

为了确保管道的安全运营，管道企业坚持人防、物防、技防和信息防的有机结合，在强化管道管理和日常巡检的基础上，不断研发和配备各种装备，全面提升技防水平。如推行了管道完整性管理及其检测评价、监测预警、腐蚀防护、视频监控、应力应变监测和无人机应用等，应用人工智能手段对特定的安全风险进行识别、主动防范。西气东输工程开展管道保护管理与技术创新实践，实现了管网长期平稳、高效、安全运行。中俄东线引入"全数字化移交、全智能化运营、全生命周期管理"的智慧管道理念，在设计、建设、运营阶段均实现了从二维平面到三维空间的飞跃，实现了"全数字化移交"等目标。

5.2 典型案例剖析

5.2.1 山地管道地质灾害监测预警平台开发应用案例

1. 背景

西南管道公司所辖管道超过 $1×10^4$ km，主要分布于川渝滇黔桂等地，其中70%是山地管道，地质灾害风险突出，加上外载荷、环焊缝质量和高后果区等风险叠加，给管道安全运营带来了挑战。为增强管道安全生产的感知、监测、预警、处置和评估能力，解决山地管道管理难题，建设了集信息化、智能化和可视化于一体的管道地质灾害监测与预警平台，列入了工业和信息化部、应急管理部《"工业互联网+安全生产"行动计划（2021—2023 年)》试点应用场景，获省部级科技进步二等奖 1 项，形成公司企业标准 2 项，出版专著 1 套。

2. 做法

（1）平台架构。平台基于 HTML5 技术，采用 B/S 架构模式，主要由感知层、网络层、应用层三部分组成（图5-1），实现数据采集、传输、存储、分析与展示（图5-2）。

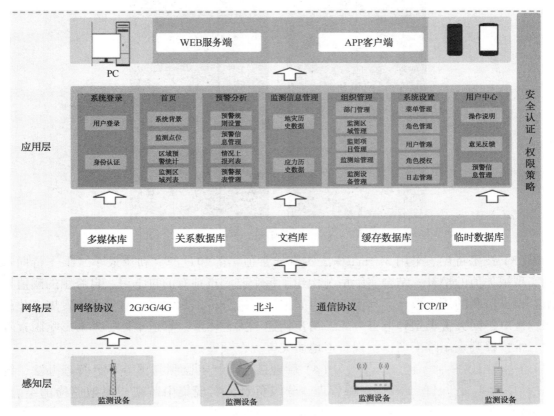

图5-1 地质灾害监测与预警平台架构

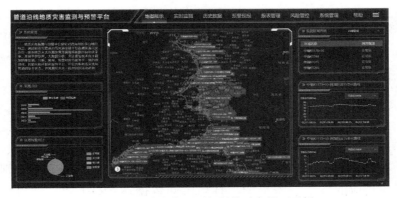

图5-2 地质灾害监测与预警平台界面示例

（2）平台功能。包括地图展示、实时监测、历史数据、预警预报、报表管理、系统管理等功能模块，实现管道地质灾害的实时监测与管理。同步研发手机版"地质灾害监测预警 APP"（图5-3），具有监测数据浏览、预警信息查看、现场信息反馈上报等功能，实现"现场+后台"的互动。

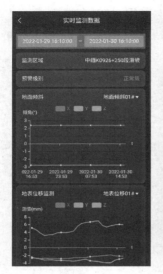 

图5-3 平台手机APP界面示例

（3）技术特点。采用3sigma算法实现异常值消除和过滤。利用最小二乘支持向量机实现缺失值的填补，结合实际情况构建了每个监测点独有的自学习、自修正的阈值模型。根据监测的历史数据，利用长短时间记忆网络分析预测灾害未来一周的发展变化趋势。针对不同灾害类型和危害方式，初步构建了灾害体形、管道本体、外部影响因素等的三维预警判别矩阵模型，实现管道地质灾害综合预警。

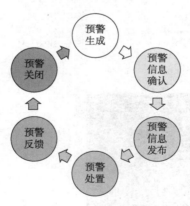

图5-4 预警流程

（4）管理措施。制定监测与预警平台管理办法，统一管理、分级负责，实现集中监视与属地巡检的结合。根据不同的预警级别设立红黄蓝三色预警体系并推荐处置措施。建立预警生成、信息确认、信息发布、处置反馈、预警关闭等一套完整的闭环流程（图5-4）。

编制相关技术标准规范，为工程建设提供依据，确保监测设备选型的合理性、监测点位的科学性、监测工程的有效性。

（5）应用效果。平台已在中缅、中贵、兰成渝、兰成等9条油气管线上设立了185个监测点，包括滑坡、水毁、采空区、堆土区、高后果区、跨越、隧道、焊缝等风险类型。布设了998台多类型智能感知监测设备，包括地表位移计、河道下切监测仪、雨量计、应力应变计等设备类型。日均监测数据达$3×10^4$条，监测数据总量超过$3000×10^4$条。平台先后发布预警500余次，成功预警了中缅线K321滑坡、中贵线K466+500m滑坡、中贵线K1294+979m滑坡等多处风险，均通过及时采取应急措施，消除了安全隐患，避免了事故发生。监测的河道下切数据为马元河、瑞丽江等管道大开挖穿越河流段治理提供了数据支撑，辅助管理部门决策。

3. 启示

地质灾害监测与预警平台实现了从静态分析向动态感知、从事后应急向事前预防、从单点防控向全局联防的转变。

由于地质灾害风险点数量多、类型复杂，发育处于动态变化中，需要增设现场监测点，以不断地完善监测网络，实现沿线地质灾害的全面管控。

需要持续实践和技术迭代升级，提升监测数据分析处理技术水平，优化预警模型，将专业人员多学科综合判断经验转化为知识库，形成专家系统。

（国家管网集团西南管道公司方迎潮、梁栋、吴东容、席国仕、刘小晖供稿）

5.2.2　北京市管道保护管理信息系统开发案例

1. 背景

北京市城市管理委员会的"石油天然气管道保护管理信息系统"（图5-5）于2017年12月建成投入使用，旨在掌握全市油气管道的基础数据和运行、管理情况，加大监管执法力度，加强与管道企业的信息交流合作和管道保护宣传等。

2. 做法

（1）统计模块。具有统计任务下发、在线填报、提交、审核、汇总、统计、分析、查询、输出等功能，实现了管道保护信息线上填报、审核和流转，提高了数据精确度和填报审核效率。

（2）审批备案管理模块。具有市、区两级许可及备案事项登记、查询、统计等功能，为管道保护日常管理和风险防控提供了数据支撑。

图5-5　系统界面

（3）隐患排查治理模块。建立了管道占压、安全距离不足、交叉穿跨越等管道隐患台账。结合小卫星遥感监测数据，完善了管道占压隐患"发现、下发、核实、治理、反馈、验证"的管理流程。具备管道企业隐患上报功能，实现了隐患治理工作闭环和动态监管。

（4）监督检查模块。用于管道保护执法检查事项，可下发、反馈监督检查任务，实现了监督检查管理闭环、全程留痕。

（5）一张图与综合查询模块。以油气管道基本空间数据为基础，周期性地更新隐患点位数据、场站点位数据、突发事件点位数据等。

（6）应急管理模块。实现了应急队伍、重大活动保障、应急演练、突发事件以及通讯录的管理。

（7）高后果区管理模块。建立了高后果区台账，收录了高后果区的信息数据，实现了全市油气管道高后果区动态管理。

该系统为市、区级主管管道保护工作的部门、执法部门、管道企业等单位设立了58个账户，隐患治理模块共监测隐患210条，各单位登记许可备案39件、执法事项7件，高后果区数据录入255项，通知公告、工作动态等更新近100条。

3. 启示

政府主管管道保护工作的部门及系统运维单位应关注后台数据和用户反馈，分析系统可提升的空间，不断完善系统功能，提高系统的可操作性和模块的有效性。加强系统使用的技术培训，对各单位联络员定期进行岗位培训，督促管道保护相关单位、管道企业提高系统使用率。

（北京市城市管理委员会白丽媛供稿）

5.2.3 山东省油气管道综合管理信息平台应用案例

1. 背景

山东省作为油气管道大省，管道安全保护和保供的任务十分繁重。为提升管道保护监督管理水平和天然气供应保障工作质量，山东省基于"互联网+监管"的思路，建设融合管道地理信息、保障供应和安全保护为一体的油气管道综合管理信息平台，为省市县三级能源主管部门以及管道企业等提供互联互通、业务协同服务。

2. 做法

（1）技术措施。平台前端页面采用HTML、CSS、JavaScript等基础技术进行开发，搭配灵活高效的前端框架Vue。后端开发采用Java编程语言，搭配相应的后端框架如Spring Boot来实现业务逻辑和接口开发。同时使用数据可视化工具，如Cesuim技术以及Echart图表能力，将数据以图表、地图等形式展示给用户，方便用户查看和分析数据，负载均衡技术Ngnix和高可用容器化架构保证了平台的稳定性和可用性。

（2）系统功能。平台具有5个功能模块（图5-6）。

图5-6 平台5个功能模块

① 管道运行监控系统。基于互联网、物联网和地理信息系统（GIS）技术，采集管道运行管理过程中的各种参数和数据，接入平台动态更新，利用卫星遥感解译技术，智能

识别排查管道风险隐患，即时发出预警信息。建设管道运行监控驾驶舱，实现管道运行状态展示、分析、预警和追踪功能，通过管理仪表盘、逻辑视图等逐层逐级对管道运行指标进行全方位监控(图5-7)。

图5-7　管道运行监控系统

② 天然气供需预测预警系统。采集获取全省天然气上游供应、中游管输和下游需求信息。汇总分析天然气供需气量、价格和管输效率等数据，结合国际环境、经济社会发展、能源结构调整、气候变化等因素，建立算法模型，预测天然气供应消费趋势、管输剩余能力，对接上下游供需，及时发布预警信息。

③ 管道大数据分析预警系统。通过管道安全管理业务梳理和数据流分析，整合各类数据资源，全面一站式完成管道属性数据、设备数据、用户数据、运行数据、地理数据、事件数据等多源数据的采集、存储、管理、计算和应用，实现全省管道数据科学分析、集中展示、智能应用。

④ 运营业务管理系统。统一数据标准，建立数据齐备准确的管道运营业务管理系统。完善油气管道竣工测量图电子化备案等工作流程，推进省内各管道企业的天然气、原油、成品油管道数据采集、数据管理、数据分析工作，实时、全面地掌握管道运行状况。

⑤ 门户网站。包含新闻发布、新闻管理、新闻编辑、新闻查询等相关功能，及时发布准许向企业、公众公开的信息。建立服务窗口，提供公众咨询服务，包括政策法规咨询、保护监管咨询、挖掘作业涉及管道位置咨询、业务办理咨询等。

目前，该平台主体功能于2022年12月完成开发建设并通过验收评审，已录入油气管道$1.4×10^4$km，涵盖全省天然气供需数据。目前正在通过组织全省行业主管部门及企业培训，推进油气管道综合管理信息平台应用。

3. 启示

山东省开发和应用油气管道综合管理信息平台，提高了政府能源主管部门油气管道数字化管理水平，提升了管理效果，采用遥感影像解译的方式能更加准确、快捷、高效地识别风险隐患，辅助企业排查隐患，具有一定的推广应用价值。但是目前在多源数据的融合方面还有局限性，对不同数据源、不同精度的数据融合研究有限。因此，要进一步挖掘油气长输管道数据价值，整合空间地理信息与多源传感数据，通过智能化分析，以 GIS 技术为基础，将管道本体隐患与外部隐患结合，不断完善油气管道智慧化监管，实现科学精准管控。

（山东省石油天然气管道保护服务中心张梦奇供稿）

5.2.4 管道巡护智能语音交互系统应用案例

1. 背景

国家管网华南分公司所辖管道途经粤桂黔等地，目前多采用人工巡检方式。由于巡线工和相关物权人使用本地方言现象比较普遍，当发现异常情况需要上报管道企业管理人员时，存在语言沟通障碍，以致相关信息不能顺畅交流，影响工作的正常开展。加上缺少数字化管理手段，问题的内容、状态、处理效果和进展都难以有效跟踪及统计。为此，2019 年分公司开发了智能语音平台，重点解决相关人员信息沟通协作和数字化管理问题。

2. 做法

（1）构建管道巡护智能语音交互系统。对管道沿线的巡线承揽人、物权人、内部管理人员的信息进行整合关联，结合通信、SIP 技术，包括语音网关、中继器等设备，实现智能交互的管道巡检。同时，系统还具备自动化分析与处理巡检数据的能力，能够快速准确地识别管道异常，提高管道故障的检测效率和准确性。系统设计框架分为用户层、展示层、业务应用层、应用支撑层、数据资源层、基础设施层。在运行维护保障体系和信息安全保障体系下，通过统一汇聚服务，完成与外部系统、设施设备的现场数据采集汇聚与信息交换。系统采用主流的 J2EE 三层 B/S 框架，其中后台为 Spring 轻量级框架，保障了系统的拓展性。数据库为 MySQL 框架，前端为 Vue、RequireJS、jQuery 集成框架。

（2）构建基于双汇报机制的智能语音平台。通过 400 电话+智能语音上报平台，将电信资源与现代 CTI 技术结合，建立华南公司免费统一呼叫中心，结合创新的智能交互管理系统，使用用户覆盖 7 省市。通过人工智能技术改进业务流程，对物权人、沿线群众等外部服务对象的沟通，以多方对话的方式实现。采取交互设计对内部工作人员提供信息、数据备份及分析等支撑，提升服务质量，提高运营效率，降低成本(图 5-8)。

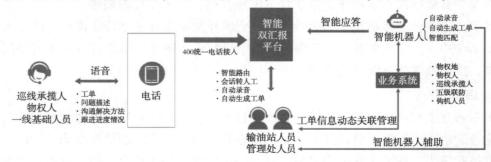

图 5-8　双汇报机制示意图

（3）使用效果。平台建成以来已完成物权人、物权地、巡线承揽人、五级联防、挖掘机司机等约 $15×10^4$ 条信息数据维护管理。完善了内报协同工作流程，统一了 400 客服电话，实现了多方沟通的数据追溯及数据分析，完成处理双汇报通话量约 $8×10^4$ 次，结合钉钉应用访问，日均访问超 2543 次，有效汇报约为 $4.95×10^4$ 次，占比为 61.7%（图 5-9）。

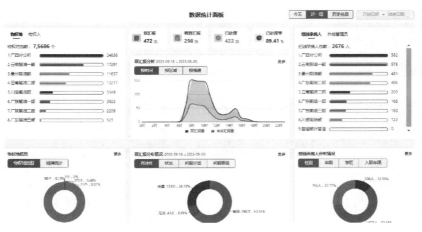

图 5-9 双汇报数据大屏

3. 启示

本案例与传统巡检方式相比，其优势主要体现在以下方面：首先，智能语音管理系统采用了通信技术、互联网技术，能够全面快速地沟通和处理管道巡检问题，提高了管道故障的巡检效率和准确性；其次，系统投用以来已处理完成大量的通话量，有效预防了违法施工作业等威胁管道安全事件的发生，提高了管理工作效率，降低了管道故障的发生率，实现了提质降本增效；再次，通过树立统一 400 客服品牌，提高了管道企业与外部有效沟通的效果，拓展了社会公众参与管道保护的渠道。

（国家管网集团华南分公司管道部谢成供稿）

5.2.5 智慧管网管理系统开发应用案例

1. 背景

为了提升管道安全运行水平，有效应对复杂的外部环境，保障管道安全运行，浙江浙能天然气运行公司依托大数据和信息化技术，开发了包含四项主要功能模块以及五大检测、预警和综合管理的智慧管网管理系统，从"空、天、地"多维度对管网安全实施监控。

2. 做法

（1）结构框架。智慧管网是一个综合计算、网络和物理环境的多维复杂系统，通过3C（Computing、Communication、Control）技术的有机融合与深度协作，实现实时感知、数据分析和信息服务，整体架构基于分层设计来实现，自下而上分为感知执行层、基础设施层、基础数据层、核心服务层、统一接口层和应用层等六个层次（图 5-10）。

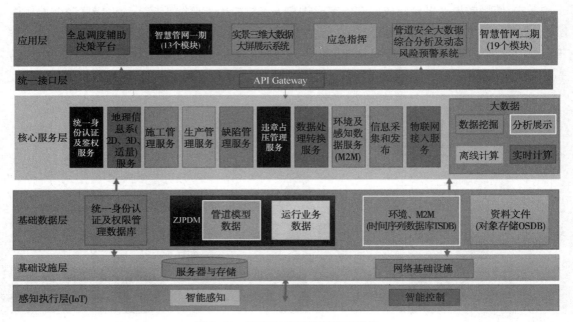

图 5-10　浙江天然气智慧管网架构

（2）主要模块。智能管道模块，包括光纤振动预警系统、智能阴保系统、地质灾害监测系统、管道智能摄像系统、管道智能巡检系统、管道保护业务系统等；智能站场模块，包括输气站运行及站内施工的管理系统等；智能调度模块，利用水利仿真、GIS 数据、AI 摄像分析等技术解决输气计划执行、应急调配等问题；可信网络模块，主要包括可信计算软件等。系统主要模块如图 5-11 所示。

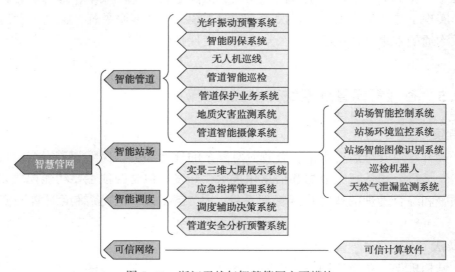

图 5-11　浙江天然气智慧管网主要模块

（3）使用效果。光纤预警系统解决了人工巡查存在时间盲区的问题，巡线人数减少了 19%，第一时间发现事件率提高至 95% 以上，夜间施工发现率大幅提升；高后果区智能辨识系统提高了辨识效率和精度，时间缩短80%以上、精度提高30%以上；智能阴保系统能及时发现未有效保护管段，人工采集数据难的缺点得到了改善和弥补；无人机智能巡检系统解决了地质灾害排查人员易中暑、滑倒、无法及时救援的问题，将台风后地质灾害隐患首次发现时间由原来的48h缩短至12h，降低了隐患排查成本；实现了风险管段一键输出、风险一目了然，为企业资源投入、管理措施制定提供了决策依据。

3. 启示

智慧管网建设要紧密结合企业生产实际，以解决企业安全生产中的实际问题为导向，在框架构建、模块设计、代码开发、配套科技手段研发和成本效益上进行统筹考虑，以使各模块能够满足总体运行需要，避免形成数据孤岛。系统在试运阶段需要生产部门的大力配合，只有使数据跑起来、系统动起来，才能真正产生安全与效益。

（国家管网集团浙江省天然气管网公司技术服务中心范文峰供稿）

5.2.6 光缆哑资源数智化管理平台建设案例

1. 背景

油气管道埋地光缆线路一直以来存在监测难、故障点定位难、故障处置效率低等问题。国家管网华南分公司为此积极探索光缆数智化运维管理平台建设应用。

2. 做法

（1）管道光缆的数智化管理。以光子感知技术为基础，运用物联网、地理信息平台以及哑资源管理等技术，满足光缆监测告警、故障分析定位、线路维护管理等功能要求，为光缆的安全高效运行提供保障。

（2）光缆准确定位与主动运维。利用 Φ-OTDR 传感技术，实现光缆位置精准定位和光网络基础数据快速采集，进行光缆资源精准核查，形成网络基础数据一张网。结合人工智能算法，实现线路资源自动分析、网络瓶颈自动识别、路由智能规划等创新应用；采用双向对打超长距 OTDR 拼合算法技术，解决光缆长距离监测难点。实现对光网络健康预测与可视化，提前预测劣化类故障风险并自动定位风险点位置，实现主动运维，提升网络运维效率。

（3）构建光缆运维哑资源一体化平台。将线路站点、光缆、设施点等哑资源资产进行数字管理。在资源管理方面，通过仪器设备和后台系统，将哑资源基础信息接入到大数据后台，结合 GIS 地图，形成整体网络可视化路由信息。在质量管理方面，通过多样化检测仪表等工器具，实时掌握光缆质量动态信息，进行光缆外力破坏预警监测。在运行管理方面，通过光纤全方位静态数据和动态数据整合，契合融入业务处理工作流程，编织光纤运行数字化网络，实现科学化智能运行。在统计分析方面，运用数据模型对业务进行多维度的分析，有针对性地开展管理防治工作。

（4）项目成效。2022 年已完成全网 68 条光缆全覆盖。实时对光缆进行了自动化测试，能在第一时间发现光缆故障，管理人员决策效率提升 50%以上。实现了管道与光缆的数据对齐。光缆点可以快速定位到具体管道桩牌，有效解决了光缆定位不准确、响

·209·

应不及时等问题(图5-12);实现了快速、精准、先进的故障定位(图5-13),定位时长从原来的几小时缩短到5min内。方便了管理者及维护人员操作,运用光缆在线检测仪、光缆巡线仪及各类自动化传感器实现了光缆线路的全数字化监测。

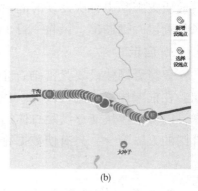

(a)   (b)

图5-12　管道与光缆数据对齐

图5-13　故障点精确定位

3. 启示

该项技术将传统的人工检测方式变为设备实时在线监检测及预警,减少了故障的发生。有经验的工程师可远程操作解决现场线路重复拔插损坏和误操作等问题,实现了光缆全生命周期管理。解决了人工重复低效的检测问题,便于将工作重点放在问题解决和提高质量上面。

(国家管网集团华南公司管道部谢成供稿)

5.2.7　输气站场激光检测可燃气体技术应用案例

1. 背景

天然气属于易燃易爆气体,浓度较高,在天然气站场一旦发生泄漏,很容易形成爆炸云团，引发火灾爆炸甚至人员伤亡事故。传统的可燃气体泄漏检测方法主要有超声波检测法、压力速降法、催化燃烧法以及红外对射法等。但这些方法要么只能检测较大泄漏，要么受空气环境影响较大，目前对于微小泄漏还主要依靠人工听音、喷肥皂水检测的方法。近年来，激光检测技术在甲烷气体检测方面取得了很好的效果。国家管网集团北方管道公司全面引进该技术，在中俄东线天然气管道站场应用激光检测可燃气体泄漏，取得了很好的效果。

2. 做法

（1）技术特点。该技术基于甲烷气体对特定波长的激光具有吸收效应且吸收强度与甲烷气体浓度相关（朗伯-比尔定律）的原理而设计，可单独应用于具有易燃易爆气体、可燃性粉尘的环境中，利用半导体激光器的窄线宽特性，可实现对甲烷气体的高度选择性，不受其他气体、水蒸气、粉尘等干扰，实现对甲烷气体泄漏的监测和报警，具有灵敏度高、抗干扰性强、选择性好、精度高、响应速度快和远距离遥测等优点，可实现天然气站场内的微小泄漏（10^{-6}级）检测。

（2）云台结构。激光可燃气体检测云台由防爆云台、视频监控、气体检测以及监控软件四个模块组成，具备认证机构颁发的 SIL2 认证，具有内置加热功能，确保产品在 $-40℃$ 时仍可以正常工作，避免玻璃窗口因天气变化引起的结晶、结露或积雪。

（3）监控软件功能。监控软件具有气体浓度及视频监控、运动轨迹设置、历史数据查询、报警视频自动录像等功能，可实现天然气泄漏实时监控。同时监测信号通过 485 线接入站控 SCADA 系统内，当发生可燃气体泄漏报警时，调控中心可实时监控。

（4）管理效果。该技术目前已在中俄东线全线应用（图 5-14），监测信号实时传输至站场监控室以及调控中心。当发生报警后，站内人员可及时赶赴现场进行检测。针对无人站，调控中心通知

图 5-14　激光可燃气体检测云台应用现场

维护人员赶赴现场查验，实现了集中监视与属地巡检的结合。建立了预警发布、现场检查、处置反馈、预警关闭、应急管理闭环流程，及时处置天然气泄漏状况，为站场安全管控提供了有效技术手段。例如作业区某站发生天然气泄漏报警，站控人员立即进入工艺区进行核实，确定是该点位法兰泄漏后立即开展维修，10min 内完成了泄漏处置，保障了天然气输送安全。

3. 启示

激光检测可燃气体技术改变了以往依靠人工听音、喷肥皂水检测的做法，大大提升了天然气站场微小泄漏智能化检测水平，有效管控了因天然气泄漏引发的安全隐患。激

光检测可燃气体技术目前为一道光束云台扫描方式，通过截屏无法确定泄漏点的具体位置，还需要进一步提升泄漏定位功能。

（国家管网集团北方管道有限责任公司技术支持中心赵云峰供稿）

5.2.8 管道智能巡检平台应用案例

1. 背景

为了加强巡护业务管理，改进和提升巡护质量，西气东输银川分公司密切结合生产实际，以问题为导向，不断总结经验教训，开发了基于信息技术的管道智能巡检平台，改变了传统巡检痕迹卡签字的管理方式。

2. 做法

（1）设计智能巡检平台。基于信息技术的管道智能巡检平台由实时 GPS 巡检器、通信网络、监控管理中心、GIS 地理信息系统组成（图 5-15）。巡检人员佩带 GPS 巡检器，实时接收卫星发送的经度、纬度、时间等位置信息，显示在巡检器屏幕上。到达指定巡检点后，将定位信息及事件状况信息通过 GPRS 网络实时传回监控管理中心服务器，为管理人员分析、处理、统计和考核提供依据。管理人员可随时查看各巡检人员的巡检到位、巡检轨迹和异常点分布等，实现对巡检工作信息化、数字化、网络化、图形化管理。

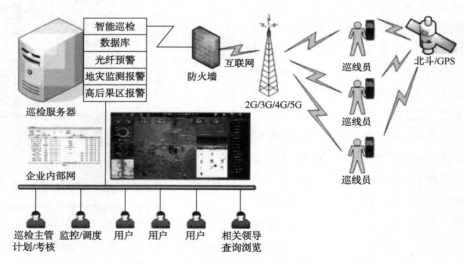

图 5-15　管道智能巡检平台结构示意图

（2）巡检数据模块化管理。平台将巡检过程中的关键要素信息，包括巡检总人数、在线人数、班组及相关巡检人员的在线和离线情况，实时展示在巡检地图中。对于单一巡检个体，显示巡护必经点、巡检轨迹、开始时间、结束时间、有效巡检时长、巡检距离等。如出现巡检人员的违规行为，系统将实时在手机 APP 终端、巡检监控中心两端进行报警，自动监督纠正。系统每 1 次/15s 实时上传巡检人员的位置、时间、轨迹等动态信息并绘制在巡检地图中，直观显示巡检的有效性。

（3）数据采集模块。统计各个巡检区段的数据采集情况，内容包括基础设施类、管道保护类和隐患信息以及测试桩、里程桩、转角柱、走访信息、警示牌等。

（4）综合报表模块。主要统计内容包括巡检人员姓名、计划名称、巡检日期、班次、开始时间、结束时间、已巡/应巡点、有效时长、巡检时长、有效里程、巡检里程、有效巡检平均速度、在线时长要求、有效距离要求、巡检速度要求等，可作为日常考核依据。

（5）应用效果。自2020年管道智能巡检平台应用以来，分公司管道有效巡检率达到98%以上，线路巡检人员的不巡、少巡、漏巡现象减少约90%，管道上方施工作业事件提前发现率提升了40%，大大消减了管道、光缆损伤风险，施工现场预控率达到100%，每年可节省巡线车辆费用超过50万元。

3. 启示

管道智能巡检平台的推广应用，实现了管道巡护管理数据、资源一张图和"让数据说话"；提升了管道巡检的精细化管理水平，巡检质量管控由事后管理变为事前、事中管理；实现了预警信息快速、高效、精准和闭环处置，有效加强了对管道重点部位和第三方施工现场的监控；大幅度减少了巡检管理的人力物力成本。今后还需进一步提高巡线管理的智能化、信息化水平和减少人工参与度。

（国家管网集团西气东输银川输气分公司王飞、刘海静供稿）

5.2.9 管道智能视频监控系统应用案例

1. 背景

塘沽-燕山石化输油管道复线于2007年6月投产，全长217.19km。2018年，为防范打孔盗油、挖掘施工损坏等事件的发生，国家管网集团东部储运公司加大技防措施，安装了铁塔智能视频监控系统(图5-16)。

2. 做法

（1）技术措施。借助人工智能和大数据技术，对塘燕复线56km管道进行全天候全覆盖监控。智能视频监控系统采用AI深度学习检测模型，利用大数据流计算分析时序行为，建立大规模数据库，训练针对特别场景的识别模型，引入模型的学习更新机制，对管道周边进行安

图5-16 智能视频监控系统的管道路由显示

全隐患定位和及时响应。安装红外双光谱摄像头和激光夜视摄像头，对目标区域进行扇形扫描，并通过虚拟专网向数据中心上传预置位场景图片，可以覆盖管道周边1.5km范围，并对监控区域内出现的驻留和违法入侵等各种行为进行告警。

（2）应用效果。系统自上线运行4年以来，已处理告警数达到45万条，有效告警率超过95%，成功制止了管道上方取填土、植树、清淤、修路等施工作业597起，切实

提升了管道安全防护水平。

3. 启示

充分利用大数据、云计算，整合现有技术资源建立智能管理平台，实现对管线全面监控和数字化、网络化、智慧化管理，可有效提升对施工挖掘损坏和打孔盗油行为的防控力度，满足管道企业和地方政府部门对管道高后果区或高风险区域进行实时管控的需求。

（国家管网集团东部储运公司李昕供稿）

5.2.10 智能管道示范区建设案例

1. 背景

长庆油田第二输油处选择管径和输量较大、工艺设施齐全、数字化基础条件良好的庆咸原油管道开展智能管道示范区建设，于2020年底全面建成投用，为输油业务高质量发展提供了样本。

2. 做法

（1）统筹规划。制定了智能管道五年总体规划，持续优化建设方案，学习借鉴国内外同行的先进理念，确保方案的先进性。主要领导挂帅建立了中型矩阵式项目组，人、财、物向项目倾斜。

（2）需求引领。重点开展自控系统完善、双高区智能监测、管道及站场数据恢复、数据子湖建设、输油生产智能分析等子项目建设；重点建立管道实时仿真、能耗实时评测、设备状态监管、报警智能管理、应急智能处置、计量电子监管等6大功能模块（图5-17）。针对原油密度在线测定、双高区智能监测等重难点问题开展专项科研攻关。

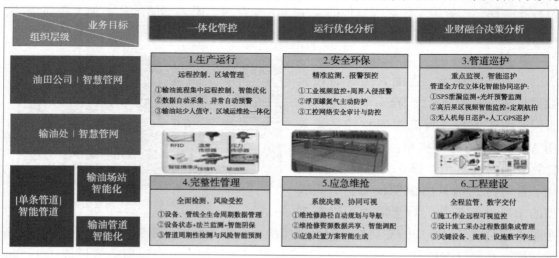

图5-17 智能管道总体规划

（3）数据为本。开展管道及站场数据恢复，构建数字孪生体平台，形成数据资产集成、闭环管理机制。同步开展大口径输油管道智能化管理模式研究，探索构建了"管道集中调控区域运维""天地人立体智能协同巡护"管控机制，实现了"人机、站线、运维抢"一体化。构建智能管道岗位责任标准、定额管理标准、管理实施细则、机关业务流程、基层业务流程体系。落实常态化培训，构建知识共享平台，培训组建数字化维护队伍，促进全员适应智能化转型发展（图5-18）。

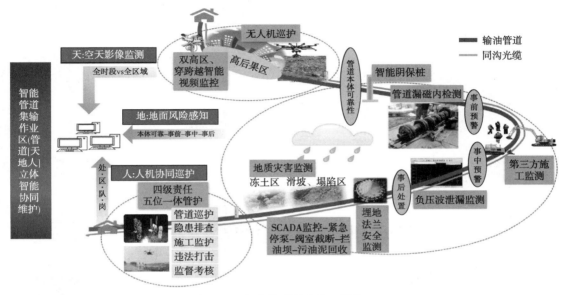

图5-18 智能管道数字化运维管理

目前集成了管道设计、建设和13个运营监测系统数据6000余万条，建成与管道和站场1:1对应的数字孪生体，建立了6大智能应用场景，风险事件主动预警准确率达到98%以上，技术分析效率提升80%。庆咸集输作业区实现管道定期检测，换管修复缺陷点3处，开挖修复170余处，提升了本质安全，盘活用工20%以上，管道输送能力提升约34%，生产直接成本费用下降35%。2020年节约电力、减阻剂等费用293万元。

3. 启示

课题组开展跨行业研讨交流，借鉴国内外先进经验，保证了示范区实施方案科学、合理、低成本，初步实现了智能控制、风险预警、智能分析与预测决策，为"两化"融合培养了复合型人才，今后计划采取内部培训培养、院校机构代培等方式加快提升员工队伍的专业技能水平。

（中国石油天然气股份有限公司长庆油田第二输油处张玉龙、李鹏凯、宋夏红、刘付刚供稿）

5.2.11 运用5G和无人机技术巡检成品油管道案例

1. 背景

国家管网集团华东分公司苏南成品油管道南京~镇江段长85km，沿线城市、集镇密集，丘陵、农田、水网遍布，施工作业活动频繁，安全风险突出，分公司研究运用5G和无人机技术提升管道巡检质量，保障管道安全运行。

2. 做法

（1）技术原理。应用移动互联网 5G 技术、无人机技术、大数据分析技术和人工智能技术，通过管道沿线的 5G 基站构建覆盖管道的 5G 无线传输核心网络，由无人机挂载 5G 处理终端开展管道巡护业务，将飞行过程中拍摄的视频影像数据通过 5G 网络发送到云平台中，进行实时展示、分析和处理。同时，借助 5G 网络高速率、低延迟的特性，操作人员通过云平台控制无人机飞行轨迹（图 5-19）。

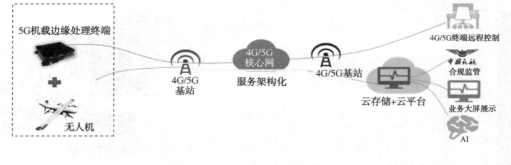

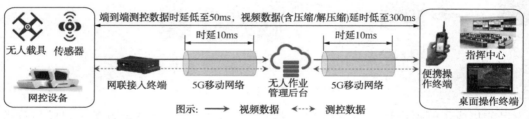

图 5-19 5G 无人机巡检架构设计和 5G 数据传输平台数据传输示意图

（2）技术要点。5G 移动网络超高带宽、超低时延的端到端数据通信，保障了无人装备控制和远程即时交互满足工业现场级互联要求，测控数据时延低至 50ms，视频数据时延低至 300ms。统一的无人化数据管理，将系统分为装备、资源、作业任务三个层次，对各种无人载具、传感载荷以及执行载荷进行统一管理，协调作业区域/路线、资源，避免发生冲突。便捷的远程操控，使无人机运行数据和实时画面通过专用 APP 便捷地分发到其他远程跨专业和跨地域人员的计算机、手机等终端，随时随地获得专家指导和远程协助（图 5-20）。

（3）技术措施。针对管道巡检的 5G 专网开展建设方案设计，在南京~镇江段管道建设了 6 处 5G 基站，搭建了 5G 低空专用网络，实现了 5G 信号在 85km 管道的全覆盖。选用符合起降场地条件要求、无燃油（安全）、单程 100km 航程、搭载多种高分光电载荷和无人机专用 5G 数据接入终端，支持全天候、多类型数据采集的电动固定翼轻小型长距倾转旋翼 5G 网联无人机系统。

（4）效果。2020 年以来，已经执行飞行任务 75 架次，航程超过 3000km，飞行时长达 91h。通过无人机航拍，发现并处理险情 18 处，开展 22 级数字正射影像图（DOM）测绘 6 次，建设三维水工保护模型 1 处。通过云平台和人工智能的训练，完善了管道中心线实时叠加、异常目标自动识别，开发了 3 种管道地形变化检测算法。

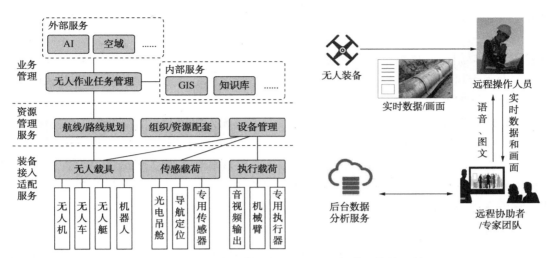

图 5-20　无人化数据管理层级图和远程操控及指导机制

3. 启示

5G 和无人机的联合使用成为管道巡护管理的有效补充，其实时传输、主动分析、自动预警等特性，提升了管道巡护的技防水平和处置效率。

AI 算法和大数据分析的组合能够有效提升险情识别效率，降低巡检中和巡检后资讯处理的人工参与度，提高实际管理的时间效益和经济效益。

多种技术的交叠使用和创新融合往往能发挥出"1+1>2"的效果，促进管道管理提质增效，也为制定符合油气管道行业需要的技术规范提供了可靠依据。

（国家管网集团华东公司钱建华、杜威、牛彻供稿）

5.2.12　运用无人机技术提升管道巡护质量案例

1. 背景

华南公司成品油管网总长度超过 6000km，山体和水网纵横交错，鱼塘密布，江河、公路穿越较多，管道巡护管理难度和风险较大。鉴于无人机巡线速度快、覆盖面广，且不受地形影响，环境适应能力强，可作为管道巡线的好帮手。

2. 做法

（1）90 台无人机每天在各自输油站起飞，按照设定路线自主巡线，对管道沿线自然环境、社会情况进行高空巡查及影像拍摄，通过对比分析重点排查第三方施工、占压、地质灾害等问题，把现场数据第一时间传回到后台系统（图 5-21）。每年通过无人机巡线发现并处置了数百个问题。通过综合应用光纤

图 5-21　无人机巡护管网现场

通信、视频监控等技术，逐步建立了基于无人机的空地一体化安全防控体系。

（2）公司与天津某公司联合研制复合翼无人机，其单次飞行距离为 50~100km，采用碳纤维材料制造，自重仅有 2650g，飞行速度达到每小时 70~120km。其环境适应性好，在大雨大风等极端天气仍然能正常作业，还能适应低海拔和高海拔、高温和低温等不同环境。同时还可以根据需要搭载喇叭、夜航、高清拍摄等应用设备。

（3）通过制定无人机巡检管理办法，加强了对无人机机长、设备维护、巡检线路等的管理，已有 55 名员工取得了无人机飞行证。无人机机长每月航拍全线管道周围的地形地貌，检查巡线小道和水保等管道附属设施、站场和阀室相关设施的完好性及站场周围视距外情况。极端天气发生后，无人机会立刻起飞巡查地质灾害点是否发生山洪滑坡、管道裸露或受损、悬索管道破裂等安全隐患。

3. 启示

采用无人机和人工巡线相结合的方式，可有效应对管道沿线地质条件复杂、线性穿越多样、巡护难度较大和风险较高的情况，有利于减轻巡线劳动强度，提高巡线效率。要实现无人机巡线常态化，应重视员工的专业技能培训，鼓励一专多能，完善各项管理制度，推行制度化、精细化管理。

（国家管网集团华南公司钟吉森、李伟、洪晓敏供稿）

5.2.13　运用无人机技术巡检高海拔管道案例

1. 背景

涩宁兰一线、涩宁兰复线穿越青藏高原段的平均海拔为 3000m，最高为 3867m，部分管段高差达 2000m，地形复杂，环境恶劣，局部地区存在"十里不同天"的气候特点，巡护作业强度大，难以保证巡检质量。管道企业利用无人机巡检，克服了高海拔复杂地形人工巡检的困难，提高了巡检覆盖率和风险识别的准确率。

2. 做法

（1）技术创新。利用计算机深度学习技术，构建无人机图像检测分割数据集，对巡检航线产生威胁的施工机械、构筑物、堆积物、地表水毁、地表塌陷等用多边形进行标注，并给出相应的类标。设计高清图像预处理算法，构建基于语义信息的潜在区域搜索模型，依托小目标在自然界中存在的既定场景来缩小其探测范围。构建 HBI-Mask 检测分割网络，在检测分割领域，针对原始的两阶段方法，总结了其导致小目标丢失的两个原因，并针对这两个原因进行了改进。生成航线定位和安全预警，将新的无人机图像输入到检测分割器，利用每张图像对应的无人机姿态信息，画出相应航线，对警戒范围以内的目标报警（图 5-22）。通过不断积累的无人机巡检航拍数据，如第三方施工机械、违章占压构筑物、水毁塌陷等，对其进行检测及分割，保证准确率不低于 80%。

（2）软硬配置。结合不同类型无人机特点，制定巡检计划。例如，固定翼无人机续航里程 200km 以上，安排负责全线的日常巡检，对巡线过程中所拍摄的照片、视频进行风险自动识别；多旋翼无人机机动灵活，设备载荷种类丰富，机组沿管线周边驻点，及时响应指派任务（图 5-23）。

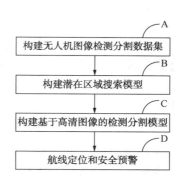

图 5-22　无人机巡检技术创新

图 5-23　无人机巡检任务

（3）巡检可视化。通过 4G/5G 数据传输搭配 AI 标注和人工智能识别，实现了集直播、线路标注、智能识别于一体的实时化、可视化巡检。开发巡检 APP，实现集问题上报、任务指派、工作汇报、资产管理、管道可视化于一体的数据整合。

（4）巡检制度化。按照集团公司《管道巡护标准化管理手册》，实现了无人机辅助巡护管理制度化，内容包括飞行前安全检查、飞行作业内容、巡检方法及要点、飞行操控、巡检日报、巡检问题分析、资料存储查询和档案管理等，提升了规范化水平。

自 2017 年以来，管道企业运用无人机巡检总里程达 $27.36 \times 10^4 \text{km}$，发现并处置施工作业、违章占压、地表破坏等风险点 1658 处。

3. 启示

针对管道沿线复杂地理地质环境及日常巡检存在覆盖率低和效率低的问题，分公司结合固定翼无人机、多旋翼无人机的不同技术特点，制定了有针对性的飞行巡检计划，实现了无人机巡检可视化、制度化标准作业，提高了风险和隐患识别的时效性和准确率，有效提升了管道巡检管理水平，保障了管道的安全运行。下一步将继续深化应用，研究并改进无人机技术、视频监控技术、传感器报警技术等技防方法应用的互动、联动水平，进一步提高管道风险的防控能力。

（深圳市阿特威尔科技有限公司李晓光供稿）

5.2.14 运用无人机与机库组合巡护管道案例

1. 背景

长庆输油气分公司所辖管道分布在沙漠、戈壁、山区等起伏较大的陕甘宁区域。途经兰州市大沙沟的输油管道周边分布着数十家单位和住宅小区，人口稠密，为典型的人员密集型、环境敏感型高后果区和高风险管段。该区域多次发生夜间偷沙取土事件，直接威胁到管道运行安全，分公司采用无人机与机库组合方式开展管道巡护，取得了较好的效果。

图 5-24　无人机库现场

2. 做法

（1）组合方式。传统无人机辅助巡检方式需要作业人员将无人机带到现场操控，限制了其使用范围。无人机库由无人机、机库外壳、升降平台、电池系统、气象站、空调系统、通信系统和管理系统等组成，是一个无人机停放和管理平台（图 5-24），具备无人机自动存储、自动充/换电、远程通信、数据存储、智能分析等功能。

（2）作业流程。通过巡检管理平台事先规划无人机巡护航线。无人机从机库自动起飞按规划航线飞行，采集管道及周边影像数据，通过数据链路即时回传至监控调度中心，经分析处理按风险隐患预警等级实时发布，并推送到相关人员的移动终端及时排查处置，结果反馈到监控调度中心（图 5-25）。

图 5-25　无人机与机库组合管道巡护流程

（3）实际应用。

① 日常巡护。利用电动多旋翼无人机搭载 30 倍双光变焦吊舱对重点区域、管线两侧各 200m 范围进行巡检，采集信息实时回传到监控调度中心，经识别、分析、筛选管道周边隐患信息，提醒监控人员调度巡检人员进行现场处置，整个过程用时仅 3~5s。监控调度人员紧急情况下可利用无人机搭载的高频喊话系统第一时间警告、制止潜在威胁目标，并将信息发送到相关人员的移动终端。

② 震慑巡护。针对夜间多次发生偷盗挖沙事件和非法打孔盗油行为，无人机搭载双光红外成像仪、探照灯、警灯等载荷，通过采集管道周边的红外视频信息，发现威胁管道安全的异常人员和车辆、大型机械等，通过搭载设备对异常目标予以警示和驱离。

③ 应急抢险。无人机第一时间飞至灾害现场，采集管道沿线的险情影像资料，及时传至抢险应急指挥中心，可供决策层了解管道现状、新增隐患及沿线地貌变化、抢险路由、车辆通行能力等。

④ 安全管理。风季沙丘移动会造成管道裸露、悬空、沙丘阻路等，威胁管道安全。由无人机挂载成像拼图，能实现自动计算沙丘移动的填方量和挖方量，提供抢险修复的基本数据。

自 2023 年 1 月系统投运以来，无人机场自动巡护共发现异常目标 325 起，处理有效报警信息 41 起，及时制止可疑人员在管道上方聚集使用明火 5 起，阻止在管道周边临时动土、施工 11 起，发现水毁 6 起。

3. 启示

无人机与机库组合巡护方式，实现了无人机场远控自动起降巡护、定时自动巡护等功能，有效解决了专业飞手数量缺口大的难题，大大降低了巡检人员的工作强度，为智能化巡护提供了创新思路。下一步将加大物联网、人工智能、云计算、光纤预警等技术融合，制定无人机"云+端+图+网"一体化高精度应用整体解决方案，不断提升无人机在管道领域的应用水平。

（国家管网集团北方管道长庆输油气分公司闫锋供稿）

5.2.15 运用无人机技术巡护油田管道案例

1. 背景

长庆油田有 10 余万公里油气管道，遍及陕甘宁蒙四省（区）。管道所经区域多为梁峁沟壑、雨水冲沟等山地黄土区。管道巡护以人工为主，巡检效率低、风险高、智能化程度低。将空中无人机巡护与地面人工巡护相结合，可以有效提升管道保护水平。选取全长 100km 的姬白管道为试点，该管道沿线无空域管控，地面风电、沟壑纵横、自然条件恶劣，便于从技术和管理角度探索无人机管道巡护的可行性。

2. 做法

（1）搭建无人机巡检控制平台。主要用于监控无人机的飞行姿态数据、位置数据以及无人机上各传感器的运行情况，对无人机进行航线规划及远程控制。软件分为设备管理、任务管理、人员管理及数据管理四个模块(图5-26)。

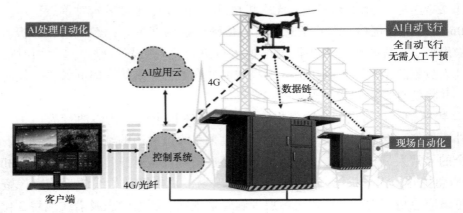

图5-26　无人机管道巡护技术架构

设备管理：包括无人机、停机坪、管理主机等，在智能化平台导入无人机设备信息，实现设备之间信号互通，并进行远程控制。任务管理：在客户端发布巡线任务，无人机接收到4G信号指示后沿着设定的航线起飞、巡检，到达50km图传距离后进入无人机停机坪充电，并进行信号转接。人员管理：设置三级管理权限，技术人员、管理人员及主管领导在不同的权限范围内开展派单、检查、监控及数据管理任务。数据管理：无人机图传数据实时传输并备份，可以做到实时监控、视频回放、事件追溯等，采用16T硬盘，可有效存储1个月的飞行数据。

（2）常态开展无人机管道巡护作业。每日开展3次全线巡检作业，其中日间2次，夜间1次，单次巡检时间为2h，在应急监测时段加大巡护频次，及时发现隐患。开展地形地貌分析，每3个月拍摄一次正射图，进行图像对比分析，监测管道沿线是否存在滑坡、塌方趋势。

（3）智能分析地面监测信息。重点关注管道裸露、违法占压和施工、农耕、地表变化(塌方)、水毁、管线中心线两侧50m内人员、机械活动等信息。分析管线上方地带是否因自然灾害而导致地形地貌发生改变。统计管线及伴行道路水毁、沙堵工作量，探查出受损管线地理位置、桩号和GPS坐标，提供影像资料和数据分析结果。

（4）无人机巡护技术方案。无人机通过低空摄影测量技术+机载激光雷达测量技术，利用数码相机等摄像设备，从不同角度获取三维物体图像，将数字影像的平面坐标在空间坐标系中进行透视变换，结合空三加密算法，算出目标物体的三维点云坐标数据，进一步生成三维网格模型，可精确地观察到滑坡表面纹理、裂缝的变化特征。通过发射激光脉冲，获取探测目标反射回来的信号并处理得到地表目标的空间信息。

3. 启示

试点表明，无人机巡护在姬塬地区沟壑纵横的地貌下，能便捷地开展巡查和及时发现风险隐患，其巡护效率是人工巡护的4倍以上，可节约资源75%以上。但目前还存在一些需要解决的问题：一是无人机飞行续航能力达不到预期时长；二是飞行范围受相关规定和环境影响较大，如航空管制区、大落差区以及风电、电力通信铁塔相关区域；三是管道拐点多，导致无人机飞行距离增大；四是图传技术限制，飞行超过50km后，图传画面存在延迟、卡顿等问题。

（中国石油长庆油田第二输油处刘付刚、马骋供稿）

5.2.16　油田管道完整性管理系统开发应用案例

1. 背景

新疆油田油气储运分公司管理油气输送管道100多条，延展总长度超过4000km，形成了环绕准噶尔盆地、调节灵活的油气输送管网。随着管道使用年限增加，腐蚀穿孔现象日益频发，为了降低管道失效率，提高管道安全管理水平，保障生产平稳运行，公司开发引进了管道完整性管理系统（PIS），实现了油气输送管网的全生命周期管理。

2. 做法

（1）系统功能。管道完整性管理系统（PIS）涵盖了完整性管理方案、风险管理、本体管理、管道保护、腐蚀防护、维修维护等9个业务领域、26个主体业务流程，实现了新疆油田公司、油气储运公司与基层站队3个层级的业务与信息的上下贯通和共享，为实现管道完整性管理信息化、规范化奠定了基础（图5-27）。

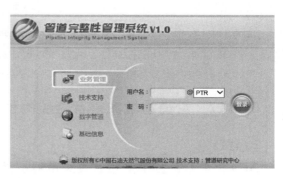

图5-27　管道完整性管理系统（PIS）界面图

（2）平台建设。2020年建立了《新疆油田管道和站场完整性数据管理系统》。该系统平台主要包括实现管道和站场基础数据、管线空间数据、高后果区识别数据、检测评价数据、失效信息、风险评价、站场设备设施等数据库建设；实现管道和站场基础数据、管线空间数据、高后果区识别数据、检测评价数据、失效信息、风险评价、站场设备等录入、审核、查询模块的开发；实现各采油单位管道和站场基础数据、高后果管道、失效数据的统计、编辑、审核、发布与报表输出及汇总统计，管线GIS图形展示及管道基础信息拾取（图5-28）。

图5-28　新疆油田管道和站场完整性数据管理系统图

（3）使用效果。应用先进科技手段，对提升管道安全管理的效果十分明显，管道失效率由6.25‰降至1.5‰，降幅达76%。管线泄漏监测系统的应用，可实现24h全天候实时监测，有效防范因本体焊缝缺陷或第三方损坏、打孔盗油等违法违规行为带来的安全风险。每年更新识别高后果区，对人员密集区实施视频监控预警，夯实管控基础。数据管理平台的应用，实现了数据采集与审批、信息查询及报表输出、图形展示与信息显示、统计分析、系统管理等功能，提高了工作效率，为设备的失效分析提供了数据基础，为推广油田管道完整性管理提供了技术支撑。

3. 启示

管道完整性管理系统的运用，大大提升了油田管道安全管理的水平，安全隐患及时得到了排查治理，各类安全风险得到了有效控制，完整性管理覆盖了管道的全生命周期，"平安管道"建设效果显著。但管道自控系统缺失、自动化应用深度有待完善等问题依然存在，距离实现全面感知、远程控制、趋势预测、智能决策等目标还有较大差距，还需要加大科技创新、科研攻关力度，加快物联网建设，推进数字化转型、智能化升级，最终建成全智能化运营、全生命周期管理的"智慧管道"。

（中国石油天然气股份有限公司新疆油田油气储运分公司游兵、张添龙、罗小武、邓丽媛、栾翔供稿）

5.2.17　管道滑坡灾害智能监测预警案例

1. 背景

2019年7月，位于贵州省遵义市习水县大坡乡裕民村的中贵天然气管道K1239+399m处发生滑坡险情。滑坡平面形态整体呈不规则箕状，近南北向展布，剖面形态呈折线形，坡度为25°~35°，主滑方向为310°，分布高程为1005~1028m，坡高约23m，坡长约80m，坡宽约50m，平均厚度约为3.5m，总方量约为14000m³，中贵管道位于滑坡体内前缘，约65m长的管道受到影响。

2. 做法

（1）应急处置。经现场专家观察分析，滑坡已处于欠稳定状态。为保证管道及周边村民的安全，分公司立即启动三级应急预案，成立滑坡抢险应急领导小组，及时向西南管道公司汇报，同时向当地政府、主管管道保护工作的部门、自然资源部门报送应急信息。

图5-29　滑坡范围及钢管桩布设示意图

对该段管道进行放空置换，对滑坡周边350m安全管控范围内的23户、79名居民进行疏散，在滑坡体上采取了裂缝夯填、修建简易截排水沟、坡体覆盖PE膜等防止地表水下渗的措施。针对滑坡的稳定状态以及考虑施工的安全性，对滑坡采取了钢管桩支护措施，在滑坡中后部设置了两排钢管桩，共计86根（图5-29）。

（2）管控措施。为进一步分析、评价滑坡稳定性，采用了位移监测、管道应力应变监测和非接触式磁异常检测等全方位智能管控措施。共布设6个地表位移监测点，初次监测时间为2019年7月7日至8月12日（钢管桩施工期间）。累计最大水平位移为：JC01（中下部），位移量为6.1cm；JC03（左中部），位移量为5.3cm；JC04（中上部），位移量为5.5cm；其余各点位移量均较小，无异常。前期受天气、场地施工扰动及其他因素影响，滑坡变形相对较大，JC01、JC03、JC04平均每日位移量分别为0.3mm、0.24mm、0.25mm。7月15日之后（钢管桩施工完成之后），每日地表位移量很小，JC01、JC03、JC04平均每日位移量分别为0.027mm、0.027mm、0.026mm，每一个基础点都相对稳定，没有明显下滑趋势。

（3）措施分析。根据管道沿线地质灾害风险评级体系、评价模型研究成果可知，管道纵穿斜坡范围在30m且埋深约2~3m时，其所能承受的最大应力为550MPa，最大应变为2300级。管道应变监测预警区间为：关注级（极限应变的30%，为690级）；警示级（极限应变的60%，为1380级）；警报级（极限应变的80%，为1840级）。通过监测数据表明，2019年8月1日后，1号应变监测点和2号应变监测点数据变化不明显（图5-30、图5-31），各点的整体趋势基本一致，应变区间为-178~78，占极限值的7.73%，未达到关注级。

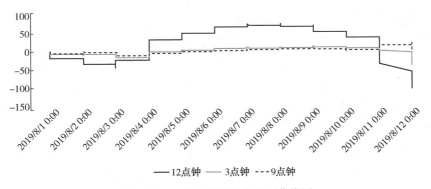

图5-30 1号应变监测点监测曲线图

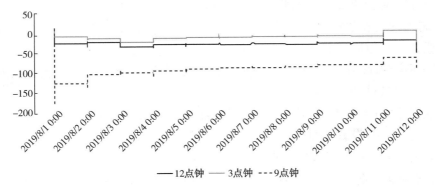

图5-31 2号应变监测点监测曲线图

采用非接触式管道磁检测发现应力集中点2处，组织开挖释放应力。后期投产后再次检测发现应力集中点 1 处，进行开挖释放应力。

3. 启示

当发生滑坡灾害时，首先要分析判断滑坡产生的原因，制定可行的应急预案，及时采取疏散周边群众、停输放空、应急治理处置以及应力释放等前期应急治理措施，防止次生灾害发生，为管道安全防护争取时间。其次要充分应用地表位移、深部位移、应力应变以及非接触式磁异常检测等科技手段加强现场监测检测，准确掌握灾情变化，检验治理效果，为科学决策提供依据。

（国家管网集团西南管道贵阳输油气分公司贺小康供稿）

5.2.18 管道地质灾害风险监测技术应用案例

1. 背景

兰成渝成品油管道于 2002 年 9 月投产，管径为 508mm；兰成原油管道于 2013 年 12 月投产，管径为 610mm；兰郑长成品油管道于 2009 年 6 月投产，管径为 610mm。上述管道是典型的山区管道，地质灾害发生频繁，严重影响了管道安全运行。兰州输油气分公司采用预防性监测技术，防范地质灾害对管道的破坏性影响。

2. 做法

（1）监测方式。在不稳定高风险斜坡区域安装了地表位移、应力应变、雨量检测三类自动化监控装置，建立了预防性监测预警系统，其监测方式主要是：在管道通过冲沟两侧斜坡段布置地表位移监测点 GNSS，对监测点水平方向和垂直方向的位移开展自动测量；在管道本体潜在剪切处、管道转角应力集中处采用应变计对管道的变形进行监测；应用雨量计对斜坡监测区域的降雨情况进行自动化监测，通过实时采集区域降水量，为综合分析斜坡体变形发展趋势提供数据支撑。

（2）应用案例。兰成渝管道 K004+400m 处以大开挖方式通过排洪沟道，斜坡坡度为 45°~60°，斜坡高度为 60m。管道上坡后沿着斜坡横向铺设，铺设长度约为 150m，距离斜坡边沿约为 5m。下雨时沟道内水流较大，可能引起边坡失稳诱发滑坡，危及斜坡上方横向铺设的管道安全，因此对该段管道进行了自动化监测。

① 监测点设置和数据传输。在有形变的斜坡坡脚上方设置 1 个管道应变监测站，在坡顶设置 1 个管道应变监测站，共布设 2 个管道应变监测站。

② 在坡顶沿斜坡方向布设 2 座 GNSS 监测站，在坡体外稳定区域布置 1 座地表位移基准站和 1 个雨量自动监测站（图 5-32），构成 1 条监测剖面。

③ 监测数据均无线传输到后台指定服务器，通过管道地质灾害监控预警平台进行预警和数据记录，并设置监测频率、预警等级。

（3）应用效果。在甘肃境内共布设了 17 个预防性监测点，初步形成了短距离、小范围的管道地质灾害预防性监测预警网，及时监测到 50 多次预警，达到了早发现、早预防、早治理的目标，且所有预警均在可接受范围内。提前消除各类中、小型地质灾害安全隐患 50 多处，节约整治费用数百万元，从根源上避免了管道地质灾害的恶化及发生。

图 5-32　地表位移自动监测点示意图

3. 启示

本案例应用地质灾害风险监测预警网技术准确监测到管道地质灾害的隐患点，为管道地质灾害的预防及治理提供了预警信息，通过不间断的监测工作，积累了大量的原始数据，为后期管道管理工作提供了数据支撑。后续还需进一步改进地灾风险监测和数据分析技术，提升监测预警的及时性和准确性。

（国家管网集团西南管道兰州输油气分公司郑磊供稿）

5.2.19　北斗卫星微位移监测地质灾害风险案例

1. 背景

北斗卫星微位移监测系统基于自动化、全天候、高精度、站间无需通视等优点，已被广泛应用于工程设施的表面位移监测，精度可达毫米级，可以有效减少或防范安全事故的发生。国家管网华中分公司长郴、九赣和上樟成品油管道沿线多山地和丘陵，滑坡、崩塌、泥石流等地质灾害频发。公司对 66 处地质灾害风险点实施了雨量预警，在湘潭站和赣州站风险等级较高的地质灾害风险点装设了北斗卫星微位移监测系统。

2. 做法

（1）安装北斗卫星微位移监测设备。北斗卫星微位移监测站设备包括北斗天线、接收机、天线线缆等，用于采集、存储及向数据平台回传卫星观测数据（图 5-33）。北斗监测站和基准站均有高精度接收机，基站精准位置已知，利用基准站坐标及星历信息可以计算出基准站到卫星的观测值校正值，由基准站通过无线网络将数据实时传输到监测站，监测站在观测卫星时，收到来自基准站的校正信息，通过校正值对其位置进行修正。位移监测站与数据平台通信采用无线通信方式，每分钟将卫星观测数据从微位移监测设备上传至数据平台。数据平台实时接收数据，处理原始数据，完成显示、在线评估及预警。

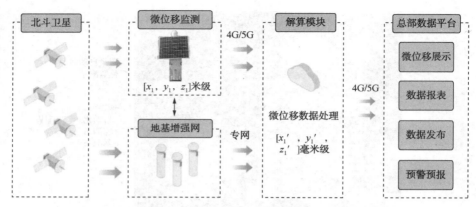

图 5-33　北斗卫星微位移监测系统构架图

分公司分别在湘潭站和赣州站地质灾害风险点安装北斗卫星微位移监测站进行实时监测。其中，湘潭站滑坡隐患点管段沿山坡坡脚处敷设，管道埋深为 1.2~1.5m。该区域地层以全风化砂岩为主，坡体坡长 28m，坡高 10m，坡度为 30°，坡向为 80°。坡顶为人工切坡形成的道路，有较大冲沟，深度达 30cm。坡底东侧 4.4m 处为水塘，坡体已发生局部滑坡，对管道威胁较大（图 5-34）。

(a)地质灾害点坡体

(b)北斗卫星微位移监测设备安装现场

图 5-34　湘潭站地质灾害点坡体和北斗卫星微位移监测设备现场安装图

赣州站滑坡风险点管段走向近南北，穿过坡顶，为埋设管道进行了人工切坡，管道沿坡顶铺设，与坡体走向一致，管道埋深约为 1.37m。管道西侧坡长 30m，坡高 30m，坡度为 30°，坡向为 280°。地表为黄色砂土，较松散，下部基岩为粉砂岩，岩层产状为 70°∠5°。现坡体已经治理完成（图 5-35）。

（2）地质灾害雨量预警核查。对 66 处地质灾害点实施雨量预警和现场核查。一是通过建立地质灾害预警模型，接入气象预报数据等；二是制定灾害预警标准，确定了四级预警阈值，按照蓝、黄、橙、红四个等级进行预警；三是建立地质灾害预警消息推送平台，将灾害避险措施按权限分别推送至公司各级管理人员处置。地质灾害预警流程如图 5-36 所示。

(a)地质灾害点坡体   (b)北斗卫星微位移监测设备安装现场

图5-35 赣州站地质灾害点坡体和北斗卫星微位移监测设备现场安装图

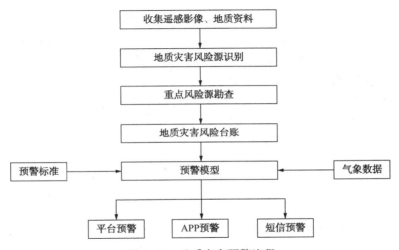

图5-36 地质灾害预警流程

（3）雨量预警及北斗卫星微位移监测效果。2019年年底以来，预警平台针对长郴管道、九赣管道和上樟管道共推送地质灾害雨量预警信息312条。预警阈值重新调整后，通过现场核查，90%以上预警信息与现场情况相符，为管道沿线地灾的预防提供了可靠信息。北斗卫星微位移监测数据较平稳，现场没有出现坡体移动现象。

3. 启示

通过对管道地质灾害高风险点应用北斗卫星微位移实时监测，其高分辨遥感预警技术可对滑坡等发出不同等级的预警信息，保障了管道运输的安全性，也可为其他管道管理提供参考和借鉴。建议开展降雨等监测，研究完善诱发不同等级地质灾害的阈值，提高预警工作的准确性，做好防灾减灾工作；对微位移实时监测数据进行分析研究，举一反三，对类似地质灾害体及时采取防范措施。

（国家管网集团华中分公司郭爱玲供稿）

5.2.20 煤矿采空区输气管道应力监测案例

1. 背景

当输气管道通过煤矿采空区时，由于采空区地表发生沉陷变形，轻则引起管道弯曲、褶皱变形，重则导致管道悬空拉断破坏。为了保证采空区输气管道安全运行，可安装应力监测设备对管道应力应变进行实时监测，对安全状况进行评估，进而采取有效处置措施，消除隐患和风险。

2. 做法

某输气管道位于霍州煤电集团辛置煤矿采空区，2015年2月该处采空区有开裂、错位等现象，沿管线发现多处裂缝，与管线呈十字交叉。遂在该处采空区输气管道上安装了应力监测设备，实时监测应力应变情况，如图5-37所示。2016年8月12日，测得X1截面最大轴向附加拉应力为128.49MPa，占容许值比例为38.19%，处于蓝色预警级别；X2截面最大轴向附加拉应力为172.32MPa，占容许值比例为51.89%，处于蓝色预警级别。2017年10月27日，测得X2截面最大轴向附加压应力为95.70MPa，占容许值比例为54.75%，处于蓝色预警级别。2019年1月4日，测得X1监测截面最大轴向附加压应力为174.51MPa，占容许值比例为94.33%，处于红色预警级别（表5-1）。根据综合研究分析评估结果，对该采空区输气管道采取开挖释放应力措施，开挖后发现管道已变形，影响了管道安全运行，遂采取了断管换管作业。

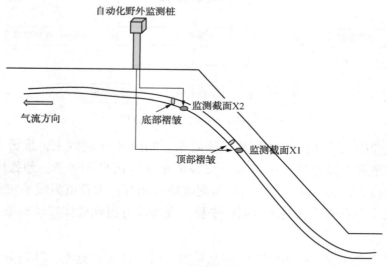

图5-37 监测布局图

表5-1 应力应变监测点数据分析

时间	监测截面	容许附加应力/MPa		当前附加应力/MPa		占容许值比例		预警级别
		拉应力	压应力	最大拉应力	最大压应力	最大拉应力	最大压应力	
2015.7.10	X1	335.23	-182.20	—	-6.68	—	3.66%	无
	X2	33.088	-172.04	16.79	-13.53	5.07%	7.78%	无

续表

时间	监测截面	容许附加应力/MPa		当前附加应力/MPa		占容许值比例		预警级别
		拉应力	压应力	最大拉应力	最大压应力	最大拉应力	最大压应力	
2016.8.12	X1	336.43	−185.00	128.49	−10.74	38.19%	5.81%	蓝色
	X2	332.08	−174.84	172.32	−49.73	51.89%	28.44%	蓝色
2017.10.27	X1	336.43	−185.00	1.84	−50.21	0.55%	27.14%	无
	X2	332.08	−174.84	10.06	−95.70	3.03%	54.74%	蓝色
2019.1.4	X1	336.43	−185.00	21.14	−174.51	6.28%	94.33%	红色
	X2	332.08	−174.84	—	−131.10	—	74.98%	黄色

3. 启示

管道应力监测弥补了人工无法直接实时掌握管道受力变形的不足，为综合分析采空变形对管道应力的影响提供了直接的数据支持，为管道的安全评定和制定处置措施提供了依据。

(山西天然气有限公司杜彩霞、张俊供稿)

5.2.21　管道智能监控系统应用案例

1. 背景

广东大鹏液化天然气有限公司所辖管道地处广东珠江三角洲发达地区，时常受到外部人为活动及自然因素的干扰甚至破坏。为了及时识别、预警管道外部隐患，减少人防巡线盲区，提高管道安全保护工作的针对性和可靠性，公司于2020年建设了智能监控系统，前端设备实现了智能识别人形、挖掘机、地勘钻机、定向钻机和重型车辆，并立即分类语音告警、云端存储视频截图、移动终端响铃推送告警信息等。

2. 做法

该系统主要由前端监控系统、监控平台及云端服务器等组成(图5-38)，可实现管道周边100~300m范围内全方位无死角的实时智能监控。如监控区域内有人员、挖掘机、地勘钻机、定向钻机、重型车辆，或可燃气体含量超标时，前端感知装置可及时捕获，触发声光报警并及时将威胁信息推送至云端系统，然后通过Internet网络将数据推送至移动终端(平板电脑、手机)，同时通过微信、APP等方式告知相关人员。

智能监控项目包括新建设备和改建设备两类。新建设备选用智能视频监测装置+气体检测仪，对管道保护廊带进行实时安全监控；改建设备将原有的中控机更换为AI物联网关，并新增可燃气体检测装置，实现管道智能视频监控。

监控设备选用低耗高效器件，同时选用太阳能对蓄电池进行浮充供电，结合微处理器按照电池的充放电特性进行实时监控，配合系统休眠、待机及定时开机等自动化工作模式，使系统整机平均耗电降低，确保设备常年运行。

监控系统可部署在阿里云或天翼云等云端服务器上，含管理软件系统、数据库系统以及流媒体服务器、接入服务器等子服务模块应用程序，均独立设计，维护方便。系统

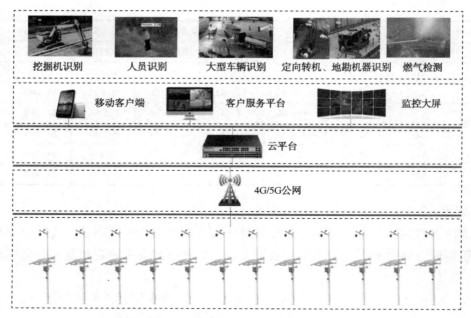

挖掘机识别　　人员识别　　大型车辆识别　定向转机、地勘机器识别　燃气检测

移动客户端　　　客户服务平台　　　　监控大屏

云平台

4G/5G公网

图 5-38　智能化实时监控系统架构示意图

支持 PC 端接入、移动终端(手机、平板电脑)接入、微信端接入等。

目前已完成 63 处管道高后果区特定场所监控设备安装，并与公司数字化管线维护系统和应急管理系统对接，识别准确率超过 98%。

3. 启示

应用无线智能视频监控技术可以实现 24h 全天候监控，大大提高了工作效率，减轻了管道保护人员的负担，提高了管道安全运行的可靠性。该项技术解决了管道安全保护不能主动预警的难题，提高了管道安全风险防范能力，做到了应急响应及时有效。

(广东大鹏液化天然气有限公司宋家友供稿)

5.2.22　管道工程建设智能监控系统开发应用案例

1. 背景

深圳 LNG 外输管道是国家天然气互联互通战略的首批重点工程，于 2019 年 3 月开工，2020 年 7 月投产，管道长度为 64.3km，管径为 1016mm，设计压力为 10MPa。该工程探索利用智慧管道建设平台实现对工程焊接、防腐、土建、三穿、站场等各个工序的全方位实时监控，并为项目管理人员决策提供数据支撑，在保障工程安全、质量、进度、环保等方面起到了积极作用。

2. 做法

(1) 搭建智能监控基本架构。利用物联网和移动互联网技术，通过设置闸机、视频监控、手机 APP、无人机和传感器模块搭配 4G 网络传输，实现对人、机、料、法、环的全方位实时监控，变被动"监督"为主动"监控"。

（2）搭建智能监控工地。应用移动式摄像头与焊接数据智能监控系统，搭建半自动焊接智能工地4个、自动焊智能工地4个，可实时采集现场作业视频以及机组人员、焊机设备、焊接参数、环境信息等数据（图5-39）。通过布控球直接对作业面进行监控，搭建防腐机组智能监控2个，由现场HSE管理人员及监理单位人员根据危险源及质量监控点的重要程度确定。将固定影像采集+移动影像采集结合，建立站场智能工地1个，实现对施工过程关键工序全程影像记录。利用智能闸机、视频监控摄像头、气体检测智能设备，建立隧道智能工地2个，做到实时掌握现场作业情况，确保施工人员进出管理受控。

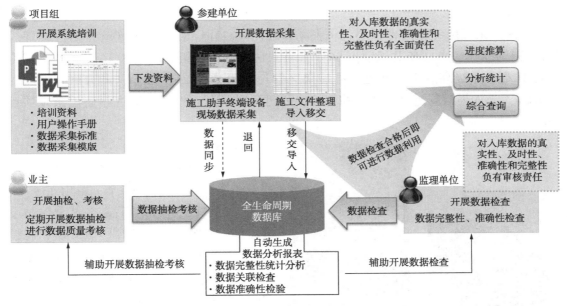

图5-39　数据录入流程

（3）搭建数据可视化智能管控中心。综合管控专题模块集成工程简介、工程进展、资源投入、焊接质量、投产倒计时等宏观数据，实现日常机组作业影像监控与施工过程信息相融合，提升机组施工过程管控维度。可视化监控管理专题模块集合包括焊接、防腐、定向钻、隧道以及站场的全部监控数据，并涵盖无人机进行全线巡查、航拍和移动式执法记录仪的视频数据。工况数据管理专题模块通过远程采集、传输、分析现场焊接参数、焊接过程，达到控制现场焊接质量的目的。前端采集传输系统由终端控制器、二维码扫描枪、电参数传感器、温度传感器和焊枪传感器组成，焊口、设备、焊工信息由无线扫描枪录入。后端数据分析处理系统将采集参数对照焊接工艺上下限，智能分析焊工对焊接工艺的执行情况（图5-40）。

图5-40　工况数据管理专题模块

3. 启示

深圳 LNG 外输管道工程实施智能监控，实现了工程建设全方位的实时管控与事后追溯，为其他工程应用提供了有益借鉴和参考。但还存在一些问题，一是部分山区段信号较弱，无法实时传输信号；二是工况数据采集设备与焊接设备因属于不同系统，易受人为因素影响；三是需优化现场报警纠偏功能等。

（国家管网集团广东运维中心杨赫供稿）

5.2.23 管道高后果区视频监控系统应用案例

1. 背景

中海广东天然气有限责任公司依照 GB 32167—2015《油气输送管道完整性管理规范》的识别准则，2022 年共识别出 56 个高后果区，其中Ⅲ级高后果区 16 处，Ⅱ级高后果区 31 处，Ⅰ级高后果区 9 处，高后果区管道总里程为 251.46km，占管道总长度的 71.64%。为加强对管道高后果区的管控，公司开展了高后果区高清视频监控系统项目建设。

(a)   (b)

图 5-41　管道沿线监控点

2. 做法

（1）调查需求。管道沿线需设监控点位 192 个，其中珠海 35 个、中山 135 个、广州 22 个（图 5-41）。后端在某分输站设置监控中心服务器、流媒体服务器和视频 AI 分析中心。在 5 个分输站线路办公室安装监控用液晶大屏幕及配套设施，实现 24h 实时接收现场视频信号。线路值班人员通过手持单兵设备可实时连接中心服务器预览实时图像或查询录像。

（2）主要功能。实时准确获取高后果区及其周边情况信息，完成在恶劣自然条件下对高后果区管线周边情况的监控。监测管线周边施工作业行为，为风险处理提供预警和依据。建立和完善高后果区管理数字化、可视化及网络化信息表达方式。积极拓展系统的多方应用，与公安、市政、应急管理部门共享部分资源，实现系统价值的最大化。利用已建 AI 视频监控系统，研究建立风险特征库，自动识别并报警。

3. 启示

该智能视频预警系统整合利用了管道周边民房、路灯杆、网络基站、公安监控杆等各种资源加装监控摄像头，降低了监控成本，提高了监控效果，与城市相关部门共享系统资源。下一步将开展Ⅲ级高后果区的视频预警系统建设，应用 5G 先进技术进一步提高系统智能化水平和图像识别率，实现管道高后果区智能视频预警全覆盖。

（中海广东天然气有限责任公司肖石供稿）

5.2.24 管网光纤预警系统开发应用案例

1. 背景

浙江浙能天然气运行有限公司运营的管道地处长三角地区，人口稠密，建设活动频繁，存在较大安全隐患，采用传统的人工巡线方式已不能满足管道安全运行需要。分布式光纤预警系统利用同沟敷设光缆作为传感器，可实现全管道24h实时监测，弥补了传统人工巡线的不足。

公司于2015年3月启动分布式光纤预警系统研究，2019年完成现场测试并制定全线布防规划，2020年4月开展布防工作，作业内容主要包括设备安装、线路打点、调试等。2020年12月底完成全线系统设备安装，覆盖管道长度达1800km。

2. 做法

（1）按照每台预警设备覆盖左右两个方向、每个方向覆盖长度40km计，在场站或阀室共安装了27套设备并分别配置系统软件（图5-42）。

（2）以预警设备安装位置为起点，分别向左右两个方向、每隔200m在光缆上方采用大锤人工敲击，记录敲击点地理位置坐标、预警系统信号坐标和地理环境，形成地理位置信息和预警系统信号坐标对齐数据表。

（3）录入对齐后的数据表，以每50m划分一个防区为原则，分布式光纤预警系统自动将40km管道分割成800个防区。预警系统连续录制7天的滤波数据，据此设置每个防区报警阈值。

（4）巡线工和线路管理人员在手机端安装智慧管网APP，根据APP推送的光纤报警信息，1h内抵达现场进行核实并反馈现场实际情况（图5-43），技术人员据此通过系统后台调整合适的阈值。针对漏报和误报信息需调整防区报警阈值，如防区有正常施工则屏蔽APP报警信息推送。预警系统试运行半个月后，若报警准确率达到95%以上，经竣工验收后可正式投入使用。

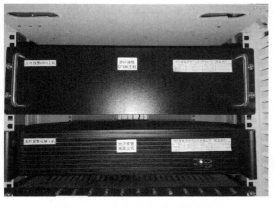

图5-42 分布式光纤预警设备

图5-43 报警信息核实现场

分布式光纤预警系统开通后，全公司巡线工数量减少19%，人员配置得到优化。

先后阻止夜间施工作业 12 起，避免了损坏管道事件的发生。

3. 启示

防区阈值设置是预警系统报警信息准确与否的关键，应根据不同地理环境、管道外部情况变化及时调整。通过预警系统触发报警，结合现场其他实时监控设备或无人机开展现场报警信息核查，可进一步减少人力，提高报警准确率。政府主管部门应积极引导分布式光纤预警系统与数字政务系统对接，为今后跨部门综合监管提供技术支撑。

（浙江省宁波市能源局苑京成；国家管网集团浙江省天然气管网公司宋祎昕、李园供稿）

5.2.25 利用通信铁塔安装智能监控系统案例

1. 背景

乌鲁木齐输油气分公司所辖管道主要经过新疆维吾尔自治区北疆经济带区域，外部施工作业比较频繁，发生损坏管道和光缆的风险比较高，目前依靠传统人工巡护手段无法实现 24h 监控，而利用通信铁塔安装智能监控系统可以取得较为理想的效果。

图 5-44　在铁塔上安装视频监控摄像机

2. 做法

分公司和铁塔公司签订协议，利用通信铁塔高度、不间断电源、光缆传输和监控可达 2km 范围等优势，在铁塔上安装 41 台视频监控摄像机对 32 处管道高后果区实行全天候监控（图 5-44）。

铁塔智能监控平台引入 AI 智能视频分析系统，自动分析采集到的画面和数据信息，如监控区域内的车辆（车型、颜色、车牌等）、人员、烟火等，能够有效识别施工作业活动、打孔盗油、重型车辆碾压、其他人员活动并自动报警，报警信息通过微信等推送给区段长和管理人员。在有关人员到达之前，监控平台通过喊话功能对现场人员进行语音提示或警告。经过一年多实际验证，预警总数达 3546 次，处置完成 3457 次，其中推土机/挖掘机占44.13%、其他工程车占 19.74%、机动车滞留占 12.15%、行人滞留占 23.77%。监控平台报警准确率达到 97% 以上。

3. 启示

利用通信铁塔设置管道智能监控系统实现了视频监控从"人工看""看得见"向"智能看""看得懂"转变，管道巡护从"人防"到"技防"的升级，有效改进了管道巡护工作，显著提升了对外部不安全因素的管控效果。下一步将继续选取重点管段安装铁塔视频监控装备，并开展铁塔搭载天然气微泄漏检测设备的应用工作。

（国家管网集团西部管道乌鲁木齐输油气分公司张东、王亚春供稿）

5.2.26　采用智能阴保技术监测交流输电线路电磁干扰案例

1. 背景

孝义–离石输气管道管径为 355.6mm，设计压力为 4.0MPa，于 2014 年 6 月投产运行。2017 年某新建 1000kV 特高压交流输电线路与该管道存在多处交叉跨越及并行，对管道产生电磁影响，增加了管道本体腐蚀速率，需要采取监测和防干扰措施。

2. 做法

（1）分析。强电线路对埋地钢制管道的干扰主要有两种：一种是阻性耦合，由于故障电流和杂散电流流过干扰源的接地体，造成大地电位上升，通过管道和接地体之间的电阻进行耦合，交流电流直接传递到管道上，在管道上产生电压差；另一种是感性耦合，当管道和强电线路近距离平行接近或斜接近时，交变电流产生的磁场作用在管道上产生干扰电压。感应电压的大小与近距离伴行的管道长度、输电线路不平衡电流大小、输电线路频率、管道覆盖层的电阻、管道周围的土壤电阻率、干扰源的系统性质等有关。

（2）措施。鉴于杂散电流干扰呈现多样性、偶发性、不确定性，仅依靠人工检测难度较大，且人工检测存在监测数据有限、监测时间覆盖率低等问题，因此在管道与输电线路交叉并行处设置智能阴保监测装置（图 5-45），以监测特高压输电线路对管道阴保系统的影响。该智能设备集桩体、远程测控装置和测量连接线于一体，与极化探头和参比电极配合使用，可自动采集管道通电电位、断电电位、自然电位、交流干扰电压、交流电流密度、直流电流密度等阴保参数，通过 GPRS 无线通信方式，将采集的阴保数据发送至指定的中心服务器。相关参数的采集时间和周期间隔、回传时间等各类参数均可根据使用需求进行设定，通常设置为每天采集 1 次数据并上传至服务器。

图 5-45　智能阴保监测装置

特高压输电线路投产运行后，在 2018 年 7 月监测到与输电线路并行的某段埋地管道交流电位最高达 60V。经计算连续监测数据，平均交流电位约为 38V，管理人员现场检查发现附近阀室内引压管存在打火现象。在现场调查与进一步测试分析后，选定在输电线与管道位置发生突变的 2 处拐点设置固态去耦合器进行排流。排流后，交流电位降至 12V 左右，交流电流密度为 33A/m²，符合相关安全管理要求。

3. 启示

采用智能测试桩远程测控技术进行数据定时采集，在检测到超标电压时，启动报警并触发连续检测功能，最小数据采集时间间隔为 1s，具有准确度和精准度高、反应灵敏、预警性强等优点。通过采用智能阴保监测装置，节省了人工成本，提升了阴保数据的检测效率和准确率，为评估杂散电流干扰源对管道阴保系统的影响情况及后期采取防护治理措施提供了可靠依据。下一步，若将恒电位仪相关模块进行优化并纳入智能化管理系统，可进一步提高阴保管理自动化程度。

（山西天然气有限公司赵媛供稿）

5.2.27 采用智能合闸排流装置解决直流输电线路电磁干扰案例

1. 背景

受高压直流输电系统接地极排流的影响，油气管道上常形成很高的管地电位。实测证实，广东境内鱼龙岭附近的天然气管道在南方电网通过鱼龙岭接地极放电排流时，测得对地电位最高达 304V。广东省管网鳌头至石角段、鳌头至广州分输站段，管道受干扰时的电位能达到 100V 以上，远超过人体和设备的安全电压。

采用直流供电的电气化铁路（地铁、高铁等），牵引电流并不能通过回流轨全部回到变电所，而是通过大地后再回到负极，从而对埋地油气管道造成杂散电流干扰。据长期观测，深圳塘朗山阀室受地铁的动态直流干扰非常严重，2020 年 4 月 27 日 16:07 开始在阀室现场采集的 20min 左右的管地电压数据如图 5-46 所示。

从图 5-46 可以看到，地铁动态直流干扰的正向电压最高达 10.6V，反向电压最高达-10.5V，方向不定。

研究分析认为，无论是高压直流输电系统接地极排流导致的强电流干扰，还是轨道交通引发的动态杂散电流干扰，都会造成管地电位差，有可能导致绝缘卡套等绝缘薄弱的部位放电，管道上附属设施和设备存在烧蚀、损坏的风险。阴极保护系统的恒电位仪无法工作、无法对管道进行有效的阴极保护，在电流流出的位置存在重大的腐蚀风险，在电流流入的位置存在重大的阴极剥离和氢脆风险。

2. 做法

（1）制定方案。基于物联网的"云、管、端"解决方案，即一套集中统一监控平台（部署在云端）、一台管道对地电位智能控制排流装置（安装在阀室或管道沿线）、一个实时监控并收取报警的微信客户端（图 5-47），其功能如下：自动钳位排流、智能合闸

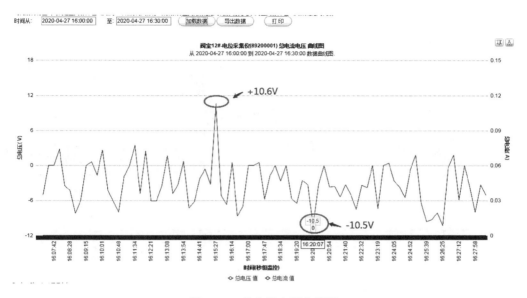

图 5-46　总电流电压曲线图

导通、光速即时响应；支持交直流排流，排流全过程无电弧、火花；程控合闸后自动报警，以微信消息通知关联人员；100A（无源智能合闸型号为 50A）大容量，无惧长时间、大电流排流；SAAS 云平台支持平台共享，全参数集中监控，分级、分权管理。

（2）改进设备。为解决深圳塘朗山所受到的地铁杂散电流干扰问题，对设备进行了改进，实现了阈值（+4V/-15V）以内不导通、超过阈值自动钳位排流。效果参见图 5-48：正向干扰已削峰（阻断），+4V 以下电流基本为 0，但超过 +4V 后会导通，最大干扰电流为 3.28A，没有再出现 6V 以上的管地电压；反向电流流入为 0，即使在反向干扰电压达到 -7.28V 也没有反向电流。

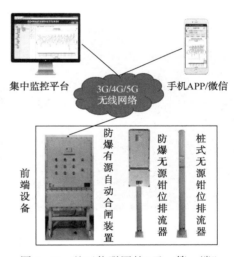

图 5-47　基于物联网的"云、管、端"解决方案

（3）应用效果。近年来在西气东输广东干线及省网管道、华南输油管道、粤能 LNG 输气管道、广州燃气天然气管道等 72 个阀室/场站上安装运行了 72 台智能合闸排流装置（图 5-49）。对电网高压直流输电系统通过接地极放电排流能做到即时响应、即时报警。场站/阀室管地电压在阈值（±4V）以内不导通，超过阈值自动钳位排流，排流电流超过预设值就自动合闸，再也没有出现绝缘卡套薄弱部位放电、等电位器或固态去耦合器烧毁的现象，设备实际最大泄流电流约为 32A。

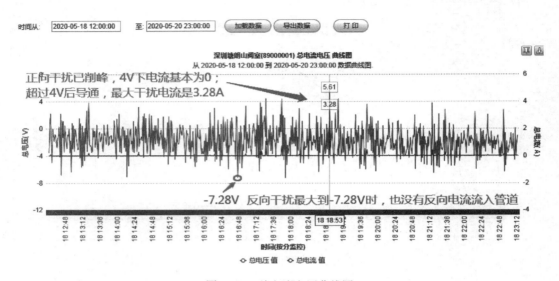

图 5-48 总电流电压曲线图

图 5-49 智能合闸排流装置

3. 启示

采用智能合闸自动排流装置方案，可以确保设备不会分流阴保电流，也不会引入地铁的动态直流干扰。在管道受到电网接地极强电流干扰时，设备除了支持无源自动钳位排流外，还能支持大容量、长时间的自动合闸排流，运行稳定可靠。由于响应时间短，对其他固态去耦合器、等电位器也起到了保护作用，实现了"智能合闸、自动排流、集中监控、微信报警"，节约了运行维护成本，消除了安全隐患。

（广州网视通信息科技有限公司唐建新供稿）

5.2.28　PLC技术整合实现压气站远程一键启停案例

1. 背景

天然气站场一键启停是天然气管道站场运行的关键技术，也是站场运行实现无人化、智能化的基础。目前国内传统压气站控制系统配置采用站控系统、辅助控制系统以及压缩机控制系统相互完全独立的模式，各个系统之间PLC的数据交流大多使用ModbusRTU通信协议，无论是通信带宽还是稳定性都相对不高。

中俄东线黑河站整合了压缩机组及辅助系统的控制系统，在此基础上将压缩机组PLC与站控PLC进行了整合，按照无人值守标准进行控制逻辑优化，实现了压缩机组一键启停和站场一键启停。

2. 做法

（1）压缩机组一键启停。根据机组情况，预选工作和备用机组，调控中心只需发出一个启动命令，压气站各辅助系统就会按一定顺序和逻辑自动启动，各台压缩机组按顺序依次启动达到最小转速后，进入防喘振和负荷分配控制，根据设定的流量或压力实现负荷自动调节以及机组自动启停。同时，调控中心实时对压缩机组及辅助系统进行监控，并实时显示压缩机组特性曲线及实时工作点等功能（图5-50）。

（2）压气站远程一键启停站。一键启站功能由状态反馈与报警检测、自动导通站内工艺流程、压缩空气系统自启停、压缩机厂房风机自动分配、压缩机组一键启动、防喘控制与负荷分配自动投用6个部分组成。一键停站包括正常停站、多机停止、多机保压停机、多机泄压停机、全站ESD等5种模式（图5-51）。

图5-50　黑河压缩机组现场

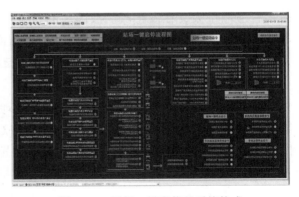

图5-51　站场一键启停的系统构成

（3）控制系统配置优化。压缩机辅助系统如润滑油系统、后空冷器等核心设备由压缩机控制系统直接控制。变频控制系统、压缩机组供电系统、水冷系统3种与启停机组相关的关键参数，通过硬线整合到压缩机控制系统。其他各辅助系统的参数分别由其厂家独立的控制器进行采集，并通信到每台压缩机控制系统。

（4）实现站控与压缩机控制系统深度融合。SCADA系统使用中国石油自主知识产权的 PCS(Process Control System)软件。为保证大数据下的 SCADA 系统数据采集的稳定性，采用了高性能服务器-客户端结构，将压缩机控制系统的工艺系统图、润滑油系统图、干气密封图、轴系振动图、启停机组图等画面与站控画面全面显示在 PCS 系统上。

通过将负荷分配 PLC 整合入站控 PLC、整合压缩机控制系统的过程控制及安全仪表部分，最终全站只设有站控过程控制 PLC、站控安全仪表 PLC、四套压缩机控制系统 PLC，数量降低了 50%。同时将控制系统网络分为控制网和设备网，控制网用来传输北京油气调控中心、站控系统 HMI 与站场过程控制系统 PLC 的通信数据，设备网用来传输各系统控制器之间的交换数据，保障了数据传输带宽，并采用国产 PLC 可在设备网使用 UCP 协议，通信速率达到 108Mbps。

3. 启示

采用压缩机组一键启停技术，将压缩机组 PLC 与站控 PLC 进行整合，提升了控制逻辑，通信带宽和稳定性得到了改善，有效提高了控制效率、控制水平和控制系统的可用性，改变了人工判断、现场操作、步骤繁琐的传统压缩机组启动模式，显著降低了现场运行人员的数量和工作强度。建议将压气站压缩机组 PLC 与站控 PLC 合并配置，为新建与改造天然气压气站提供示范。

（国家管网集团公司北方管道公司杨全博供稿）

5.2.29 管道应用 ESD 系统降低水击压力等风险案例

1. 背景

兰郑长成品油管道咸阳至郑州段为独立水力系统，管道全长 566.5km，设计压力为 10MPa、设计年输量为 $1500 \times 10^4 t$，沿线共设 5 座工艺站场，设计瞬时输量为 $2207 m^3/h$。由于管道输量大，在发生阀门故障关断、泵机组故障停机等异常工况时将引发较大的水击波。为此，除使用进出站泄压保护、自动压力越站等保护手段外，还需依托 SCADA 系统配套建设 ESD 紧急停车系统，以降低水击压力等风险。

2. 做法

（1）ESD 系统安装。在北京主控中心和河北廊坊备控中心分别设置一套全线运行控制 PLC，另在兰州首站设置一套 ESD 系统 PLC，这两套系统分别独立运行、互不干涉。同时，ESD 系统 PLC 保有控制权限的最高优先级。

（2）典型事故工况。针对管道在不同输量下的常见事故工况采用仿真软件进行模拟，找到事故工况发生后的危险管段和极限压力分布，采取相应措施消减水击压力波，保证管道安全受控。

① 中间泵站甩泵。例如，在设计输量下，当三门峡分输泵站因停电突然发生泵机组全部停运工况时，ESD 系统接收到水击触发信号 10s 内将执行水击保护程序，并按照预设程序下发调度指令，上游程序执行后停运渭南站两台输油泵机组、将咸阳站出站压力设定为 5.1MPa，以预防进站段管线超压；下游站场程序执行完毕后实现三门峡站压力越站，咸阳至郑州段全线输量降为 $1223 m^3/h$。程序执行过程中全线压力最大值出现

在三门峡站进站端，最大压力值约为 7.8MPa[图 5-52(a)]，保证管道不超压。

② 末站收油罐阀门误关断。管道末站低压区流程关闭是管道典型事故工况之一，例如在设计输量下，当发生郑州末站收油罐罐前阀误关断事故工况时，进站压力调节阀后低压区首先报警，联锁关闭调节阀前后截断阀离开全开位，触发管道 ESD 水击超前保护程序，下发管道全线所有输油泵停输命令[图 5-52(b)]，保障了管道安全。

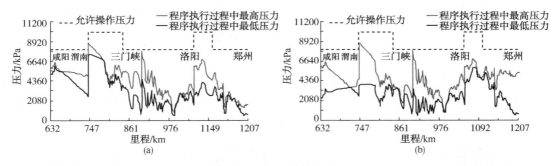

图 5-52 管道压力曲线图

3. 启示

系统设计的安全化。ESD 系统是管道发生异常工况后保护管道的最后一道防线，当事故发生后，可选择多种方式实现水击压力的消减。例如，当站场发生火灾触发 ESD 程序后，可选择通过全开越站阀维持管道运行，也可以选择全线停输，但是考虑到安全第一原则，系统功能设计选择了全线停输的执行步骤。

系统功能的智能化。管道超前保护是一个系统工程，单一保护手段无法保证管道安全。面对水击压力等风险，需要报警、安全阀泄放、泵关闭和越站保护等一系列操作，随着管道自控水平不断提高、SCADA 系统发展以及管道仿真软件应用，管道超前保护势必朝着全方位感知和系统化控制的智慧化方向迈进。

系统操作的标准化。吸取近年来发生的 ESD 系统设备维护不到位、出现误操作等事件教训，站场操作岗位应实行标准化、规范化管理，确保各类报警、联动阀等关键设备处于完好状态，并对人员开展安全教育和培训考核，提升现场应急处置能力。

（国家管网集团油气调控中心刘超、付兆恩、高经华供稿）

5.2.30 输气站紧急保护系统（ESD）误操作案例

1. 背景

ESD 系统是长输管道的紧急保护系统，其主要功能是确保站场或输气线路出现事故或潜在危险时使整个或部分输气设备设施停车，隔离设备设施以减少连续损失和避免事故升级，达到保护人员和财产安全的目的。正常情况下 ESD 系统是长期处于静态的，只在异常工况或维修维护时，才可以通过 ESD 手动按钮动作、站控或调控中心下发 ESD 命令等方式触发站场 ESD 保护，关闭进出站阀或主干线阀门。

2019 年 10 月 10 日，某输气站在进行 ESD 按钮检查维护作业时，因操作工操作不当，致使全站 ESD 切断逻辑触发，导致输气站进出站阀门关闭，造成下游电厂等用户供气中断约 28min，同时上游进气中断，对正常的输气生产造成了较大的影响。

2. 分析

（1）不安全行为。根据《ESD 按钮操作维护作业指导书》要求，ESD 按钮检查维护的作业流程如下：①作业前汇报调控中心；②在 SCADA 上将 ESD 按钮旁路；③现场拆卸 ESD 按钮外壳；④现场按下 ESD 按钮；⑤检查并维护 ESD 按钮；⑥恢复现场 ESD 按钮；⑦检查 ESD 按钮报警情况；⑧上报调控中心同意，并在 SCADA 上取消 ESD 按钮旁路。

当天的操作情况如下：①作业前汇报调控中心；②在 SCADA 上将 ESD 按钮旁路；③现场按下 ESD 按钮，直接在 SCADA 上取消 ESD 按钮旁路。指导书中要求的④~⑧等几个非常关键的步骤都被跳过，导致非计划停输事件发生（图 5-53）。

(a)   (b)

图 5-53　ESD 按钮操作现场

（2）管理原因。输气站现场作业缺乏有效组织，负责人未参与作业过程并进行指导，此前也未对操作人员进行培训，现场操作工缺少 ESD 按钮维保实操经验；随意改变作业时间。原计划 10 月 12 日开展作业，由于 10 月 10 日维修工到站开展工艺区点式可燃气体探测器的维修和标定，在没有充分准备的情况下，随意变更涉及联锁的 ESD 按钮维保作业，对此变更也没有进行风险评估。

3. 启示

加强人员培训和指导。加强现场指挥人员和处置人员的技能培训与考核，尤其是作业区新聘任的主任、副主任和新员工及特殊工种人员，以提高作业者对危险的辨识能力。完善安全操作规程管理，避免作业区人员短期内大幅度调配，引起工作脱节。

推行安全标准化作业。推行操作票使作业标准化和体系化，让操作人员之间、不同管理层级之间共同执行标准操作，起到监护、监督作用，减少人的不安全行为。

确保设备处于完好状态。包括各类报警装置、气液联动阀等关键设备必须处于完好状态，规范设备设施的维护保养周期，及时修理更换有缺陷的设备或工具。

（国家管网集团广东运维中心汕头作业区吴晓畅供稿）

5.2.31　输油站运用智能巡检机器人案例

1. 背景

长期以来输油站主要以人工定期巡检为主，安全风险大、人力投入多，且凭肉眼观察难免出现疏漏，导致巡检质量无法保障。国家管网华南分公司积极探索建设智能化输油站，联合开发输油站智能巡检机器人，自2016年起至今，已实现从第一代到第五代机器人的更新应用，替代传统人工巡检方式，保障了输油站安全平稳运行。

2. 做法

（1）发展过程。2016年公司第一代智能巡检机器人投入使用，由机器人本体、无线基站、磁性轨道、充电装置、上位机控制系统组成，防爆和防护指标满足现场环境使用要求，具有防范成品油泄漏、机器人自主导航、定位等功能，符合站场日常巡检需求，能有效减少人力投入（图5-54）。

图5-54　核对机器人巡检数据

（2）技术特点。目前，第五代智能巡检机器人业已完成研制。与前四代相比，机身采用轻量化设计，自重减少了50%，大幅度提高了续航里程。增加了激光导航，实现了避障更智能、运行更安全、路线方便可调、导航精度更高的目标。采用大功率四轮独立驱动技术、四轮独立防爆技术、四轮独立悬挂减振技术、免充气空心轮胎技术以及免润滑伺服升降技术等，显著提升了检测精度、机动性能、爬坡越障能力、抗颠簸性和续航能力，适用性更强。其运行速度为0.5m/s，可以识别47个目标。装备的智能化检测设备可进行全方位移动式检测，更加专业高效。

3. 启示

智能巡检机器人在运行中已多次发现主输泵油杯液位偏低、泵入口压力值偏低等异常，并通过报警系统及时提示工作人员处置，消除了潜在隐患，证明"机器换人"正成为不可阻挡的趋势。公司将继续深入探索智能巡检机器人的研发和应用，以智能化促进输油站安全生产。

（国家管网集团华南分公司钟吉森、洪晓敏供稿）

5.2.32　机器人检测穿越黄河管道安全隐患案例

1. 背景

穿越江河等水体的管道，因受地质条件、多次反复拖拽等因素影响，管道外防腐层难免受到不同程度的损伤，且穿越段防腐层不具备修复条件，只能依靠加强级防腐层和阴极保护方法来控制管体腐蚀。因地面检测方法无法直接应用于此类管段，因此难以获取外防腐以及阴极保护情况。某输油管道采用定向钻技术穿越兰州黄河段，长度约为690m，3层PE加强级防腐层。2020年4月，通过使用水下管道检测机器人（River-ROV）实施管道定位、防腐层及阴极保护有效性等方面的检测，并对检测结果作出科学评价（图5-55）。

图5-55　水下管道检机器人系统组成

2. 做法

（1）准备工作。现场检测人员对穿越段管道的现场环境进行勘测，确认是否满足River-ROV的下水检测要求，包括确认水下装置的下水点和回收点、穿越管道的检测起止点、检测装置的信号供入点以及信号在河流两岸的强度是否满足需求等内容。

（2）现场检测。在现场完成设备组装和调试后，开始进行检测，完成阴极保护电位、电位梯度、River-ROV姿态信息、高清视频和成像声呐信息、水深信息等不同数据的采集工作（图5-56）。

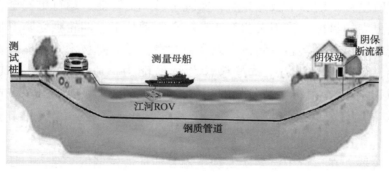

图5-56　River-ROV检测过程示意图

（3）检测结论。现场对各测点进行了水下环境声呐摄像勘察，水下区段覆土深度皆在14m以上，未发现露管等异常现象。应用阴极保护电位测量和电位梯度测量两种技术手段，同时对穿越管段的阴极保护效果和外防腐层完好状况进行了检测。共检测阴极保护电位值39处，测得输油管道管地断电电位为-941.9～-949.9mV（CSE）。在穿越段其他位置（岛上及两岸）及穿越段两侧埋地管道测得断电电位为-900～-953mV（CSE），检测结果皆负于-850mV，检测段管道阴极保护达标。通过检测10处电位梯度值发现，穿越段两岸阴极保护电位基本保持一致，无明显衰减，说明该区段的防腐层质量能够达到有效阴极保护需要。

3. 启示

本案例通过实际工程验证，对于水下穿越段管道外腐蚀检测，River-ROV 具有良好的适应性，配合惯导系统、声呐系统及摄像系统等附件，其检测结果将更为准确，有助于管道企业掌握水下管道防腐层薄弱位置及阴极保护情况，及时采取必要的维修维护策略，解决了穿越段管道的外腐蚀检测难题。此外，当水下能见度较好时，可以通过高清摄像头采集的视频数据提供管道和周边环境的直观信息；当水下能见度较差时，可以通过成像声呐提供管道环境信息的直观影像，从而保障管道安全运行。

(国家管网集团西部管道甘肃输油气分公司谢伟；天津市嘉信技术工程公司张伟、梁杏照供稿)

5.2.33 恒电位仪升级改造实现远程同步通断案例

1. 背景

新疆输油气分公司所辖管道里程共计 3530km。按照管道防腐管理程序要求，各作业区(站场)需每日记录并填报恒电位仪运行参数和阴极保护电位数据，这些工作占用了基层管理人员大量的时间和精力，而且单靠人工巡检及测试无法及时发现阴极保护系统的异常情况。分公司对作业区、压气站线路阴保间的恒电位仪进行了升级改造，建立了阴极保护远程管理系统平台，实现了远程传输、远程控制一键同步通断功能。

2. 做法

(1) 平台功能设置。阴极保护管理对象包括管道、站场阀室、管道防腐层及阴极保护相关设备设施。管理数据包括阴极保护系统、防腐层和相关设备设施等全部参数。平台设置首页(图5-57)、统计分析、日常管理、设备管控、基础资料及系统管理六个基础单元。

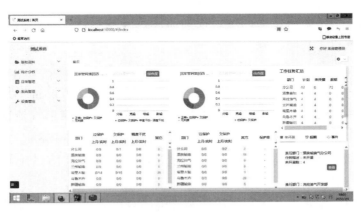

图 5-57 平台首页

(2) 控制程序升级。对 40 台线路恒电位仪和 137 台站场恒电位仪远传远控及同步通断数字控制程序进行升级，配合通信网关、同步通断控制器等实现远传远控及同步通断功能。改造第三方恒电位仪，利用远程监测仪和自动切换控制器联合控制，配合通信网关、同步通断控制器等实现远传远控及同步通断功能。

（3）通信方式选择。通信方式采用 4G 通信模组传输，其实施成本低、性能稳定。由于干线恒电位仪分布较广，部分区域无法收到移动网络信号，需采用北斗卫星通信方式。同时 4G 基站各地区覆盖情况不一，北斗短报文通信数据传输误码率比较高，其发送长度和频率也受到一定限制。因此，在恒电位仪远传远控系统设计中，通信网关与管理平台之间采用数据重传机制，确保数据远传远控的可靠性。

（4）异常问题处理。在三明恒电位仪改造中，断电状态下恒电位仪输出电压增高、输出电流减小，通电瞬间输出电流变大，之后趋于稳定。对此，在功率不变的情况下，远程监测仪更换阻值较小的电阻解决了这一问题。在青岛雅合恒电位仪软件升级、其自动切换控制器软件和硬件升级后，发现偶尔有设备切机现象，经现场调试后问题得以解决。

3. 启示

通过实践检验，恒电位仪均实现了远传远控，数据采集准确，通信质量可靠，指令执行成功。下一步将通过统计分析每日采集到的阴极保护数据，找出阴极保护的薄弱环节和阴极保护设备故障的易发点和频发点，对症下药，争取实现阴极保护系统有效性"双百"目标。

（国家管网集团西部管道新疆输油气分公司方桉树供稿）

5.2.34 监测光缆和通信光缆同沟敷设案例

1. 背景

近年来，北京管道公司在部分管段采用泄漏监测和光纤预警等技防措施时，发现虽然能够有效提升主动感知预防风险的能力，但同时也会出现光缆备用芯数量不足、局部光缆位置与管道不同沟等问题，当通信用光缆备用芯与技防设备连接作业时，会影响在役芯的正常使用。为了解决此类问题，提高监测预警效果，公司在密云－马坊－香河联络线工程设计中改进了技防措施。

2. 做法

（1）采取"一管双缆"方案。为该管道增加敷设一条技防设备专用光缆，即与管道底部平齐敷设一个 24 芯管道光缆作为数据传输光缆，在管道气流前进方向右上方 45°角的管道外壁处用拦卡固定一根 16 芯铠装监测光缆（图 5-58），为运行期间实施光纤振动预警系统、泄漏监测系统、应力应变监测系统等技防措施预留了分布式传感器。

（2）解决光缆固定难题。为了解决铠装光缆因自重较大、管道防腐层表面光滑而难以固定的问题，经项目部反复探讨试验，在管壁上每隔 6m 设置一个聚乙烯材料卡具，通过胶黏剂将卡具固定在管壁上，卡具上设置光缆槽，将光缆固定在槽内（图 5-59）。

（3）光缆与管道协同施工。光缆安装与管道施工协调一致。考虑光缆盘长，优化人手孔位置，减少光缆接头，便于在后期回填、水工保护施工等过程中，加强对光缆的防护，确保施工过程中光缆完好无损。

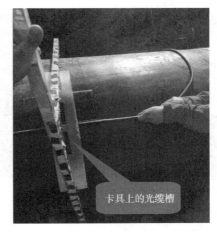

图 5-58 密马香联络线工程"一管双缆"   图 5-59 将光缆卡在卡具的光缆槽中实现固定

3. 启示

以往应力应变监测系统主要设置在可能受到外力的高风险点，监测点数量相对较少，且风险点的选择易受人的主观因素影响。通过敷设分布式光纤传感器，可以避免对施工作业定位不准的问题，并实现管道应力应变情况的连续感知，进一步提升应力应变的监测精度。

新系统投入使用后，需进一步加强预警监测信息的验证，不断总结使用规律，制定系统操作技术规范，加强使用效果的评估和完善，为扩大推广应用积累经验和发挥示范作用。

（国家管网集团北京管道公司董博供稿）

5.2.35 泡沫几何检测技术排查小口径管道变形案例

1. 背景

目前国内小口径支线管道由于受内外部条件限制，大多没有开展过清管工作，管道内部污物长期累积，导致管道内径发生较大变化，给内检测带来较大难度。涩宁兰输气管道甘西南支线全长 63.6km，管道规格为 $\Phi219.1\text{mm}\times6.3\text{mm}$，设计压力为 6.3MPa，沿线地理环境以山地为主，地势起伏较大，自 2011 年投产以来一直未完成基线检测。2019 年开始启动漏磁检测前清管作业，累计发送各类泡沫清管器 16 个。2020 年采用机械清管器清管，但因管道严重屈曲变形造成卡堵。

2. 做法

（1）选用泡沫几何检测技术。该技术以泡沫体为载体，最大可通过 40%OD 变形点，采用先进的几何传感探头，能够识别管道内环焊缝、弯头及阀门等特征点，可以精准测量管道内径变化并准确定位，特别适用于情况不明的管线(图 5-60)。

图 5-60 泡沫几何检测器

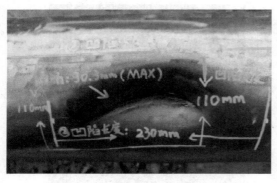

图 5-61 开挖验证变形管道实测

（2）开展缺陷开挖验证。公司于 2021 年 5~6 月实施泡沫几何检测，共排查出内径减小超过 10% 的缺陷点 4 处。对 4 处较大变形点开挖验证，发现 2 处为变形缺陷、2 处为管道内部存在异物所致，与检测报告相符（图 5-61）。

（3）实施缺陷换管修复。为有效消除管道本体安全隐患，同时为后续清管、检测创造有利条件，2021 年 9 月完成了对 4 处变形点换管修复。

3. 启示

甘西南支线小口径管道通过应用泡沫几何检测及时排查出了较大的几何变形点，为排除管道安全隐患和后续通球作业提供了技术支撑，其经验和做法可为小口径、低输量管线基线检测提供借鉴。

（国家管网集团西部管道公司周彬、丁融、邹斌、韦正鑫供稿）

5.2.36 非等径输油管道清管器和内检测器改造案例

1. 背景

某输油管线于 2009 年建成投产，2018 年开展基线检测。经调查发现管道沿线阀室截断阀均存在内径减小的问题，最小阀门内径为 375mm，最大阀门内径为 395mm，而管道标称内径为 413.2mm。由于球阀缩径，管线出现了 9 次内径变化（图 5-62）。

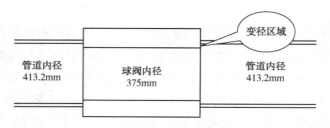

图 5-62 阀门变径示意图

泡沫清管器具有较强的伸缩性，对于存在较大变径的阀门，基本能够正常通过，但由于无法搭载直板、测径板、钢刷及磁铁，清管能力十分有限。普通机械清管器在此类缩径比例达 10% 的全圆周台阶式缩径管道内极易造成驱动皮碗撕裂，失去驱动力，或密封盘直接发生卡堵。

2. 做法

（1）适应性改造。重新设计和定制清管器，采用双 V 槽叠加皮碗+高弹性铍青铜清污片清管器，具有高度的柔性，其通过能力与几何检测器基本一致。皮碗开 V 槽可以使皮碗变形能力增强，加大清管器的通过能力。双 V 槽错位叠加皮碗的设计可以增加皮碗的密封性，使清管器皮碗前后建立需要的压差，推动清管器前行。与普通的清管器相比，该清管器通过能力增强，但清洁管道污物的能力会降低，需要根据现场情况调整清管方案。

重新设计和定制检测器，采用浮动式短磁回路模块化的漏磁单元设计理念，每个漏磁探测单元模块化，包括磁回路及探头，探测模块的前端均设计有一个大弧度的过渡圆弧作为通过小口径阀门的导向，模块由柔性铰接机构与芯轴连接，探测单元采用浮动式设计，具有高度的柔性。漏磁探测模块靠磁吸引力紧紧贴合到管壁上，当检测器遇到非等径阀门或其他卡阻点时，每个漏磁探测模块可随着管壁的变化，向芯轴方向移动，从而避免卡堵。该检测器能通过通径的 75%，可满足该段管线的变径限制要求（图 5-63）。

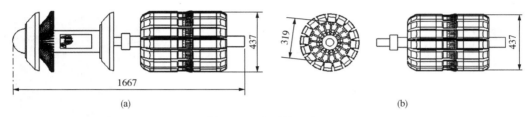

图 5-63 检测器设计图

（2）实际应用。改造后的变径清管器 5 次运行均状态良好，顺利通过了管道缩颈阀门，达到了较好的清理效果，清出污物为少量油泥和部分铁片，清管器正常磨损，满足漏磁检测器的运行要求。

改造后的漏磁内检测器运行平稳。检测器平均速度为 1.03m/s，磁化强度平均为 24.75kA/m，足以确保管壁饱和磁化。检测里程为 1177032m，收集了 96.83%的重要漏磁数据，几何传感器正常工作效率达 97.57%。ID/OD 传感器正常工作效率达 100%。

依据管道内检测最终报告，确定了 5 个开挖验证点，现场对各缺陷点的长度、宽度、深度与检测报告提供的数据进行了对比，对管道不同方位的剩余壁厚、绝缘层的厚度进行了测量，现场测量均与检测数据吻合，检测数据可靠，可以作为管道完整性评价的依据。

3. 启示

本案例说明管道内检测前评估和准备工作的重要性。管道调查各类数据应详细准确，建设期丢失的数据应设法验证完善，对清管器和检测器的通过性能作出判定并进行适应性改造。加强源头管控，设计和施工应严格执行相关标准，确保管道本体质量符合国家技术规范要求。

［陕西延长石油(集团)管道运输公司刘建刚、折艳斌、孟敏刚供稿］

5.2.37 管道检测智能振动跟球技术应用案例

1. 背景

清管作业需要对清管器的运行进行跟踪定位监测，实时掌握清管器的运行状态。常规管道清管跟球方式主要有基于工艺参数的理论分析、基于发射信号的接收机及定标盒、人工听音跟球等，都有一定的局限性。在地势起伏较大、建筑物密集、河流穿越多、管道距离长的情况下跟球难度更大，易出现跟踪定位失败的情况。通奥检测公司智能振动跟球技术方案，解决了跟球作业存在的跟踪不准、定位失败等诸多难题。

2. 做法

（1）基本原理。智能振动跟球是应用物联网技术监测管道振动，对清管器进行定位的设备。其基本原理是通过放置在管道外壁的振动传感器采集清管器运行时与管壁、焊缝摩擦碰撞时产生的振动信号，振动传感器将接收到振幅信号 A/D 并通过物联网发送至服务器，软件平台经过智能算法判断出清管器通过的时间，站控室通过云端实时接收其通过每个振动传感器的北京时间和经纬度坐标以掌握清管器位置（图 5-64）。

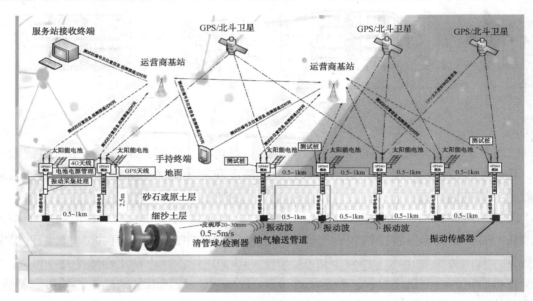

图 5-64　智能振动跟球技术示意图

（2）系统构成。智能振动跟球主要由振动传感器及传感器固定机构、传感器传输电缆及水密处理、核心模块组（信号调理、控制器及 A/D 采样）、传感器信号调理模块、4G 物联网模块及天线、电源及电池管理模块、太阳能电池板（固定式选用）、内置电池组、信号采集地钎（移动式选用）、手持终端 APP 和站控终端分析软件（振动信号处理、设备状态自检、AI 计算识别）、腾讯云服务（加密数据传输）11 个部分构成。

（3）应用效果。该技术已分别应用于西南管道粤西支线漏磁内检测、塔里木油田油气运销部管道内检测、西部管道甘南支线泡沫几何内检测等项目作业，智能振动跟球成功率达 100%。

3. 启示

该项技术可成功解决管道跟球中定位失败等难题，降低跟球人员的劳动强度，可为长输管道基线检测和油田管道内检测作业实时掌握清管器运行位置提供技术保障。可整合低频接收技术，实现振动、低频二合一的跟球功能，进一步增强设备可靠性。可以将智能跟球桩与便携式智能跟球设备综合应用，降低业主投入成本。可通过大量积累不同种类的跟球数据，建立跟球频率识别模型，实现系统自主识别提醒，具有广泛的推广价值。

（通奥检测集团股份有限公司台亚斌、张理飞、陈勇华、宋汉成供稿）

5.2.38 集输管道非标发球装置电磁涡流检测案例

1. 背景

某油田天然气集输管道全长 15.96km，管道规格为 Φ323.9mm×7.1mm，设计压力为 6.0MPa，运行压力为 4.3MPa，管道两端有收发球装置，发球端为发球阀，但发球阀由于安装年限长，存在开度不足等异常情况，且管道弯头最小曲率半径为 1.5D，不具备进行漏磁检测的条件，所以至今未做过内检测。为了掌握管道内部腐蚀状况，有必要尽快开展管道内检测作业，保障管道安全运行。

2. 做法

（1）制定方案。通过实地踏勘考察，仔细测量发球阀内部空间尺寸，发现该发球阀与下游短节无法同心，检测器无法发出，但在发球阀下游存在一根长度为 600mm 的短管节，满足检测器对发球装置的尺寸要求，经过现场确认可将检测器推入短节进行发球。确定采用电磁涡流内检测技术进行检测作业。电磁涡流内检测技术是以电磁感应原理为基础的新型内检测技术，通过测定缺陷或管道几何尺寸变化引起的线圈感应电压变化而进行缺陷的判定。结合现场实际踏勘情况，公司重新设计涡流检测器结构，缩短了检测器长度。通过牵拉试验确认检测器机械结构稳定、数据采集功能正常。2022 年 4 月 22 日经过 107min 的运行，顺利通过短节发球对该管道进行了内检测，如图 5-65 所示。检测数据完整、信噪比高，管道特征及缺陷信号清晰。

(a)   (b)

图 5-65 短节发球作业

（2）检测结果。共检测出内部金属损失 2365 处、凹陷 5 处、环焊缝异常 50 处。选择其中 2 处凹陷、2 处内部金属损失、1 处环焊缝异常进行开挖验证（图 5-66），显示缺陷特征类型识别正确。内部金属损失深度评价偏差为 8.75%wt，满足 GB/T 27699—2023《钢制管道内检测技术规范》对于内检测的精度要求。环焊缝异常处经射线拍片确认存在未焊透、焊缝内凹、内咬边等多处缺陷。

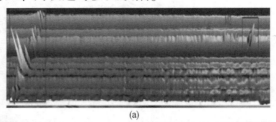

(a)

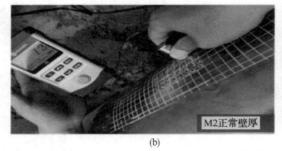

M2正常壁厚

(b)

M2最小壁厚

(c)

图 5-66　现场开挖验图

3. 启示

根据现场工况调整检测器尺寸及重量，通过发球阀下游短管节开展发球作业，解决了发球阀不同心而不满足检测器运行要求的问题。验证了电磁涡流内检测器具有长度短、体积小、重量轻的特点，可以在非标准的发球装置、发球阀或临时发球装置完成发球作业，也可以通过 1.5D 弯头，适用性和通过性强。同时，可以根据管道的实际工况量身定制检测器，最大限度地满足现场检测工艺要求，成功解决了常规智能内检测技术无法检测的管道检测难题，填补了油田集输管道内检测领域的空白。

（四川德源管道科技股份有限公司孙鹏供稿）

5.2.39　城市燃气管道电磁涡流检测案例

1. 背景

某城市燃气管道全长 27km，管径为 323mm，设计压力为 1.6MPa，运行压力为 0.9MPa，于 2005 年建成投运。2022 年 11 月初对该管道进行泡沫清管器清管，随后进行重磁清管器清管作业。重磁清管器运行 3h，前皮碗磨损严重，清出固体物 10kg 左右。后又发送两次重磁清管器，均发生卡球，采用泡沫救援球推出，泡沫球表面损坏，清出粉尘共计 18kg。经技术人员复核管道设计资料发现，该管道在 10#阀井处存在 90° 弯头，导致检测器通过该处时，受到猛烈撞击，发生较长时间停球，使检测器受损。10#阀井处弯头设计图如图 5-67 所示。

2. 做法

（1）方案设计。改进涡流检测器支撑结构，检测器前端使用双皮碗设计并增加了缓冲装置，后端支撑皮碗也由支撑皮碗改为碟形皮碗，并增加了探头、皮碗等的耐磨性。有 1

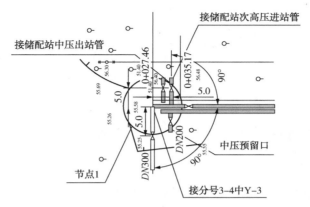

图 5-67　10#阀井处弯头设计图

处等径三通无挡条，有 2 处 *DN*200 的三通不确定是否有挡条，经评估三通有可能影响检测器的通过，在保证能通过 90°弯的前提下，增加了清管设备的长度，加大了检测器皮碗的间距。对该管道进行了涡流检测，检测器共计运行 2.5h，顺利收球，检测器皮碗仍有磨损，但检测顺利完成，检测数据信噪比高(图 5-68)。

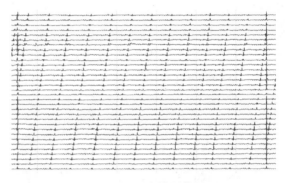

图 5-68　涡流检测信号

（2）本次内检测共计检测出内部金属损失 2261 处，螺旋焊缝异常 81 处，凹陷 7 处。内部金属损失在 20~24km 处有集中趋势，周向上主要集中在管道底部 5:00~9:00时钟方向，为腐蚀的可能性较大；有 94.96% 的内部金属损失内检测量化深度为 $10\%wt \leqslant ML < 20\%wt$，其在里程及周向上的分布如图 5-69 所示。

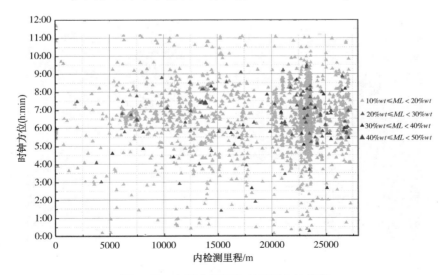

图 5-69　内部金属损失在里程上的分布

3. 启示

本案例显示了定制的电磁涡流检测器具有长度短、体积小、重量轻的特点，同时具有更强的通过性，可以顺利通过 1.5D 及 90°的管道弯头。本次检测是电磁涡流检测器在复杂工况下的城市燃气管道的首次运用，为管道完整性管理提供了有力的数据支撑。

（四川德源管道科技股份有限公司唐小华供稿）

5.2.40 集输管道低压低流量非标发球筒电磁涡流检测案例

1. 背景

某油田天然气集输管道全长 6.2km，管径为 168mm，设计压力为 1.6MPa，发球站压力为 0.45MPa，收球站压力为 0.40MPa，收发球站压差仅为 0.05MPa，输气量为 9000m³/d，流量低。管道运行压力小导致检测器前后推动压差小，运行动力不足。管道弯头最小曲率半径为 1.5D，且发球装置为非标发球筒，发球筒长度短（只有 1.14m），发球筒输送工艺不满足常规内检测工艺要求。管道自 2007 年投产以来，未做过内检测。

图 5-70　发球筒盲板到变径管长度

2. 做法

经测量非标发球筒盲板到变径管长度仅为 1.14m（图 5-70），发球筒后端进气口到大小头管节处长度仅为 60cm。考虑到压差小的特点，采用高度集成化设计，缩短涡流检测器长度至 270mm，质量仅为 6.5kg。

使用定制的检测器进行了涡流检测，检测器皮碗轻微磨损，检测器各项功能正常，检测数据信号的信噪比高（图 5-71）。

(a)　　　　　　　　　　(b)

图 5-71　检测器运行后

3. 启示

该检测设备的成功应用，有效地解决了油田低压低流量管道长期以来无法进行智能检测和非标准发球筒发球距离不足的问题，为油田低压低流量管线的内部检测提供了新的技术方案。由于低压低流速管道运行时间较长，对检测设备的续航能力要求较高，但电池模块受到空间限制，无法提供更强的续航能力，需要下一步重点解决。

（四川德源管道科技股份有限公司孙鹏、吴昊、代刚供稿）

5.2.41　无源检测器跟踪系统（PIGPRO-TR）开发应用案例

1. 背景

目前管道内检测技术主要有漏磁检测、超声检测、涡流检测，面临的主要风险是卡球的风险。漏磁检测可通过低频跟踪器或地面标记盒对检测器位置进行跟踪，一旦发生卡球可迅速定位检测器的位置，采取相应措施。涡流检测是交变磁场在管道内表面产生涡流，通过接收涡流信号的变化来判断管道特征及缺陷，但涡流具有趋肤效应，不能通过常规地面定标器来定位检测器的运行状态，一旦发生卡堵，不能及时定位检测器的位置，影响管道正常运行。

2. 做法

（1）研制设备。无源检测器跟踪系统（PIGPRO-TR）利用次声波原理，不需要任何信号发射源，通过接收检测器在管道运行中产生的次声波进行跟踪定位，在发球前置于管道上方，开机即可，操作简单方便。该系统含有数据存储及数据实时传输功能，后台软件可以实时显示内检测器的运行状态。

（2）实际运用。某城市燃气管道全长33km，管道规格为Φ323mm×8.0mm，设计压力为3.0MPa，运行压力为1.2MPa，全管段选取4处设置监听点，检测器通过监听点时的信号如图5-72所示。

目前该项技术已成功应用于国内37条管道共547km，管道检测定位跟踪准确率达100%。

3. 启示

无源检测器跟踪系统（PIGPRO-TR）无需在内检测器上安装信号发生器，保持了涡流检测器的小巧轻便性，一旦发

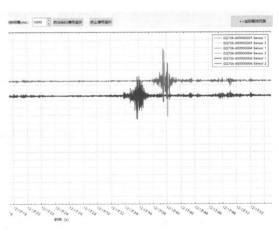

图5-72　检测器通过信号

生卡球，可迅速定位、响应，实时回传信号至监控平台。无需人员监听守候，减少了人力成本。下一步需要解决偏远地区通信信号弱，检测器运行数据不能及时回传需人工值守报告等问题。

（四川德源管道科技股份有限公司唐小华、孙鹏、王超供稿）

5.2.42 油田集输管道防腐技术提升案例

1. 背景

长庆油田现有原油集输管道近 4 万公里，部分老油田进入中后期开发阶段，采出液含水不断升高，输送介质腐蚀程度加大，导致管网腐蚀加剧，维护更换频繁。根据管道失效案例统计分析，腐蚀穿孔在管道泄漏失效原因中占 89.6%。腐蚀特征以内腐蚀为主，主要发生在管体中下部，部分管道发生在焊缝或焊缝附近。

2. 做法

（1）开展专题研究。厘清了油田集输管道腐蚀状况及腐蚀特征，包括油田含水、管道服役年限、管输介质腐蚀因素含量等对管道腐蚀的影响。地层水矿化度高、细菌含量高、Cl^- 含量较高，且含 H_2S、CO_2，腐蚀与结垢交互作用，加剧了管道局部腐蚀。管道失效表现为管内腐蚀性流体引发的局部穿孔破坏。经过比选采用环氧玻璃纤维涂料防腐技术。

（2）整体挤涂工艺。对集输管道内壁进行除垢、喷砂除锈等预处理后，采用风送挤涂工艺将无溶剂环氧玻璃纤维涂料连续涂敷于管道内壁，经固化形成防腐涂层，保护管道本体。该技术不受地形限制，单次施工距离长至 1~3km，成本较低，工序简单，无需征地，适用于 DN50 以上管道及一般腐蚀区域（图 5-73）。

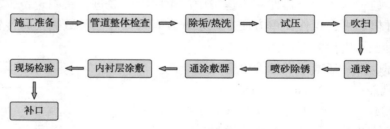

图 5-73 挤涂防腐施工工艺流程

（3）工厂化单根预制。将环氧树脂、增韧材料等多种高分子材料喷涂在钢管内壁，经高温固化后形成内涂层。工厂化预制可保证涂层质量优于现场挤涂，施工相对简便，可直接连头。工厂作业可大规模生产，适用于腐蚀严重区域。

3. 启示

整体挤涂工艺技术在长庆油田在役管道已累计应用 $2 \times 10^4 km$，施工时应注意防止因管壁结垢清理不彻底而导致的涂层脱落等问题。工厂化预制累计应用近 400km，优点突出，但对焊接工艺要求高，存在造价偏高等不足。对于这些问题，要根据管道腐蚀特征，采取更具针对性的低成本防腐工艺，攻关管道涂层质量检测技术，提高管道内防腐层的施工质量和使用寿命。

（中国石油天然气股份有限公司长庆油田油气工艺研究院姜毅供稿）

5.2.43 运用超声导波监测技术开展完整性评价案例

1. 背景

中海石油珠海管道天然气有限责任公司所辖珠海横琴输气管道长约1.1km，管径为406mm，设计压力为8.0MPa，于2013年投产。由于管道未设置收发球装置，无法以内检测的方式进行完整性评价。

2. 做法

采用超声导波检测技术，监测探头直接安装在管道金属外壁上，平均检测距离双侧可达50~60m，最远可达100m以上，能够对多数穿跨越位置进行全覆盖持续监测，且一次开挖，永久有效，使用寿命可达25年左右。通过分析管道重点部位的缺陷产生及增长情况，及时采取措施开展风险消减工作(图5-74)。

(a)   (b)

图5-74 永久超声导波监测探头

珠海管道公司在本段管道上安装了5套永久超声导波监测探头，现已进行了两次数据采集，所监测管段暂未发现缺陷，监测设备工作正常。

图5-75亮区为探头实际监测范围，可看到其监测范围为−30.67~14.86m，基本能够满足安装地点的监测需求。横坐标从左往右−F2、−F1、+F1、+F2四处电位曲线波峰

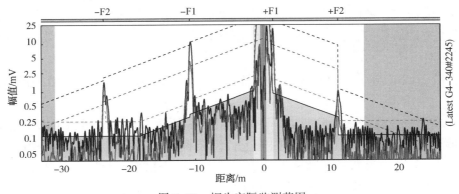

图5-75 探头实际监测范围

处对应四处焊缝。当非对称曲线与对称曲线整体低于 DT 线和 CALL 线时，可认为管道不存在缺陷，因此判定此处监测探头监测范围内不存在缺陷。

3. 启示

对于未设置收发球筒、无法通过内检测方式进行完整性评价的管道，超声导波检测技术是一项较为可靠的选择，也可以结合特有情况采用非接触磁应力检测、内外腐蚀直接评价等方式。永久超声导波监测探头直接安装在管道上，随时采集数据进行分析评价，可靠性较高，同时还可以节省开挖等大量土建费用，是一项对管道关键部位持续监测的可靠技术。

（中海石油珠海管道天然气有限责任公司郑方杰供稿）

5.2.44 小口径输气管道非焊接封堵技术应用案例

1. 背景

西气东输二线部分阀室（站场）的引压管及引压管根部阀门因存在安全隐患需要进行更换，引压管运行压力高（约 10MPa）、直径小（34mm）、管壁薄（3mm），焊接操作稍有不当就有可能焊穿管壁，管道局维抢修公司利用小口径非焊接封堵技术，在不影响主管线运行的前提下，对引压管及引压管根部阀门进行了在线更换。

2. 做法

（1）小口径非焊接封堵技术简介。首先，在引压管根部焊接 Z 型套管，套管上设有凹槽及定位点，用于注胶及开孔定位；然后，安装封堵四通，将其底部与主管线焊接，上部通过注入高强度耐磨陶瓷结构胶代替焊道进行密封；最后，对管道实施开孔封堵作业，实现引压管与主管线的隔绝堵断，进行引压管更换等改造作业。

（2）工艺流程。小口径非焊接封堵技术的工艺流程如下：

① 前期准备：施工前关闭与引压管连接的气液联动阀远程操作、自动操作功能。

② 焊接套管：首先确定焊接点，清洁焊接点周围的防腐层，然后采用氩弧焊将套管焊接在引压管根部位置（套管组合焊接，不与引压管焊接）。

③ 焊接封堵四通：将四通安装焊接至主管线上，四通本体间、四通与套管间、四通与厚壁主管线间均采用焊接方式固定。针对水平位置的引压管，应使用腔体加大的四通，因为四通横向摆放时腔体若无法容纳太多的铁屑会造成堆积，在下封堵过程中被封堵头顶块推进四通后腔，在封堵头密封套压缩时易产生倾斜，影响封堵效果，且可能造成封堵器损坏。

④ 注胶：四通与引压管间靠密封圈、压紧环、高强度耐磨陶瓷结构胶进行黏接固定。

⑤ 安装防脱卡具：安装防脱卡具防止开孔后引压管飞出，保障施工安全。

⑥ 带压开孔：安装阀门至封堵四通上，组装调试好开孔机并安装至阀门；对封堵四通、阀门、开孔机进行整体严密性压力测试，测试合格后对管道进行开孔作业；开孔完毕后收回主轴、关闭阀门，此时四通内部和开孔机隔断，排空置换开孔机内的天然

气，拆卸开孔机。

⑦ 带压封堵：组装调试好封堵器并安装至阀门，下封堵至预先计算好的位置，继续下移主轴对封堵头密封套进行压缩，保证密封效果（图5-76）；排空引压管内的天然气，进行封堵效果验证；封堵成功后，采用机械方式断管，断管位置在四通非焊接端靠近四通处；将预制好的新引压管与四通进行焊接连接，无损检测合格后提出封堵头，关闭阀门，排空置换封堵器内的天然气，拆除封堵器。封堵改造完成，引压管即可开始正常运行。

⑧ 下塞堵：组装好塞堵至开孔机，安装开孔机至阀门，用氮气置换开孔机及结合器内的空气；压力平衡后打开阀门，伸出主轴，将塞堵送到预定位置，拆卸阀门及开孔机；拧好盲盖，主体施工作业至此完成（图5-77）。

图5-76　带压封堵　　　　　　　　　　　　图5-77　下塞堵

3. 启示

管道局维抢修公司应用小口径非焊接封堵技术完成了西一线全线引压管改造，并应用于西二线高钢级焊接（四通与 Φ1219mm、X80钢级主管线焊接）、高压力开孔封堵工况。另外，还采用此项技术在不停输情况下，先后完成广东大鹏公司某阀室阀门更换、哈尔滨某供气管道隐患处置、北京燕山石化公司三条输油管道盗油点隐患处理等任务。这项技术为解决管道引压管以及其他小口径管道的不停输改造、隐患处理提供了新思路。

（中国石油管道局工程有限公司维抢修分公司程志杰供稿）

5.2.45　管道定向钻穿越工程玻璃钢外防护层应用案例

1. 背景

定向钻穿越是管道工程在穿越各类障碍物时常用的施工方式。但是在定向钻回拖管道的过程中，管道防腐层往往存在较大面积的损伤情况，极端情况还会出现露铁，严重影响了穿越段管道投用后的长期运营安全与使用寿命。广东粤西天然气主干管网某支干线项目，线路总长为42.3km，管径为610mm，设计压力为9.2MPa，于2020年9月建成，共有12条定向钻工程，长度占全线的23.5%。经过探索实践，在管道已有防腐层外再增加无溶剂环氧玻璃钢涂层作为管道外防护层，能有效保护管道3PE防腐层，回拖后的定向钻段管道防腐等级评定达到优良等级。

2. 做法

（1）施工环境。施工时环境温度在 15~30℃ 时比较有利，相对湿度控制在 80% 以内。施工前，应使衬里的表面温度比施工外部环境空气露点温度高 5℃，同时避免在过堂风场所与阳光直射环境施工。

图 5-78　玻璃钢防腐管

（2）施工技术。使用专用钢丝刷在 3PE 防腐层表面做拉毛粗糙化处理后立即进行涂料涂刷。在接近表干时，采用火焰对涂料表面快速加热，接着开始涂刷第二遍。随后缠绕第一层玻璃纤维布，再涂刷第三遍涂料，接着缠绕第二层玻璃纤维布，再刷第四层涂料（图 5-78）。

（3）质量检验。目测检查钢管玻璃丝布的搭接方向与定向钻回拖方向保持一致。测量圆周方向均匀分布任意四点的防护层厚度，应符合规定值。对连续涂敷的 100 根钢管至少抽一根按照 SY/T 6854—2012《埋地钢质管道液体环氧外防腐层技术标准》中附录 A 的规定进行黏结强度测试。对 12 条定向钻管道的回拖情况进行确认，回拖管头出土点的玻璃钢应完好无破损。回拖完成 15 天后对定向钻管线进行馈电测试，包括管道两端土壤电阻率测试、测试点电位记录及电流记录，计算电位变化比等，计算 1000Ω·cm 特定土壤电阻率中的防腐层归一化比电导率对应的防腐层绝缘电阻等级，最后判定是否合格。最终防腐层质量评级有 9 条为优秀等级，3 条为良好等级（图 5-79）。

(a)回拖前　　　　　　　　　　　　(b)回拖后

图 5-79　回拖前、后的管道

3. 启示

通过回拖后的开挖验证和馈电试验，确认玻璃钢外防护层在长输管道定向钻穿越工程中能有效保护管道 3PE 防腐层，回拖后的定向钻段管道防腐等级评定达到优良等级，且效益良好。若定向钻的长度按 800m 计，采取玻璃钢防腐面积大约为 1550m²，需要费用为 30~40 万元。如不加防护出现防腐层破损，将有可能发生腐蚀穿孔，为此付出的代价将难以估量。

（国家管网集团广东省管网汕头作业区吴晓畅供稿）

5.2.46　大直径管道连头作业组合工装研制案例

1. 背景

大直径管道动火连头作业时，现场须借助吊装设备吊起管道，在其底部加垫土堆或用枕木支护，用千斤顶调平，再进行测量、下料、打磨作业，不仅准备工作耗时长，配合的作业人员和设备材料多，而且支护调平质量会影响测量精准度，产生的误差将直接影响组对质量。起降千斤顶调平时，作业人员位于管底下方或近管侧面操作，一旦管道出现侧倒、侧滑等现象，容易对人员造成伤害，存在极大的安全隐患。为此，分公司研制了便携式可调节液压管道支座，配合自制万向角度测量平台，组成组合式工装器具。

2. 做法

（1）设计组合工装器具。组合工装器具由可调节液压管道支座和万向角度测量平台组成（图 5-80）。

图 5-80　组合工装器具

① 可调节管道支座：包括 700mm×200mm×120mm 钢板底座和方管支撑等上下两部分四个组件。方管支撑管道，滑块可根据管道直径大小任意调整位置，防止管道滚动。底座钢板中心是千斤顶固定点，两边各有一组高 200mm、直径为 60mm 的圆管作为调整高度的轨道套管，增加了起升时的稳定性。

② 液压起升系统：包括一个主液压缸和带有 4 个单独控制起升液压阀的液压管路以及 4 个单体载重 10t、举升高度为 200mm 的液压千斤顶。

③ 万向角度测量台：包括可 360°转动带半圆角度尺的不锈钢量角平台和能高低升降调节不锈钢量角平台的三脚支架。量角平台可以精确测量直径为 300~1219mm 的大倍数任意角度弯管的结构长度、曲率半径，以及施工现场动火点的管道弯点角度和结构尺寸等，将两组数据进行对比，为精准下料提供参照。

（2）现场应用。某管段换管作业中，采用 3 套自制便携式可调节液压管道支座对现场 Φ1016mm×26.2mm×35°弯管进行支护、调平，用自制万向角度测量平台对动火连头作业现场弯管、三通等进行测量。可调节管道支座使用便捷、支护稳固，万向角度测量平台测量精准、过程简单快速，原来需 4~5 人才能完成的测量作业现只需 3 人即可完成，作业时间也由之前的约 40min 缩短到 20min 以内。

① 测量弯管角度。起重设备将弯管吊放在 3 个均匀分布的可调节液压管道支座上，无需再次吊装调整。由 1 名管工带领 1~2 名辅助人员完成弯管或管段的调平、找正，在弯管两管口分别拉紧粉色引线至万向角度测量平台，交会于平台表面的量角器刻度线上，即可测量该弯管的实际角度。

② 测量施工现场动火点管道的弯点角度。在现场断开管道两端管口 0/6 点钟、3/9 点钟四个对称位置，分别引线至万向角度测量平台，交会于平台表面的量角器刻度线上，测量出管道弯点角度，结合实际弯管的结构尺寸和曲率半径等数据，确定下料切割点。

3. 启示

管道动火作业现场组合工装器具，简化了调平作业步骤，缩短了时间，提高了下料组对数据测量的精确度，解决了长时间占用吊装设备等问题，消除了影响作业人员的安全隐患。经过多次作业实践和改进，完善了可调节管道支座和测量平台配合使用功能，如将支座材质改为不锈钢材质，增加了支护强度并能防止锈蚀；在滑动挡块上粘贴胶皮，既增加了摩擦力又防止了管道的 PE 防腐层被划伤。今后在可调节支座液压系统的整体结构轻量化、液压装置承重性、防泄漏等方面需要做进一步优化和完善，如使用激光测距仪进行精确测量定位、改进万向角度测量平台的升降高度和测量平台的稳定程度等。

（国家管网集团北京管道维抢修分公司曹延双、蒋云福、高铁龙、郭依宝供稿）

5.2.47 X80 钢管螺旋焊缝裂纹成因研究分析案例

1. 背景

西部管道公司某输气干线管道内检测时发现异常，开挖后经超声、射线检测确定，一处螺旋焊缝存在内部裂纹型缺陷。为确保安全，对该处进行了换管作业，通过管道内表面观察发现，该处存在长度约为 55mm 的裂纹。含缺陷钢管为 X80 螺旋焊缝钢管，规格为 $\Phi1219mm×18.4mm$，出厂前记录显示各项指标合格，但存在 2 处补焊。为了明确管道缺陷裂纹产生的原因，公司和石油管工程技术研究院深入开展了研究分析工作。

2. 做法

（1）断口宏观分析。经水压试验该裂纹缺陷承载能力为 22MPa。裂纹位于焊缝中心，其中内表面长度为 45mm，外表面长度为 16mm，缺陷最长为 64mm。去掉本次水压试验造成的泄漏区，裂纹缺陷由内往外深度为 15mm，只剩 4mm 的壁厚用于承受运行压力。细分可知裂纹缺陷分为两部分，靠近内表面部分为焊接缺陷区，为螺旋焊缝焊接时形成，长度为 45mm，最深约为 7mm（如图 5-81 中实线部分所示）；中间扇形部分为扩展区，长度为 42mm，自身高度约为 11mm（如图 5-81 中虚线部分所示）。分析可能是由钢管生产时工厂水压试验或管道建设时现场水压试验造成的。断口的另一个明显特征是环氧树脂减阻剂已经进入了缺陷内部，证明该缺陷在钢管出厂前已经存在。

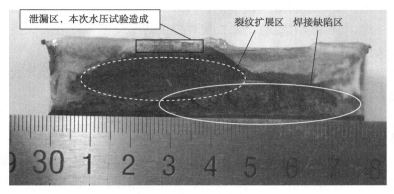

图 5-81　打开后的断口

（2）断口电镜分析。焊接缺陷区深度约为6.4mm，自由表面最深为2mm（图5-82），考虑为熔合不良。焊接缺陷区上部有断裂痕迹，且断面不平整，考虑为焊接热裂纹，即由于低熔点夹杂存在，导致夹杂凝固时被焊接拉应力拉开。

（3）金相分析。在裂纹区域切取一个金相截面进行观察（图5-83），与正常的螺旋焊缝金相低倍照片（图5-84）对比可知，裂纹处进行了补焊。根据补焊焊道情况，补焊为外补焊，但补焊深度没有达到内表面。结合断面上发现的内表面原始缺陷，说明补焊没有消除内表面焊接原始缺陷。

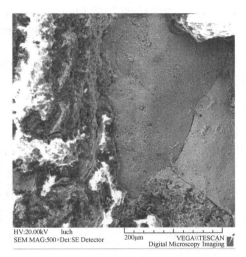

图 5-82　位于 2mm 深度处的自由表面

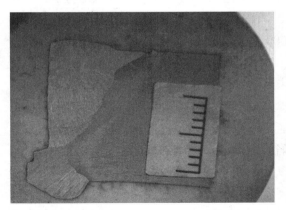

图 5-83　缺陷处截面低倍金相

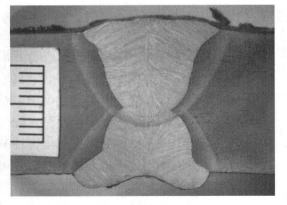

图 5-84　正常螺旋焊缝低倍金相

（4）裂纹成因分析。根据工厂记录，该缺陷进行了补焊，补焊后射线检测合格。之后进行了16MPa工厂水压试验，水压试验合格，并且水压试验后超声、射线探伤合格。

根据钢管生产工艺，水压试验后进行了钢管内外防腐。根据断口金相低倍形貌，证实该处确实进行了补焊，但补焊并没有消除螺旋焊缝内焊道缺陷。内表面焊接原始缺陷凹凸不平，符合焊接热裂纹特征，应为焊接时熔合不良导致，扇形区断口平整，无疲劳台阶，并存在明显收敛痕迹，考虑为工厂试压或者现场试压时一次扩展导致，且由于工厂试压压力值远大于现场水压压力值，故工厂水压扩展的可能性更大。

3. 启示

通过管道裂纹成因分析，可得到以下启示：制管工厂要加强质量控制，完善焊缝补焊标记方法、程序和关闭措施；优化工厂无损检测质量管控管理，对于相关缺陷应采取更有效的探伤技术和过程质量管理跟踪机制；优化水压试验后的探伤抽检机制，对于补焊位置需要进一步进行探伤检测；内检测技术可以发现一定开口的管体裂纹缺陷，需要持续加强管道内检测管理和内检测信号分析，及时发现严重缺陷。

（国家管网集团西部管道公司赵康、邹斌；石油管工程技术研究院杨锋平供稿）

5.2.48　管道环焊缝完整性评价案例

1. 背景

某天然气管道的管径为 1016mm，材质为 X80，日常运行压力为 6～8MPa，业主委托某检验机构对风险评估后的高风险及较高风险环焊缝进行完整性评价。

2. 做法

（1）完整性评价程序。包括资料收集整理→确定评定范围→开展底片复评及开挖验证、缺陷归一化处理、选取材料性能参数、载荷和应力分析等→进行完整性评价。环焊缝完整性评价的核心是对环焊缝的缺陷进行安全评定，评定依据为 GB/T 19624—2019《在用含缺陷压力容器安全评定》。材料性能参数的选取，主要来源于管线环焊缝力学性能的测试，根据以往对管道割口进行的分析，可以获得管道母材和环焊缝的强度、冲击功以及断裂韧度等力学性能指标。

（2）完整性评价内容。涉及焊口共计 6000 余道，Ⅲ 级、Ⅳ 级焊口共计 300 余道。对底片复评不合格的 300 余道焊口进行分析，发现圆形缺欠、条形缺陷、根部未熔合占比较大，其他还有一些外表面未熔合、夹层未熔合、烧穿、内凹、裂纹等缺陷。结合底片复评结果，进行开挖检测，通过现场磁粉、超声以及 TOFD 检测结果对缺陷进行比对验证。由于射线拍片定位和超声检测定位可能不一致，缺陷位置信息存在差异，缺陷定性基本相符，焊口开挖检测未发现危害性缺陷或评定等级更高的缺陷。

（3）完整性评价分析。通过射线底片可以获取缺陷的长度数据，但无法判断缺陷的自身高度，应通过合理的假设确定缺陷自身高度的取值方法。一般认为，焊接缺陷自身高度不会超过一个焊层的厚度，根据本次评价的管道焊口情况，假设 4mm 的焊层厚度较为保守。按脆断准则进行分析评价，假设裂纹尖端 Ⅰ 型裂纹应力强度因子（K_{I}）达到材料断裂韧度（K_{IC}）即发生断裂，选择 40J 冲击功对应的材料断裂韧度（K_{IC}）。对 6000 余道焊口进行了 7 种指定工况（不同土体条件、内压、温度、附加位移）下的适用性评价，土体条件包括理想土、稀软土，模拟场景包括良好、正常降雨、持续降雨、不均匀沉降，管道附加位移为 0mm、100mm，温差为 22℃、50℃，内压为 6MPa、8MPa、10MPa。在这 7 种工况下，按工况从宽松到严苛的顺序，分别有 2、46、67、67、141、329、1616 道环焊缝未通过评价，如图 5-85 所示。

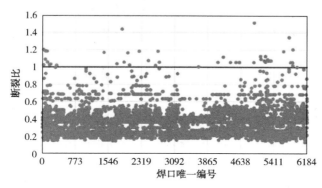

图 5-85 某工况下评价结果

3. 启示

依据环焊缝完整性评价结果，按照工况条件从宽松至严苛的优先顺序，对未通过评定的焊口质量隐患进行排查整治，即优先修复最宽松工况下仍不能通过安全评定的焊口，进行开挖验证、修复处置等，依次类推直至修复所有不可接受质量缺陷，尤其是关注较大尺寸缺陷、不等厚焊接接头。对经确定不需要修复处置的环焊缝，应加强日常维护和管理。

根据风险隐患排查结果，在地质灾害区、高后果区管段以及存在较大尺寸缺陷、不等厚焊接接头等重点位置，考虑增设地质土体位移监测点、视频监测点等，进一步加强管道安全监控。

（中国特种设备检测研究院李仕力供稿）

5.2.49 漏磁检测数据判识输油管道盗油孔案例

1. 背景

打孔盗油是危害油气管道安全运行的重要风险因素，定期开展管道智能检测，是排查盗油孔的有效技术手段。管道智能检测主要包含变形检测和漏磁检测，对盗油孔的传统判识方法是将变形检测数据中出现的特殊小开孔信号与漏磁检测数据中存在的疑似小开孔信号进行综合对比分析，再结合盗油孔特性，可精准判断管道上的盗油孔，可信度达到85%以上。公司承担的巴基斯坦某管道智能内检测项目，管道业主要求采用漏磁检测方法，并依据漏磁检测数据判识盗油孔。

2. 做法

1）分析

（1）特征物特点。管道漏磁检测信号中，小开孔与贴近管壁的金属、非规则的金属损失、补焊点等特征信号非常相似，通过分析牵拉试验及在役管道的盗油孔分布规律等，总结出以下与盗油孔信号相似的特征物特点。

通孔（未焊接钢管）：漏磁检测信号与内部金属损失信号一致，信号形态尖锐，主通道轴向信号表现为 1 个波峰（带 2 个小波谷），轴向分量峰谷值较大。

焊接钢管（只焊接钢管、未打孔）：漏磁检测信号与金属增加信号一致，主通道轴向信号表现为 1 个波谷（带 2 个小波峰），彩色图中可呈现明显的孔形金属增加信号。

小开孔（打通孔后焊接钢管）：漏磁检测主通道轴向信号与通孔信号不一致，焊接钢管为金属增加，通孔为金属减少，由于交互作用，使主通道轴向信号呈现 W 形信号特征，信号的长度和宽度尺寸相同。

补丁：漏磁信号表现与焊接钢管的漏磁检测信号非常接近，补丁在焊接后表面不平整，漏磁检测主通道轴向信号波谷存在基值不均匀现象。

（2）盗油孔周向分布。管道盗油孔周向位置普遍处于管道顶部 9:00～0:30 时钟方向（图 5-86）。在分析盗油孔时，需要重点对 8:00～4:00（顺时针）即管道顶部的疑似小开孔信号进行筛查。

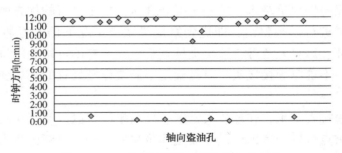

图 5-86　工业现场管道盗油孔轴向分布图

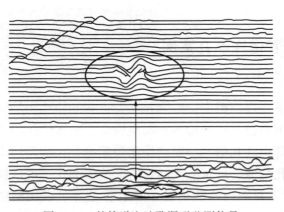

图 5-87　某管道盗油孔漏磁监测信号

（3）盗油孔 IDOD 通道信号。例如，某管道盗油孔漏磁检测信号（图 5-87）的 IDOD 通道信号清晰，形态明显。

2）措施

（1）确定初步小开孔排查数据列表。分析筛选管道上存在的小开孔、贴近管壁的金属、较深金属损失、补焊点、未知物等信号。

（2）依据初步小开孔排查数据列表，将管道上的常规小开孔和疑似小开孔进行分类。常规小开孔均位于收发球站及中间阀室，或位于管道业主已知的维修改造位置，周向位置明确，判识准确性高。除常规小开孔外，均分类为疑似小开孔。

（3）对疑似小开孔信号进行分级。依据主通道信号是否具有 W 形且 IDOD 信号波峰波谷是否明显作为分级依据。

（4）确定盗油孔重点关注点。将已分级的疑似小开孔进行信号长宽尺寸相等及周向位置判定，排除尺寸参数及周向位置不符合的信号，最终确定出盗油孔的重点关注点。

（5）依据现场检测踏勘信息，结合地理信息，对盗油孔进行开挖优先级排序。将盗油孔列表提交管道业主进行现场开挖验证。

数据分析人员采用盗油孔判识方法，在巴基斯坦 3 段管道上共发现 8 处疑似盗油孔和 15 处维修补丁，经提交管道业主现场开挖验证确认：8 处疑似盗油孔中，有 7 处为盗油孔，另外 1 处为内部非规则金属损失，盗油孔的判识可信度达到 87.5%。7 处盗油孔中的 4 处为在用盗油孔，1 处为废弃盗油孔和 2 处打孔未遂盗油孔。15 处维修补丁全部核实，可信度达到 100%。

3. 启示

本案例中数据分析人员依据漏磁检测数据，实现了对盗油孔的准确判识，及时排除了管道安全运行风险隐患。在实际工程应用中，还需要结合不同国家或地区的盗油孔形式和特点进行判识。对于两轮或多次智能检测数据，应通过数据对比分析，将具有小开孔信号特征的新增小开孔信息第一时间报告管道运营公司进行排查。

（中油管道检测技术有限责任公司贾会英、杨寒供稿）

5.2.50　管道盗油支管内检测器研制案例

1. 背景

北方管道公司所辖管道里程为 25000km 左右，其中包含大量的输油管道，打孔盗油一直是令企业头疼的难题。在山东、东北等打孔盗油易发区，常年发生盗油事件，高峰期单年度累计盗油事件达到数十起，给管道的本体安全和公共安全带来了极大的危害。

2015 年，公司组织专项科研攻关，开发了针对已投产管道打孔盗油阀门及大面积典型金属缺失特征的打孔盗油专项内检测器。该专项内检测器具有通过性好、成本低、对管道清洁度要求低等特点，操作简单、运行安全，可进行周期性检测或突击检测。

2. 做法

（1）技术原理。该专项内检测器主要基于永磁体与管壁之间的磁相互作用扰动原理，即当管壁发生不连续突变时，所构建的磁相互作用场会有磁扰动产生并反馈到永磁体，引起永磁体内磁场变化。永磁体上的线圈产生电压突变，随后经过放大、滤波及A/D 转换进入计算机数据处理系统，通过上位机软件的缺陷模型算法识别出焊接在管道上的盗油支管与典型的腐蚀缺陷特征（图 5-88）。

（2）技术特点。该技术在检测前不用特殊清管、对管道清洁度要求低，可作为常规作业与日常维护相结合，具有检测精度高、开挖点定位准、检测周期灵活等特点，高精

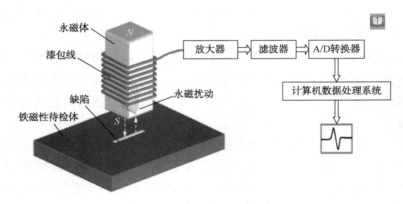

图 5-88　永磁扰动检测原理示意图

度传感器与公司自行开发的 Markfinder（已获国家专利的专用内检测器定位系统）相结合，可准确发现存疑盗油阀门并准确定位打孔盗油位置。

（3）数据分析。打孔盗油专项内检测器数据分析软件进行了多次迭代升级，具备了环焊缝及焊缝交角识别、盗油支管信号初筛、列表及检测报告自动生成等功能。专业数据分析团队通过连续多年的实际应用，积累了大量的数据解读经验，建立了丰富的缺陷信号样本库，并且仍在持续不断地扩充，盗油支管检测准确率达到 99% 以上。

（4）检测指标。经过多次升级，现已形成系列化 219~813mm 近 10 个口径的专项检测器成熟产品，最小可检测 5mm 左右的支管，可适应 5mm 左右的传感器提离，能够实现 24h 以内快速出具报告，适应突击检测和高频使用，成本较低。

（5）应用成果。自 2017 年以来，公司开始大量应用管道盗油支管专项检测技术，在日东线、津华线、漠大线、庆铁线等重点管道进行了多轮次检测，收到了良好的效果。该项技术被迅速推广至中石化、地方管网等管道。截至目前，盗油支管专项内检测器已累计实施检测管道 9400km，其中北方管道内部检测 6400km，外部管道检测 3000km，发现新增盗油支管 14 个，已修复盗油支管上千处（图 5-89）。

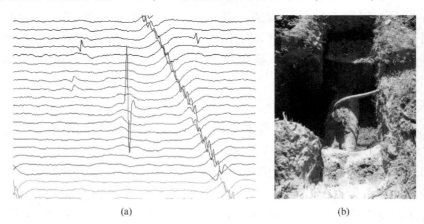

(a)　　　　　　　　　　　　　　(b)

图 5-89　盗油支管检测信号及开挖结果

通过近几年专项检测技术的推广应用，显示出该项技术不仅能准确检测出盗油阀，而且对打孔盗油犯罪行为起到了威慑遏制作用，易发区管道被打孔次数明显降低。2021年全公司实现了所辖管道"零打孔"的优异成绩，显示了良好的应用效果。

3. 启示

基于永磁扰动检测原理而设计的打孔盗油支管专项内检测器相比于传统漏磁内检测器，具有快速、短周期、低成本、低清管要求的特点，其操作模式与常规清管相当，列入企业的清管作业计划后，可大幅提升盗油支管检测准确率和压缩盗油阀门存在的时间，成为目前防治打孔盗油的最有效技术手段之一，尤其适合对打孔盗油易发区域管道进行周期性监测。

（国家管网集团北方管道公司技术支持中心贾光明供稿）

5.2.51 管道数字化恢复案例

1. 背景

在役管道数据恢复是指利用现代信息技术形成数字化管道的基础数据和模型，为企业转型提供支持。2017年以来，西南管道公司通过对管道建设期设计、采办、施工及部分运维期数据进行恢复，初步构建了中缅油气管道"数字孪生体"，为管网智能化运营奠定了数据基础。

2. 做法

（1）管理措施。公司先后投入200余人的专业队伍，历时200多天完成了管线及站场数据的采集和测量，资料收集，数据校验及对齐，实体及模型恢复和数据移交（图5-90、图5-91）。

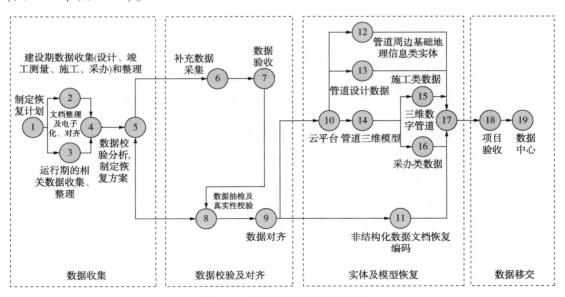

图5-90 管线数据采集示意图

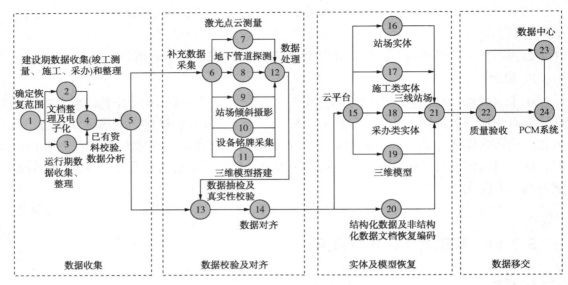

图 5-91 站场数据采集示意图

在遵循 ISO 9000 质量体系基础上，制定了西南管道公司数字化恢复项目数据采集和现场测量实施技术标准、中缅管道基准点埋石规格及编号统一规范、中缅管道数字化恢复项目实施管理办法，涵盖管道设计、施工、运行三个阶段，数据收集、校验及对齐3 项工作内容，管道物理实体覆盖率达 100%。

（2）技术措施。通过基准点测量、管道中线探测、航空摄影测量、三维激光扫描、三维地形构建、倾斜摄影、数字三维建模等技术，对管道建设期的设计、采办、施工全量数据及运行期的部分数据进行恢复，构建管道及站场设备、建筑等数字三维模型（图 5-92）。

(a)

(b)

图 5-92 大型跨越激光点云扫描

扩大范围提高精度。基础地理信息数据采集扩大到管道中线两侧各 400m 范围。数字正射影像图包括管线两侧至少各 2.5km 范围，分辨率不低于 1m。航空摄影测量包括管线两侧各 400m 范围，影像分辨率不低于 0.2m。数字高程模型覆盖管线两侧至少各

2.5km 范围，格网间距为 30m。

项目完成选取段全部管道探测，包括超 10 万个管线点、数万个桩牌、上万条公路铁路、千余水系、超 1 万个建构筑物、上千个其他配套设施等基础地理信息数据。

3. 启示

新建管道应严格按照数字化规范对设计版次、过程文件、变更、基础数据等进行移交、存档。施工阶段执行完整性管理规范中的数据采集和整合规定，对竣工资料严格把关，确保安装与竣工图一致。

在役管道数字化恢复要对三桩数据、内检测数据进行排查，推动数据对齐工作，形成运行管理电子化数据库和管道孪生体，构建完整、规范的管理系统和安全监控体系。

通过 SCADA 系统与管道虚拟模型结合，可实现管输可视化管理，建成仿真培训系统，实现卫星遥感与无人机巡线一体化防控，建立事故应急模型分析和验证应急方案。

（国家管网集团西南管道公司连江桥、宋雪峰、王立明供稿）

5.2.52　管道中线坐标数据修正案例

1. 背景

某输气管道建设期间管道中线坐标信息采集不及时、不完整，投产初期数次对管道中线信息进行普查和标识桩整改，因内检测技术和管道探测技术应用的局限性，局部管道中线信息存在不准确和标识桩编号不统一等问题，给管道运行带来较大的安全风险。为此广东大鹏液化天然气有限公司实施了管道中线与标识桩修正项目，以获取准确的管道中线坐标数据。

2. 做法

管道中线坐标等基础数据的修正，需要应用内检测、测绘、埋地管道探测、坐标修正及多源数据比对等多种技术融合，修正内检测的管道中线坐标，获取准确的管道特征数据库。

（1）管道坐标中线、标志桩修正技术路线。以管道内检测得出全线中线坐标为基础，经实地管线探测后，针对中线偏差较大处，选取相应特征点进行局部坐标修正并对修正结果再次进行管线探测验证，不断循环，直至中线偏差在可接受的范围内（图 5-93）。

（2）内检测利用惯性导航系统推算位置信息。因惯导存在系统误差，定位误差会随时间增长而增大，且如果管道转弯较多、球速过快，由惯导推算出的管道中线与实际管位的偏差会更大，因此，需要每隔一段运行时间采用卫星信号对惯导进行修正，以获取准确的惯导位置信息（图 5-94）。人工设定多个管道修正点坐标用于修正管道中线，在这些点埋设永久磁力盒，间距大于 200m 并小于 1000m，优先选择大转角下游焊缝。

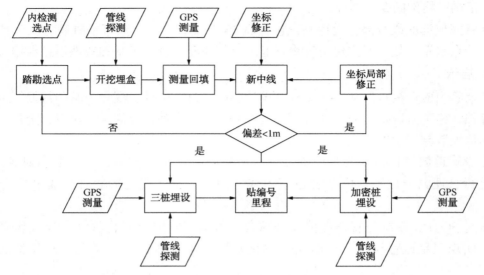

图 5-93　管道中线、标志桩修正技术路线

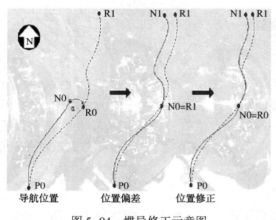

图 5-94　惯导修正示意图

（3）对存在的较大偏差进行局部中线修正。根据实测的管道特征点坐标，通过坐标修正软件的坐标转换技术对内检测的中线坐标进行重新拟合修正，即将拟合点处的中线累计误差归零，并运用拟合点求得坐标修正参数，通过坐标参数转换得到各个管段准确的管道中线坐标。

（4）全线标志桩根据修正的管道中线结合探管技术进行更新。若发现探测管位与中线坐标不相符，则选点进行开挖验证，并重新进行局部坐标修正。

（5）管道中线坐标修正效果。中线坐标水平偏差可控制在±1m 以内。经随机抽查、开挖验证了 405 处的中线坐标水平偏差，最大的为 0.86m，其中 92%偏差为±0.5m。管道全线安装了里程桩、穿越桩、转角桩和磁力盒桩，共计 3204 个标志桩，不超过 25m 间隔安装一个加密桩。通过建立管道特征数据库，更新了管道 GIS 系统，按照 1 张/1km 的标准绘制了管道路由及纵断面图。

3. 启示

管道中线坐标修正项目达到了管道水平坐标准确、标识完整、数据完善的目的，对解决局部中线信息位置不准确和桩编号不一致等问题发挥了重要作用。进一步提高垂直坐标精度后，将为管道企业防范环焊缝缺陷、地质灾害和施工作业损坏等内外部安全风险提供可靠的信息数据支撑，形成"管道保护一张图"。

（广东大鹏液化天然气有限公司夏旭、张朝晖、赵中华、熊绍龙、张微微、刘武广、朱明元、梁菁嫘供稿）

5.2.53　管道内检测数据对齐技术应用案例

1. 背景

随着完整性管理的不断推进，部分管道已经开展了两轮及以上次数的内检测。构建内检测数据对齐算法模型，有利于深度挖掘分析内检测数据，预测管道本体缺陷发展趋势，为管道腐蚀控制及风险管控提供数据支撑。某天然气管道长度为30km，管道规格为$\Phi508mm\times11.1mm/11.9mm$，管道防腐类型为3PE，阴极保护类型为强制电流。首次内检测于2014年实施，第二次内检测于2019年完成。

2. 做法

（1）管道特征信息对齐。两次内检测结果识别的管节数量均为2790个（含131个弯头），管节数量完全对齐，两次内检测识别的管节长度略存在偏差，两次检测检出管节偏差（第二次结果−第一次结果）数据见图5-95，最大的管节长度偏差为−0.79m。

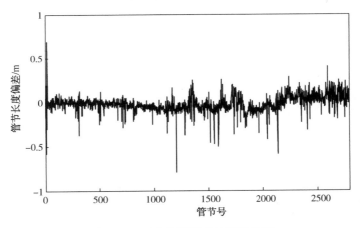

图5-95　两次检测管节长度偏差图

两次内检测识别的阀门、三通及小开孔（外接小管）数量完全一致，第二次识别出法兰18个，较第一次检测结果多12个，通过对比分析发现第一次内检测未识别阀门与直管连接的法兰。

（2）管道缺陷对齐。2014年检出金属损失缺陷756个，2019年检出金属损失缺陷636个，两次检测结果完全对齐金属损失点347个，新增（新识别）缺陷289个，409个2014年检测结果小于10%wt的缺陷2019年检测未识别出来，对齐缺陷分布及对比如图5-96所示。

（3）活性缺陷分析。两轮或多轮内检测数据对齐后，通过对缺陷的比较分析可将金属损失缺陷分成活性缺陷及非活性缺陷两种。利用两次检测数据完全对齐的结果分析缺陷的增长规律后发现，较第一次结果缺陷深度减小的有224个，增长程度大于等于0%wt且小于10%wt的有117个，增长程度大于等于10%wt且小于20%wt的有4个，增长程度大于20%wt的有2个。对289个新增金属损失缺陷进行不同腐蚀程度区间的统计分析，缺陷深度均小于10%wt。

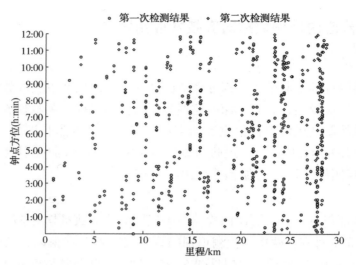

图 5-96　两轮内检测数据对齐结果图

鉴于两次漏磁内检测结果均存在深度量化偏差，采用表 5-2 所示的缺陷活性判定原则。

表 5-2　缺陷活性判定原则

序号	缺陷类型	分类原则
1	活性缺陷	两次均检出，且缺陷深度增长 ≥10%wt
		第一次未检出，第二次检出，缺陷深度 ≥10%wt
2	非活性缺陷	两次均检出，但缺陷增长程度 <10%wt
		第一次检出，但第二次未检出

通过分析判定出本管道存在活性腐蚀缺陷 6 个，其腐蚀速率如图 5-97 所示，缺陷的最大腐蚀速率为 0.55mm/a，平均腐蚀速率为 0.35mm/a。

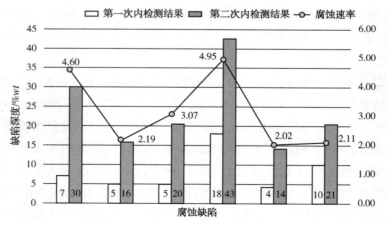

图 5-97　缺陷腐蚀速率

3. 启示

内检测数据对齐算法模型的建立为管道内检测数据分析提供了快捷、精准的分析方法，使内检测数据的对比分析精确到每根管节上的每个缺陷，准确预测了管体缺陷的发展情况，为管道安全控制提供了数据支撑。

应继续优化内检测数据算法模型，提高检测公司采用不同性能设备或数据质量状况较差时算法模型的实用性，进而提高数据对齐比例和精度。基于内检测数据对齐模型，拓展增加内外检测数据对齐模型、建设期数据与内检测数据对齐模型以及基于可视化展示的数据综合对比模型。

（中国特种设备检测研究院何仁碧供稿）

5.2.54 管道内外检测数据对齐技术应用案例

1. 背景

某管道全长 176km，于 2017 年实施外检测，外检测里程为 201km，采用 GPS 方式采集数据，基于外检测获取了管道外防腐层破损点、土壤电阻率、交/直流杂散电流及阴极保护等数据。于 2018 年实施内检测，内检测里程为 173.6km，采用漏磁检测器采集数据，基于内检测获取了位于管道内外壁存在的缺陷数据。

管道内检测可准确采集管体缺陷的里程和周向位置信息，定位精度高；管道外检测可准确获取外部环境因素对管道安全运行的影响，但定位精度差。两者之间的差异使获取的内外检测数据难以实现位置匹配和有效利用。需利用相应理论和专业技术软件建立以位置信息为基准的内外检测对齐数据库，明确影响管道安全运行的主要因素，满足管道检测数据再利用的生产需要。

2. 做法

（1）过程与步骤。根据管道里程上的固有特征点（测试桩、站场、阀室、弯头或穿跨越等）将管道划分为若干段，将管道外检测数据的经纬度和高程坐标转换为高斯平面坐标，利用获取的平面坐标计算相邻外检测点的间距，利用线性插值法实现内外检测数据对齐。利用管道上固有特征对内外检测数据对齐结果进行验证，选择内检测和外检测共同测量的管道固有特征进行对齐结果的验证，辅助判断数据对齐的准确性。

（2）结论与验证。通过内外检测数据对齐可实现以位置信息为基准的内外检测数据库。如某管道内外检测数据对齐后得到管道外壁金属损失、管道外防腐层破损点、土壤电阻率、交/直流杂散电流及阴极保护沿里程分布图（图 5-98~图 5-100）。通过综合分析得出如下结论：该管道阴极保护状态良好，土壤电阻率和交/直流杂散电流使外防腐层破损点处形成腐蚀的可能性小。在外防腐层破损点处进行开挖验证表明，该管道运行状态良好，在现阶段可有效安全运行。

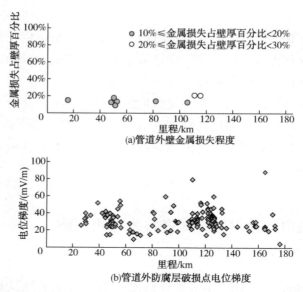

图 5-98　某管道外壁金属损失程度和外防腐层破损点电位梯度分布图

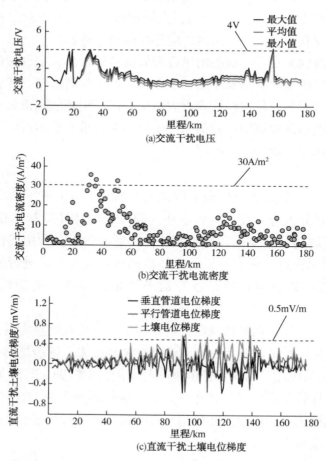

图 5-99　某管道交流干扰电压、交流干扰电流密度和直流干扰土壤电位梯度分布图

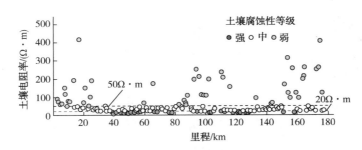

图 5-100 某管道土壤电阻率分布图

3. 启示

目前管道企业对管道各个环节所附带信息的需求越来越迫切，通过内外检测数据对齐，可得到数据对齐后的管道外壁金属损失、管道外防腐层破损点、土壤电阻率、交/直流杂散电流及阴极保护沿里程分布图，这对管道建设各个环节数据的补充至关重要，同时对后期数据的综合分析更为有利。

（中油管道检测技术有限责任公司祝明供稿）

5.2.55 燃驱压缩机组余热发电技术应用案例

1. 背景

西气东输一线中卫站安装有 2 台进口 RR 燃驱压缩机组，单台额定功率为 30MW，日常运行模式为 1 用 1 备。燃驱压缩机运行时排出废气温度为 470～500℃，最高达到 530℃，造成了空气污染且大量热能未有效利用。2016 年开展燃驱压缩机组高温废气回收利用发电试点，取得了节能减排的良好效果。

2. 做法

（1）技术原理。燃驱压缩机组运行过程中排出的中低温废气的余热热能通过烟风管道充分回收至锅炉，余热锅炉将水加热，使其转化成蒸汽，再通过蒸汽管道导入蒸汽轮机，在蒸汽轮机中热能转化为动能，使蒸汽轮机转子高速旋转，拖动发电机转动，从而转化为最终的产品电能。其能量转换过程见图 5-101。

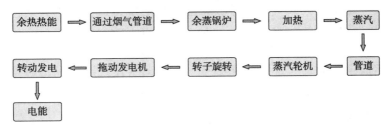

图 5-101 燃驱压缩机能量转换过程

（2）汽水循环。蒸汽在蒸汽轮机中膨胀做工后排至凝汽器，在凝汽器中凝结成水后由凝结水泵升压送入余热锅炉使用，从而形成完整的热力循环系统。循环冷却水泵将水池中的冷却水打入凝汽器后，再排往冷却塔进行冷却，最后又回到水池循环利用。

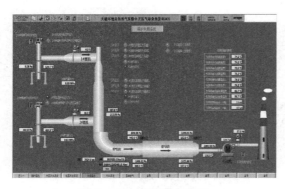

图 5-102　系统设备配置

（3）设备配置。工艺设备包括卧式双压余热锅炉、6MW 直接空冷凝汽式发电机组、烟气系统、热力系统及辅助设备（图 5-102）。热力系统及辅助设备包括主蒸汽系统、凝结水系统、主给水及除氧系统、辅机循环冷却水系统、补给水系统等。

（4）应用效果。中卫压气站余热发电机组设计年运行时间为 8000h，年回收利用中卫压气站废气余热量约为 $2400×10^4 m^3$，年发电量为 $5414×10^4 kW·h$，每年可向电网供电 $4710×10^4 kW·h$，可满足近 $2×10^4$ 户居民用电。

3. 启示

本案例运用燃机废气发电技术节约了大量能源，减少了废气余热对大气的热污染和保护了环境，具有很好的社会效益和经济效益。下一步要做好燃驱压缩机组的维护，避免误停机，确保全年运行时间和余热利用发电量；做好机组的自动调节，减少机组切换对余热发电的影响；做好余热发电设备的维保监测，确保引风机、速开阀等关键设备性能良好，保障压缩机组的正常运行。

（国家管网集团西气东输银川输气分公司毛建、张伟、王浩；北京天壕环境股份有限公司孙会祥供稿）

5.2.56　输气管道放空天然气回收技术应用案例

1. 背景

长输管道天然气放空分为紧急放空和计划性放空。紧急放空往往是因为发生管道泄漏等事故采取的应急措施，计划性放空多是因为计划性改线、新建管线连头、管道隐患治理等需要所致。天然气回收一般用于计划性放空。

天然气的主要成分甲烷是碳排放中重要的组成部分。我国于 2021 年 7 月 16 日启动全国碳排放权线上交易，天然气直接排放将面临比燃烧排放更重的处罚，放空天然气回收是推荐的方式，在不具备放空回收条件时再考虑点火放空和直接放空（冷放空）。

相关规范对放空时天然气的气质、放空流量和放空时间的控制、是否需要点火放空、安全间距的设定、放空气体扩散范围等，都作了具体规定。随着管道高后果区的增加，不论是冷放空还是点火放空，均会对周边造成较大影响，甚至出现无法放空、需要延伸放空一个阀室的情况。放空回收可以有效缓解此类矛盾。

2. 做法

2017 年 9 月，西气东输一线蒲县段实施计划性改线作业，利用移动式压缩机组首次进行放空天然气商业回收。该管段长 76.98km，管径为 1016mm，壁厚为 17.5mm。回收前首先将移动式压缩机的进出口与阀室（站场）进行连接，回收时先关断维修管段上、下游截断阀，再利用移动式压缩机将维修管段内的天然气加压后打入下游管道中（图5-103）。9月25日6:45开始管段天然气回收，9月27日19:00站场开始点火放空（此时回收量达73×10⁴m³，用时36h），之后放空和回收同时进行，直到28日5:20压缩机停机结束回收，天然气总回收量为79×10⁴m³（图5-104）。按照天然气销售均价2元/m³计算，本次收回的天然气价值158万元，扣除成本20万元，直接收益共计138万元。

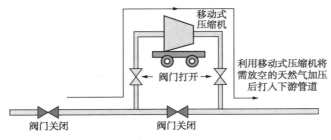

图5-103　放空回收示意图

3. 启示

欧美等国家利用移动式压缩机组回收管道放空天然气的技术已经相当成熟。国内绝大多数天然气管段在进行计划性维修放空时都可以应用移动式压缩机进行天然气回收。从经济角度看，由于回收时间较长，对管道企业管输收入和保障下游供气安全有较大影响，不适合大管径管道回收。大管径天然气管道放空回收可采用多台移动压缩机并联工作，以提高回收效率，缩短回收时间，或者使

图5-104　西气东输一线蒲县段天然气放空商业回收现场

用单台移动式压缩机在停输期间对管道运行影响较小的管段进行回收。根据西气东输公司统计数据，2013年全公司共计放空天然气850×10⁴m³，2014年共计放空962×10⁴m³，年均放空天然气折合总价约2000×10⁴元。从全国看，放空回收市场前景广阔，同时免费碳配额将逐年减少，放空回收的优势将更加明显。

（国家管网集团西气东输公司孙宝龙、赵万里、陈宇峰供稿）

5.2.57　山西省管道保护地方标准编制案例

1. 背景

山西天然气有限公司所辖管线途经20余处煤矿采空区，有2座输气站场处于煤矿采空区，5座输气站场位于煤矿开采区，同时沿线沟壑纵横，河流众多，水害严重，存在较大的安全风险。为了提升管道保护水平，保障管道稳定运行，受山西省能源局委托，公司编制了DF14/T 2310—2021《煤矿采空区输气管道安全管理技术规范》、

图 5-105　管道保护地方标准专家评审会现场

DF14/T 2309—2021《煤矿采空区输气管道站场安全管理技术规范》和 DF14/T 2311—2021《输气管道线路水工保护工程施工验收规范》三项地方标准（图 5-105），于 2021 年 8 月 16 日由山西省市场监督管理局批准发布。

2. 做法

（1）《煤矿采空区输气管道安全管理技术规范》重点规范了煤矿采空区输气管道风险识别及分析评价、安全监测及预警、防控及应对措施等技术要求，规定了挖沟露管释放管道应力、抬升管道释放应力、切割断管释放应力、管道改线、设置支撑等应对措施及相关工程设计规范和施工单位相应资质等，与 GB 50251—2015《输气管道工程设计规范》、GB 50369—2014《油气长输管道工程施工及验收规范》等衔接与配套。

（2）《煤矿采空区输气管道站场安全管理技术规范》重点规范了煤矿采空区输气管道站场风险识别及评价、站场安全监测及预警、防控及应对措施等技术要求，规定了站场地基整体加固、站场工艺装置及配套设施改造、站场迁改、设置支撑等应对措施，与 GB 50251—2015《输气管道工程设计规范》、GB 50540—2009《石油天然气站内工艺管道工程施工规范》等衔接与配套。

（3）《输气管道线路水工保护工程施工验收规范》重点规范了隐蔽工程、混凝土结构工程、浆砌石结构工程、灰土结构工程、石笼结构工程、袋装土结构工程的验收要求等，与 SY/T 4126—2013《油气输送管道线路工程水工保护施工规范》衔接与配套。

3. 启示

规范从实际出发，以问题为导向，总结以往工程经验，借鉴相关课题成果和参考其他线性工程标准，具有可操作性和一定的先进性，填补了山西省管道保护地方标准空白，弥补了现有国家标准和行业标准在煤矿采空区管道、站场安全管理和水工保护等方面存在的不足，促进了管道安全隐患整治，提升了政府和企业管道安全保护水平，是政企密切合作的重要成果。

（山西天然气有限公司郭文朋、张俊供稿）

5.2.58　管道保护法知识情景化考核应用案例

1. 背景

2021 年 5 月，西部管道公司举办了首届区段长能力提升技能竞赛。首次应用 3D 情景模拟系统，测试参赛人员的风险识别能力。选手以 3D 角色第一视角模拟工作过程，分析、识别所发现的风险隐患点，并结合法律法规条款制定相应预防、消减和管控措施，以达到验证选手理论与实践业务素质相结合的目的（图 5-106）。

图 5-106　3D 情景模拟考核

2. 做法

（1）系统原理。3D 情景模拟测试系统是利用无人机搭载五拼相机，采集地表三维模型作为基础模型，3DS Max 利用基础模型来创建三维物体模型。通过航拍、测绘、VR 实景拍摄等技术的应用，模拟西部管道沿线城镇、乡村、农田、林带、湿地、戈壁、山区、河流、湖泊等实际地形地貌环境，通过虚拟还原技术制作虚拟 3D 场景，将管道周边施工作业、地质灾害等现象结合 VR 技术灵活插入考核点。利用贴图、渲染等方法将模型实体化，最后将模型通过虚幻-4 引擎进行整合，实现虚拟场景的渲染。

（2）系统组成。网格化底层：提供管道通过基础地表基质层的搭建基底，可根据需求划分网格大小。地表基质层：包含管道沿线地表基质和地形基质。要素覆盖层：包含管道周边林地、草地、农田、建筑、道路等环境和人文要素。考核管理层：包括管道保护流程、模拟演练、动作导向、行为判断、路线标绘。

（3）系统特点。1:1 虚拟还原实景的现场数据采集或人工数据模拟搭建，完成管道、附属设施和周边地理环境、人文环境的虚拟场景搭建，并添加管道信息、三桩及标号、埋深、高后果区等基本数据，添加可移动的虚拟模型如人员、车辆、符号、标绘等，形成动态的事件场景等。实现在特定可视化立体场景下的工艺流程、模拟演练、动作导向、行为判断、路线标绘等考核项目的评分和纠正，员工在虚拟场景中提升能力，将理论转化为实践，应用于解决现实日常问题和应急问题(图 5-107)。

(a)　　　　　　　　　　　　　　　　　(b)

图 5-107　考核练兵现场

3. 启示

3D 情景化模拟考核，能直观地显示管道存在的安全风险，对快速掌握巡护、监护要点帮助很大，有效提高了人员的判断力和行动力。该方法不但能够提升被培训考核人员的学习兴趣，还能大幅度节省实训时间，提高培训练兵和考核的效果，可广泛应用于管道企业各层次、各项业务培训、演练和考核，引导岗位人员以理论联系实际的形式，客观量化自评互评，有助于提升员工队伍的业务素质水平。

（国家管网集团西部管道公司武海彬、深圳市阿特威尔科技有限公司李小光供稿）

5.2.59　基于天空地防护巡一体化的管道保护案例

1. 背景

华南公司以某输油部为试点，综合运用卫星遥感、无人机、AI 摄像头等天空地技术，对地灾、第三方施工、阴极保护系统等进行全天候动态监测和预警，管道保护工作实现了天空地、防护巡一体化(图 5-108)，有效保障了管道安全和公共安全。

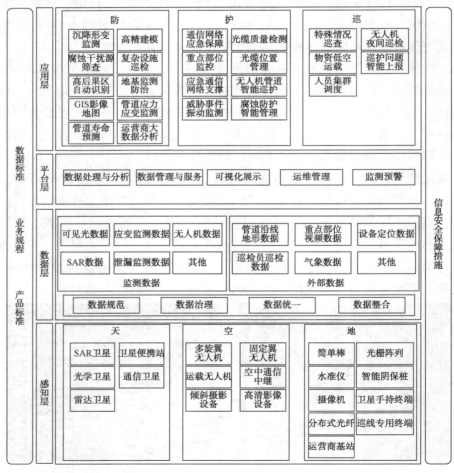

图 5-108　天空地、防护巡一体化体系架构

2. 做法

（1）天基防护技术。①利用 InSAR 卫星技术，可对管道沿线进行大范围地质风险筛查，快速获取地形、地貌以及表面的微小变化，计算地面沉降和地表形变的速率，进行管道沉降与形变监测，从而划分出高、中、低风险区域。②利用高分辨率卫星影像数据，采用自动提取技术，结合卷积神经网络，实现管道高后果区的长度、范围、类型及数量等的定量识别以及识别管道周边电磁干扰源的位置与分布。

（2）空基巡护技术。①无人机与天基技术融合，将高分辨率遥感与无人机巡检影像结合，通过拼图算法，构建管道带状走廊高精度二维正射影像模型（DOM），生成能自动定义分辨率、带地理坐标和管道周边特征信息的高清 GIS 地图；将 INSAR 和无人机采集的影像相结合，可获得准确的三维点云地理信息，模拟地形地貌模型，精度可达到厘米级，可判断地表沉降、地表变形或位移。②创新地采用无人机加机库的巡检模式，实现高后果区、作业区、应急抢险区域等重点部位的 24h 全天候自主巡检，可实时、精准地识别打孔盗油、挖掘施工、占压、地灾等威胁管道的事件及行为，准确率超过 90%。应用无人机搭载高清摄像设备对悬索跨、桥梁、杆塔等复杂设施进行三维立体巡检，可避免人工巡检风险高、效率低的缺点。③通过无人机搭载 Mesh 自组网可覆盖 10km 以上的区域，为各类各级应急响应提供通信网络支持。

（3）地基防护技术。①光纤技术：利用与管道同沟敷设的通信光缆中的 1 芯作为伴随传感介质，感知管道沿线的振动信息，对管道沿线挖掘、打孔盗油等违法事件进行识别、定位和报警；综合运用光缆在线监测仪、光缆巡线定位仪、光缆识别仪、光缆夹钳等光纤监测和定位技术，实现光缆资源数据可视化和数字化管理。②智能 AI 摄像头：通过在人员密集型高后果区、打孔盗油点等重点防范区域安装智能摄像头，自动识别出威胁事件及不安全行为，与分布式光纤振动结合，形成视频告警数据，确保管理人员进行处置。③"简单棒"地灾监测技术：针对管道地质灾害风险的特点，开发了简单棒监测系统，综合应用简单棒、静力水准仪和视频监控，实现对重大管道滑坡灾害等多层次、多角度、多维度的全天候监测（图 5-109）。④应急通信（网）：公司基于卫星通信配置卫星便携站，通过亚太 6D 卫星在指定区域建立现场通信网络，作为指挥中心网络的延伸，同时在指定区域内配置 Mesh 自组网，配备卫星电话作为通信补充。

图 5-109　监测到存在地面沉降的管道段

3. 启示

通过开展天空地、防护巡一体化管理的试点，提升了公司管道本体安全和外部安全水平，使公共安全治理从被动防护向事前预防转型。下一步要加大数据样本训练和算法迭代优化，更精准地识别和定位威胁管道的事件，同时提高天空地、防护巡一体化的经济性和可靠性。

（国家管网集团华南分公司田磊供稿）

5.3　研究分析

5.3.1　问题与教训

目前,科技手段的应用还存在以下一些问题:

一是针对施工挖掘对管道损坏屡禁不止现象,亟须建立管道地理信息系统和免费统一查询电话,为挖掘施工查询和政府部门管理提供便利,有效减少管道损坏事件的发生,但到目前为止这一工作进展缓慢。

二是目前管道环焊缝质量问题对管道安全运行造成比较大的影响,是个世界性难题。需要在高级钢管道环焊缝失效机理、环焊缝缺陷检测、应力应变监测、缺陷适应性评价等方面进行攻关。

三是近年来电力线路、高铁线路、城市轨道交通对油气管道的电磁干扰问题日趋增多,对管道防腐性能和阴极保护性能影响较大,应积极开发"防排监检"相结合的交直流干扰治理新技术。

四是各类感知系统功能性、兼容性不足,应建立管道保护管理综合应用平台,实现人与无人机、视频监控、光纤预警系统的集中监视、资源统筹和调配。

5.3.2　做法与经验

运用先进科技手段可大大减轻人员的劳动强度,提高管道保护工作的效率和质量,是今后保障管道安全的发展方向和有效途径。

(1)建立管道综合管理信息平台。例如山东省开发了管道运行监控、供需预警管理、大数据分析预警和运营业务管理等应用系统,实现了各级管道保护主管部门和管道企业数据共享、业务协同、信息互通,综合提升了管道数字化、信息化水平。

(2)构建天空地、防护巡体系。一些管道企业综合运用卫星、无人机、光纤和视频AI监测等技术,对地质灾害、施工挖掘、打孔盗油、占压等危害因素进行全天候动态监测预警,识别准确率大幅提高,实现了从被动防护向事前预防转型。

(3)运用管道智能监测技术。管道企业依据环焊缝完整性评价结果,修复不可接受质量缺陷,并在沿线地质灾害区、高后果区段以及存在较大尺寸缺陷、不等厚焊接接头等重点位置,增设地质土体位移监测点、视频监测点等,进一步加强了管道安全监控。

(4)开展管道失效案例研究。部分企业和相关机构建立了管道基本信息数据库,收集管道失效数据、腐蚀检测数据等,对一些典型的管道失效案例进行分析研究,以便为开展管道半定量和定量风险评价、分析查找问题根源、堵塞管道安全保护工作漏洞等提供可靠依据。

第6章　事故应急救援

6.1　管道保护法相关要求

应急救援，是在管道事故发生时，为消除、减少事故危害，防止事故、事件扩大或恶化，最大限度地降低事故、事件造成的财产损失、环境损害和社会影响而采取的救援措施或行动。管道保护法第三十九条规定："管道企业应当制定本企业管道事故应急预案，并报管道所在地县级人民政府主管管道保护工作的部门备案；配备抢险救援人员和设备，并定期进行管道事故应急救援演练。"

"发生管道事故，管道企业应当立即启动本企业管道事故应急预案，按照规定及时通报可能受到事故危害的单位和居民，采取有效措施消除或者减轻事故危害，并依照有关事故调查处理的法律、行政法规的规定，向事故发生地县级人民政府主管管道保护工作的部门、安全生产监督管理部门和其他有关部门报告。"

"接到报告的主管管道保护工作的部门应当按照规定及时上报事故情况，并根据管道事故的实际情况组织采取事故处置措施或者报请人民政府及时启动本行政区域管道事故应急预案，组织进行事故应急处置与救援。"

6.2　典型案例剖析

6.2.1　管网应急救援体系建设案例

1. 背景

浙江省天然气管网有限公司所辖天然气管网全长约2000km，基本覆盖全省各地，管径为273～1000mm，年输气量约为$120\times10^8 m^3$。管道沿线地理环境复杂，有平原、丘陵、山区、海域、滩涂等，人员密集型高后果区多，存在诸多安全风险(图6-1)。公司通过加强自身应急能力建设，与外部维抢修单位深入合作，逐步提高了各种场景下的应急抢险能力。

图6-1　管道穿越山区

2. 做法

（1）建立健全应急预案体系。先后制定生产安全突发事件综合应急预案、天然气管道泄漏应急预案、地质灾害（破坏性地震应急预案）等 1 项综合预案、17 项专项预案、70 余项现场处置方案，并与各级地方政府区域应急预案相对接。

（2）建立应急响应组织架构。包括基于 GIS（地理信息）系统的覆盖全省的应急指挥体系以及维抢修中心、应急分基地和站场（线路）的三级响应体系。

（3）加强维抢修队伍建设。形成以输气站应急操作、应急分基地先期预控与抢修准备、维抢修中心/外协队伍为主的维抢修骨干力量，以期实现 0.5h 应急操作、1.5h 应急预控、72h 应急完成的要求。

图 6-2 输气站设备抢修调试

（4）提高专业技术水平。设立工艺、计量、控制、电气、防腐、土建等专业，满足输气站设备自主抢修需要（图 6-2）。同时具备对下游企业设备改造、LNG 气源快速接入的能力。

（5）借助社会专业力量。针对带压封堵等高危作业，与外协单位签订协议，保障紧急情况下能够快速响应。

3. 启示

应注重企业应急预案和地方政府制定的区域应急预案的对接与联合演练，确保应急情况下快速完成现场警戒、人员疏散，及时处置与救援，防止事故扩大。某些高风险作业人才培养代价较高，通过与外部专业维抢修单位签订合作协议，从而纳入自身应急体系，定期联合演练，取长补短，实现应急科目全覆盖，不失为一种好方法。

（国家管网集团浙江省天然气管网有限公司技术服务中心范文峰供稿）

6.2.2 管道泄漏事故应急处置案例

1. 背景

新大原油管道一线起于大连新港，止于大连石化分公司，全长 39.09km，管径为 711mm，设计压力为 4.5MPa，设计输量为 1600×10⁴t/a，于 2008 年建成投产。

2014 年 6 月 30 日 18 时 58 分，大连岳林工程公司在金州新区进行定向钻穿越作业时，由于违规操作，将新大原油管道一线钻破，泄漏原油冲出地面，然后进入城市雨排和污排管网，部分流向寨子河，并在入海口起火燃烧（图 6-3、图 6-4）。

2. 做法

（1）政企联合应急救援。大连市、金州新区两级政府和中国石油管道公司主要领导接到事故报告后，第一时间赶赴现场成立政企联合应急救援指挥部，启动应急救援抢险工作。调动沈阳、丹东、秦皇岛、长春等专业维抢修力量和多家维抢修企业共计800余人以及多种专业设备投入抢险救援(图6-5)。市区两级政府安监、发改、环保、宣传等部门密切配合、协调联动，组织疏散了周边231栋住宅楼里的1.85万名群众。消防部门先后调集14个中队、44台消防车、206名官兵赶赴着火现场进行扑救、灭火。公安部门调集660名警员实施外围现场警戒，疏导交通，维护治安。

图6-3 原油泄漏现场

图6-4 油气混合物起火燃烧

（2）现场及时跟进处置。大连输油气分公司在事故发生后立即关闭阀门，控制泄漏量，在指挥部的统一指挥下，管道抢修队伍与消防、金州新区城管局协调配合，打开原油流淌沿线的300余个井盖，监测监控可燃气体浓度，同时注入泡沫、消防水并强制通风，控制油气浓度在爆炸极限以下。在寨子河雨水排水管出口、入海口、污水处理厂布设25道围油栏、51道吸油拖栏、3道活性炭坝和1道控水拦油坝，对油品进行回收，防止原油入海(图6-6)。

图6-5 事故泄漏点开挖现场

图6-6 布设围油栏

7月6日，事故现场及周边大气环境质量恢复正常。事故无人员伤亡，直接经济损失约553万元。该事故定性为违法施工引发的生产安全责任事故，25名责任人分别受到纪律处分，3名涉嫌犯罪的责任人被司法机关依法追究法律责任。

3. 启示

地方政府和管道企业对事故高度敏感，反应迅速，组织得力，措施果断。相关部门和企业各负其责，协同作战，形成合力。应急预案操作性强，现场处置合理，对雨污排放系统进行了重点监测与保护，避免了重大次生灾害的发生。政府有关部门应从事故中吸取教训，加强管道周边施工作业管理。管道企业要改进日常巡护模式，做好施工现场管控，切实保障管道安全运行。

（甘肃省管道保护协会姜长寿根据有关资料整理）

6.2.3 油田管道挖掘损坏应急处置案例

1. 背景

新疆油田盆五-704站天然气管线全长65.4km，管线规格为$\Phi355.6mm\times7.1mm$，设计压力为6.4MPa，设计日输气能力为$160\times10^4m^3$，于2003年建成投产。2014年12月21日19时30分，生产调度室接到149团二连某某电话报告，称有天然气管道被装载机挖破。

2. 做法

接到报告后，油气储运分公司立即启动应急预案，安排抢修人员准备抢修工作，同时向149团团部和派出所进行通报。21日20时，确认泄漏管线为盆五线，泄漏点位于管线里程35.6km处（图6-7）、中间截断阀池后端约3km处。704站人员立即关闭截断阀，联系采气一厂关闭盆五出站阀，并向新疆油田公司和当地政府汇报。公司立即组织抢修人员赴现场抢修。704站人员在距泄漏点约1.5km和2km的两处居民点进行了可燃气体检测，浓度均为0。

22时，当地派出所对泄漏点附近公路进行交通管制，并组织附近居民紧急疏散。公司应急抢修人员在现场发现管线有两处受损，分别为60mm×2mm破损和70mm×10mm凹陷，决定对受损管线进行换管，于22日19时完成换管作业（图6-8）。

图6-7　管道破裂处

图6-8　换管作业

3. 启示

本次应急处置充分体现了地方与企业的高效合作，检验了管道企业的应急处置能力。企业要严格管理管道周边施工作业，对应急承包商加强评价考核，提高抢修速度和质量。这次抢修使用的是以往工程遗留的管材，具体生产日期和技术参数不详，提醒企业应提前储备质量合格的应急管材，以免留下质量隐患。

（中国石油天然气股份有限公司新疆油田油气储运分公司游兵、张添龙供稿）

6.2.4　管道泄漏应急处置案例

1. 背景

2020年年初，某成品油管道发生汽油泄漏，油品沿山体渗漏至水库，造成水面局部污染。事故发生后，当地政府和管道企业第一时间启动危险化学品生产安全事故Ⅳ级应急响应，经过100多个小时抢险处置，成功排除险情，恢复正常生产。

2. 做法

（1）成立现场指挥部。事故发生后，当地政府成立现场指挥部开展处置工作，共11个单位、4支专业应急救援队伍、1370余人参与抢险。安委会和有关成员单位负责人先后到达现场指挥处置。现场指挥部先后组织召开了危险作业方案审议、作业区域分级管控、抢险工作效果判定等13次专题会议（图6-9），研究抢险方案，保证应急处置工作有条不紊地进行。

（2）网格化应急管理。泄漏发生后，社区网格、群众排查发现存在油气味道后马上报告，区政府立即组织有关单位联合排查，仅用3h就锁定了管道泄漏位置（图6-10）。指挥部将泄漏现场划分为核心处置区（发挥企业专业处置优势）、控制区和警戒区（发挥政府统一领导、协调指挥优势），设立9个卡口、11个抢险单位，形成各司其职、分工协作的快速处置模式。

图6-9　现场指挥部召开抢险专题会议　　　　图6-10　事故核心区排查泄漏源

（3）信息报送及时准确。现场指挥部对各单位抢险工作进展情况进行归口管理，建立"一日一报"和"特事专报"机制，共上报7篇日报、5篇专报，宣传部门开展舆情监控，避免信息错乱。

（4）加强现场疫情防控。严格落实抢险救援人员疫情防控措施，做好人员登记、体温监测、口罩佩戴、分隔就餐，参与抢险的 1370 余相关人员无一起疫情感染。

3. 启示

这次管道泄漏事件应急处置是对政府有关部门和企业应急响应能力的一次检验，也是一次有力的促进。事后有关部门提出加强应急管理工作的意见如下：

推进政府消防队伍专业化建设，整合应急救援队伍，在 43 家危化品企业组建应急支援站，聘请 4 支危化品应急救援队伍作为常备力量，构建政企联动应急救援体系。

加强应急物资储备，申请 2100 万元资金为区民兵应急连、消防救援大队、公安购置专用应急装备，计划储备各类应急物资 1907 种、39 万余件。

启动区和街道联合应急指挥体系建设，按照"平台整合、资源整合、人员整合"的思路，建设"统一指挥、多级联动、平战结合"应急基地。

（广东省深圳市龙华区应急管理局丁衡韬供稿）

6.2.5 管道爆燃应急处置案例

1. 背景

杭甬天然气输气管道途经杭州、绍兴、宁波等地，长度为 273km，管径为 800mm，设计压力为 6.0MPa，年供气能力为 $26×10^8m^3$，于 2007 年建成投产。

2008 年 12 月 7 日 23 时 50 分，某市江北区发生管道泄漏爆燃事故。住在附近的巡线工听到爆炸声看到火光后，初步判断为管线发生事故，第一时间向 119、110 报警，同时向管辖该段线路的输气站报告。事故发生地点位于荒山岗，周围无人居住，未造成人员伤亡和严重财产损失，仅发现距火焰中心 20m 处一辆卡车（估计是倾倒废土的车辆）的挡风玻璃碎落，其边上一辆摩托车被烧损，附近个别民居门窗玻璃被震碎，曾引起群众恐慌。

图 6-11 失效的管道

2. 做法

（1）应急处置。接到报警后，发生事故管段两端的截断阀室的气液联动阀立即自动关断并通过放空系统放空天然气。输气站先遣组于 8 日凌晨 2 时左右赶到现场，确认阀门关闭状态并配合已到现场的公安消防人员设立临时警戒线，事故坑口余火燃烧至 6 时 20 分全部熄灭（图 6-11），泄漏量约为 $20×10^4m^3$。管道企业迅速制定应急供气方案，合理调配气量，确保受影响居民正常用气，并统筹兼顾其他各用户的供气。

（2）抢险贯通。成立现场抢险指挥部，取得地方政府和公安等部门的大力支持，迅速开展事故控制和抢修前期准备，做好信息发布、群众安抚和政策协调。8日凌晨开始调集推土机、挖掘机等工程机械进场，清理事故点管道上方的堆土。15日临时贯通方案报发改委同意。22日完成406m临时旁通管线的组对焊接，24日完成临时管线的强度和严密性试验，具备了临时通气条件。

3. 启示

本次事故的直接原因是管道侧方堆土高度达7~8m，开挖量达$(3~4)\times10^4m^3$，且存在随时塌方的风险，引起管道位移，变形量超过管道极限后导致管道失效。间接原因是对管道失效机理不熟悉，堆土已导致警示牌歪斜，但仍然没有引起足够重视，对管道侧方堆土缺少有效的管理程序。同时也反映了对事故处理的抢修条件准备预估不足，如开挖换管则时间过长，最终采取了临时旁通接气方案。

通过这次抢修实战锻炼，提升了管道企业的应急救援能力并审视和改进了存在的短板。要加强事故风险研判和巡线队伍建设，确保及时发现事故隐患。要加强维抢修部门力量，完善应急救援机制，完善全省1.5h应急圈，设置相应基地。要建立与地方政府的应急联动机制，包括事故控制、供气协调、舆情控制等。要高度重视截断阀门的保护功能投用、定期测试和阀门内漏检查工作，采取必要措施，减少事故期间天然气的泄放量。

（国家管网集团浙江省天然气管网有限公司技术服务中心范文峰供稿）

6.2.6 管道泄漏应急抢修案例

1. 背景

2017年7月28日，巡线工雨后巡检时发现宁夏回族自治区同心县河西镇西二线管道059+260m上方积水处有气泡冒出，疑似天然气发生泄漏。

2. 做法

银川输气分公司经检测确认为天然气泄漏，西气东输公司立即启动天然气管道二级应急响应预案。应急领导小组会议研究决定，采用换管方式消除安全隐患，并组织包括注氮、无损检测、焊口补强等专业队伍约150人赶赴现场投入抢险工作（图6-12）。

7月30日，完成作业坑开挖、渗漏点确定、放空、注氮、切割、吊离、打磨、组对、焊接、置换、升压等工序，经过40多个小时的连续抢修作业，管道恢复正常运行（图6-13）。公司解除二级突发事件应急响应，由银川管理处做好后续现场恢复及运行监管工作。

3. 启示

巡护人员第一时间发现管道泄漏隐患，管道企业及时启动应急预案，为防止事态扩大争取了宝贵时间。现场处置合理、维抢修队伍连续协同作业，为成功应急抢修提供了保障。

图 6-12　西二线 059+260m 管道抢险作业

图 6-13　西二线 059+260m 管道抢险恢复地貌

（国家管网集团西气东输银川输气分公司毛建供稿）

6.2.7　管道焊缝开裂应急处置案例

1. 背景

2019 年西气东输二线某段管道在管道内检测时发现阴影，开挖检测后发现焊缝存在裂纹（图 6-14）。焊口底片显示存在修补情况。临时采用钢制套筒修复，经过适用性评价认为缺陷不可接受，最终采取换管措施。

图 6-14　焊缝存在裂纹

2. 做法

管道焊缝缺陷在输送介质压力、外部应力等因素影响下，属于发展型缺陷，存在发生气体泄漏、爆炸等隐患。抢修过程如下：

（1）现场设置 100m 范围警戒区，配备消防车、救护车到现场。

（2）维抢修队组织装车，并协调外部维抢修队伍增援。

（3）机械挖掘扩大作业面，具备管道换管条件。检测可燃气体浓度，防止天然气泄漏情况发生。

（4）在基本不影响下游用气的情况下，截断缺陷焊缝与阀室之间的管道，并放空、注氮，便于现场实施抢修。

（5）现场开挖作业面结束，拆除泄漏点附近的防腐带，完成防腐层剥离、钻孔、注氮、切管、组对、焊接，并对焊口进行双百检测（图 6-15）。

（6）管线充压，平压结束后，开阀恢复正常输气。

3. 启示

管道焊缝缺陷严重威胁管道本体安全，管道建设、运行阶段均要重点关注。

施工期间应加强焊口质量控制，尤其是要加强返修口、连头碰死口、高后果区焊口等特殊焊口的施工质量管理，管线安装时应避免强力组对。

运行期间应增强管道巡护人员的责任心，严格执行管道巡护制度，及时发现管道存在的隐患。应加强维抢修队伍岗位练兵，保证"召之即来、来则能干"。应加强综合应急预案的演练，重点是现

图6-15　焊缝开裂修复现场

场布控、与协作单位和地方部门配合协调。应配备不同焊缝缺陷的抢修物资和机具，确保第一时间具备抢修条件。

应持续排查内检测报告和施工记录中发现的焊缝缺陷，重点排查黑口焊缝和高后果区缺陷焊缝，将应力集中区域焊缝纳入排查关注点，统筹考虑压缩机进出口、非FBE类防腐层管线的各类焊缝。

（国家管网集团西部管道甘肃输油气分公司邢占元供稿）

6.2.8　山区输气管道应急工程建设案例

1. 背景

某天然气干线管道于2012年建成投产，管径为1016mm，设计压力为10MPa。该管道曾于2018年发生过天然气泄漏燃爆事故。由于事故段管道所处区域山高坡陡谷深，可利用土地少，管道路由通过当地城市规划区，存在较大的公共安全风险，为此地方政府提出管道改线要求。改线工程长42.86km，全部位于山区，地形多为冲沟、陡坡，起伏较大，石方段约占80%以上，管段沿线海拔相对高差约为1100m，穿越公路33处，途经较大高陡边坡27处，最大坡度达到80°，工程难度之大实属罕见。

2. 做法

（1）建设单位成立以公司副总经理、安全总监担任组长的改线工程领导小组，组建了应急管道工程项目管理部。建设单位授权领导小组和项目部现场管理决策，简化工作流程、加快项目推进。仅40天就完成了可研、初设并取得批复，从打火开焊到进气投产只用了240天。

（2）针对地质复杂、工期紧的特点，前期路由选择阶段由勘察设计和施工单位共同参与，线路、地勘、岩土、结构等专家组成项目团队，反复踏勘，指导定线。引入设计监理机制，加快加深设计，保证了应急工程高质高效完成。

（3）制定QHSE规章制度、监督检查、奖惩通报等一系列措施，开工前进行宣贯和

逐一落实，加强对监理、PC 项目部、其他参建承包商 QHSE 管理的有效监管。开展各类 QHSE 检查 50 余次，查出各类问题和不符合项 397 余项，下发不符合项通知单 27 份，使问题及隐患得到了及时整改。实施风险管理与控制，开展重大风险源识别和宣贯，施行 HSE 日检查清单制和机组现场问题清单制度（图 6-16）。推行隐患识别全员管理和工序作业指导卡片管理。

 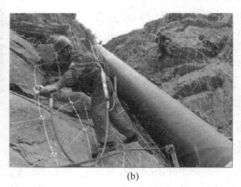

(a)   (b)

图 6-16　风险源识别与控制

（4）通过智能工地建设和进度专业软件对施工过程和风险进行分析，有针对性地采取措施，确保施工过程进度、质量和安全受控（图 6-17）。

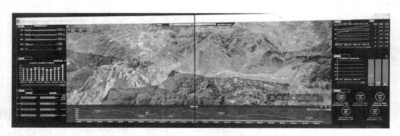

图 6-17　管道建设数字化平台

（5）针对高陡边坡提出了索道布管（图 6-18）、轻轨布管（图 6-19）和拖船布管等方式，采取一坡一案方式，有针对性地开展设计和施工方案论证和实施。

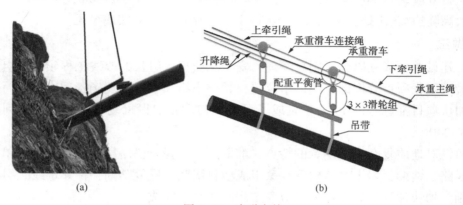

(a)   (b)

图 6-18　索道布管

(a)

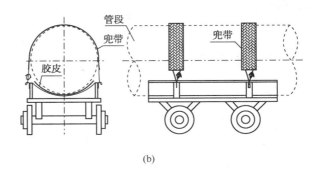
(b)

图 6-19 轻轨布管

（6）组织水工保护专项设计，所有特殊地形水保工程按照一处一案组织实施。全线索道、高陡坡段设计采取了锚杆截水墙、管卡截水墙、锚固墩、混凝土浇筑等稳管措施，以保证管道稳定（图 6-20）。

(a)

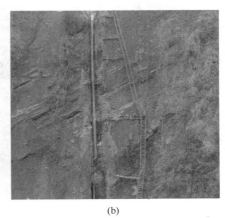
(b)

图 6-20 稳管

该应急工程于 2019 年 4 月 28 日投产试运，经历了 2019~2021 年当地 50 年不遇的强降雨天气汛期，管线本体未出现任何质量问题。

3. 启示

该工程被列入国家应急管理部、国家能源局挂牌督办项目，建立项目专项协调和分级协调机制，协调解决重大问题，保证了项目的顺利实施。

健全企地沟通合作机制，企业主动将应急预案、队伍资质、资源和应急响应计划提前报备地方政府，及时获得指导和帮助。同时与就近的设计、施工、检测等单位签署合作协议。

在路由优化、弯头弯管防腐、水工保护设计、管道施工扰动区综合治理、管道本体质量提升等方面，结合工程实际研究制定相应的标准体系，从源头上控制山地管道工程质量。

制定特殊风险消减方案，在开工前对风险进行预控，在实施过程中通过 PDCA 循环控制将风险消减到可承受范围，确保施工过程安全与质量受控。

（国家管网集团西南管道公司边彦玮供稿）

6.2.9 管道定向钻管段破损抢修案例

1. 背景

某成品油管道定向钻施工于 2013 年完成，全长 620m，入土角为 13°，出土角为 8°，最大穿越深度为 24m，设计压力为 9.5MPa。2018 年 8 月 14 日，G60 高速公路在进行拓宽地质勘探时将定向钻管道钻破，破损点埋深为 21.2m，事发时管道处于停输保压 2.2MPa 状态（图 6-21）。

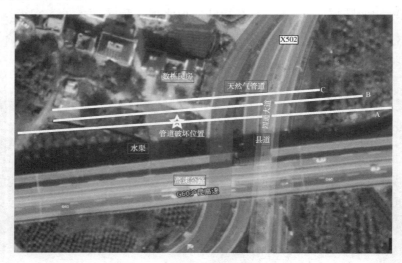

图 6-21 定向钻穿越管段概况

管道破损点与定向钻入土点水平距离为 140m，与出土点水平距离为 480m。东侧距 X502 县道 10m，南侧距 G60 高速公路高架桥投影边 15m，西侧距高边坡水渠 20m，北侧距 Φ1016mm、Φ813mm 两条高压输气管道约 9m，并且周边存在数栋民房，作业空间受限。

2. 做法

（1）方案比选。在表 6-1 所示的四个抢修方案中比选分析。

表 6-1 抢修方案比选分析

方案	抢修方案	优　点	缺　点
方案一	采用直径 2m 钢套筒护壁，机械及人工结合开凿至破损点，然后修复	管道沿途环境影响小，工期短、费用省	破损点距离高速公路近，凿井排水施工将影响桥桩稳定；深井作业空间受限且含大量油气，作业人员下井凿岩和动火焊接安全风险高
方案二	在原管位纵深地质层，重新进行定向钻穿越敷设新管道	管道沿途环境影响小，施工质量有保障，工期、费用适中	地质构造复杂，重新钻孔将会进入碳质岩层；管道敷设空间受限，定向钻出入土点难以向两端延伸；周边还有二条在役天然气管道，定向钻施工安全风险较高

续表

方案	抢修方案	优　点	缺　点
方案三	重新规划路由，沟埋与顶管穿越结合，敷设新管道	新管道线位清楚，对在役天然气管道影响较小	需穿越公路、桥涵、水渠及拆迁民房，政策协调难、综合费用大、建设工期长
方案四	将破损管段切断、拖出并同时将新管道回拖替换	安全风险可控，工期短、费用节省	破损管道能否拖出未知，新回拖管道防腐层质量难以控制

从地质资料分析，定向钻穿越水平段管道主要位于中等风化泥质砂岩层，地下水位较高。定向钻孔洞成形良好，未出现较大坍塌，且孔洞内还留有大量稠状泥浆。通过以上分析，最终确定抢修采用方案四，即将定向钻破损管段拖出并在原孔内回拖新管线。

（2）技术措施。抢修作业在定向钻入土点和出土点位置进行（图6-22），关键施工技术是对破损管段两端带压封堵、拉拔以及新管线的回拖安装等。

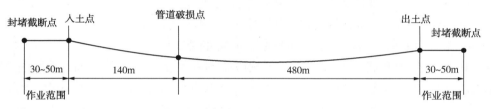

图6-22　定向钻破损管段示意图

① 破损管段拉拔及新管线回拖。对破损管段进行封堵、油品回收、水和氮气置换、断管，新管线进行焊接、清管、测径、试压后，利用夯锤锤松破损管段，利用钻机将破损管段拖出，并将新管线回拖替换。

② 新管道回拖防腐层保护。为防止新管线回拖连头过程中防腐层摩擦破损，施工过程中采用全程注入泥浆、设置大小头、管道防腐层评价及预防措施等技术进行防腐层保护（图6-23）。

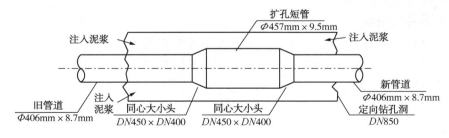

图6-23　大小头拖拉设置

③ 新管道两端焊接投油。新管道经清管、测径合格后，进行强度和严密性试验及可燃气体检测，采用陀螺仪进行管位精准测量，对两端进行焊接、检验、防腐，管道重新恢复投油投产，进行高后果区识别、评价和管理。

3. 启示

定向钻管道破损原孔回拖抢修成功的重要条件是：破损管段岩层地质稳定，定向钻成孔没有塌孔或者较少塌孔，地下水位较高，使得原始泥浆处于湿润状态，没有固结抱死管道。选择夯锤锤击，压力不大于管道最低屈服强度，牵引拉力不大于管道最低抗拉强度。管道回拖过程中采用 $\Phi457mm$ 短管扩孔，在新管道拖进洞口、破损点的全程注浆，增加润滑，保护防腐层。新管道回拖前后分别进行清管、测径、试压，整体连接后进行防腐层评价。

（中国石化浙江石油分公司阮亦根供稿）

6.2.10 管道突发事件应急预案优化案例

1. 背景

北方管道公司原有生产安全事故类应急预案4859个，其中"一河一案"561个，"一地一案"1698个。公司级预案有14万字，分公司级预案有25.6万字。预案内容存在与岗位工作职责不匹配、不同层级预案内容重叠、现场处置技术措施"上下一般粗"、操作性和时效性不强等突出问题，同时也给预案的管理、学习和应用执行带来不便。2015~2016年，公司开展国家油气管网领域应急预案优化试点工作，通过全面梳理管道应急抢修工作流程，系统辨识和评估管道运营突发事件内外部风险，结合自身特点，从内容、结构、处置、管理、衔接等方面入手，对应急预案全面优化整合，其成果被国家安全生产应急救援指挥中心作为企业生产安全事故应急预案优化范本。

2. 做法

（1）应急预案内容合规化。严格按照《突发事件应对法》《安全生产法》及 GB/T 29639—2020《生产经营单位生产安全事故应急预案编制导则》《生产安全事故应急预案管理办法》（应急管理部令第2号）的要求完善各类预案，做到合规化管理。

（2）预案体系结构合理化。针对综合预案和专项预案在组织机构及职责、处置程序、处置措施等方面内容的重叠现象，将专项预案中的应急救援程序和处置措施融入综合预案，不再另行编写专项预案，形成了综合与专项一体化的应急预案。

（3）应急响应处置有效化。进一步细化公司各级预案应急响应和初期处置内容，规范响应分级启动、应急指挥权移交等内容，实现事件及时上报和分级响应。完善预案中的应急组织机构，包括应急领导小组和应急工作组，下设运行调度组、抢险救援协调组、安全环境保障组、信息新闻组、支持保障组和现场应急指挥组，明确职责和任务，"该做什么、怎么做、谁负责、谁去做"，一目了然，保证应急响应迅速、研判科学、处置正确（图6-24）。

（4）预案编制管理规范化。分公司、输油（气）站、维抢修队三级预案有机衔接，内容不再重复，便于基层编制与执行。以某分公司为例，原有"一河一案"74个、"一地一案"124个，经整合后分公司预案只保留处置技术、应急准备等共性内容；输油（气）站预案只保留现场初期处置需要做、能做到的内容，处置地点、环境因素等存在差异的

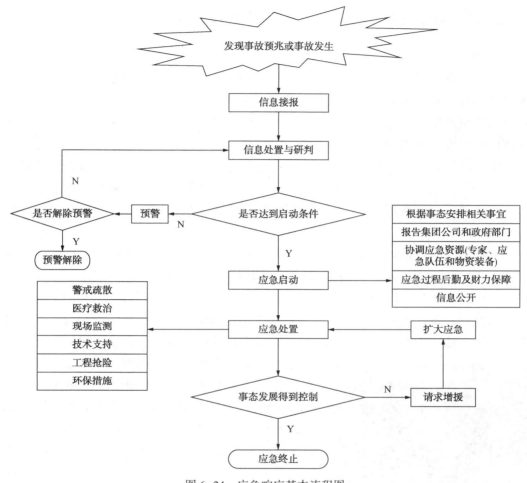

图 6-24 应急响应基本流程图

特性部分，按照管道桩号、河流名称等分别纳入附件。维抢修中心不再单独编制"一河一案""一地一案"，处置技术部分执行分公司预案。

（5）企地预案衔接紧密化。按照属地管理的原则，补充完善了公司各级应急预案所衔接地方政府区域应急预案的相关内容，明确了应急报告程序及现场指挥权的交接、应急救援协调机制等内容。

3. 启示

通过合理拆分整合优化，公司级应急预案字数减少了 80%、分公司级字数减少了50%，企业应急管理合规化、程序化、制度化迈出了重要一步。经过实践证明，应急预案作为应对突发事件的工作方案，应做到以确定性应对不确定性，化应急管理为常规管理，做好应对突发事件的各项准备，实现应急管理工作关口前移、应急处置工作重心下移，全面提高应急处置能力。

（国家管网集团北方管道公司刘少柱供稿）

6.2.11　管道维抢修保驾俱乐部资源共享案例

1. 背景

为了应对管道老化、自然灾害和人为损坏导致油气管道发生泄漏、爆炸、着火、停运等突发事件，解决如何在最快的时间内投入抢险救援力量这一难题，2007年中国石油管道局工程有限公司维抢修分公司与广东大鹏液化天然气有限公司共同倡议，成立珠三角高压管线保驾抢修俱乐部，深圳燃气集团、东莞新奥燃气有限公司、广州燃气公司、佛山天然气高压管网有限公司、中海广东天然气有限公司、中海中山天然气有限公司等7家企业参加，管道局维抢修分公司作为单一服务商提供维抢修和保驾服务。目前俱乐部成员单位已发展到了13家，保驾的油气管道总里程已突破2000km。

2. 做法

（1）制定俱乐部章程。①管道运营商与维抢修分公司自愿组成保驾俱乐部，签订维抢修合作协议；②维抢修分公司负责提供专业人员、车辆以及部分通用设备（发电机、焊机等），供各成员单位使用；③成员单位分别采购或租用所需的专业抢修设备、机具，抢修材料自备；④成立珠三角天然气管线保驾俱乐部应急抢修中心，由广东大鹏公司无偿提供土地，中心主任由广东大鹏公司委派；⑤维抢修分公司投资建设维抢修保驾综合车间及办公楼，用于保驾人员的办公和生产；

图6-25　抢修工程作业

⑥成员单位发生事故时，维抢修分公司在规定时间内（2~6h）派抢修队伍和物资到达现场，及时展开抢修复产；⑦成员单位的管道带压封堵或开孔项目，优先考虑交由维抢修分公司完成；⑧日常保驾运营年费根据管线长度和设计压力由成员单位按照相应比例分摊；⑨发生保驾以外的管道维抢修费用另行计算。

（2）运营情况。保驾俱乐部成立15年来，在珠江三角洲地区油气管道应急抢修中发挥了重要作用，累计完成管道事故抢险维修工程56项、大规模的不停输改造性维修工程128项，完成换管、换阀、增引支线、改迁管线等类型的施工（图6-25）多项，有效保障了俱乐部成员单位的管道运营安全。

3. 启示

成立维抢修保驾俱乐部是长输油气管道维抢修资源共享、费用共担的新模式。成员单位依托维抢修分公司的资源、经验，用最为经济的投入，达到管道突发事件快速响应、快速处置的效果，彼此分享管线运营维修管理经验，促进了成员单位的共同成长。

维抢修保驾俱乐部要继续加强维修人员质量意识、标准规范、专业技术等培训，结合维抢修专有技术，采用模拟演练和实战化练兵等进行实操训练，不断提升施工人员的专业技术水平和综合素质，切实管控质量风险。通过设备引进和自主研发，加快装备数字化、智能化水平。

（中国石油管道局工程有限公司维抢修分公司姜修才供稿）

6.2.12　油田管道应急能力提升案例

1. 背景

近年来，由于管道腐蚀穿孔、自然灾害、打孔盗油和施工作业损坏等原因造成的油气管道泄漏事件时有发生，长庆油田第二输油处洪德集输作业区经常性地开展管道应急演练，提高了突发事件的应急处置能力（图6-26）。

2. 做法

（1）因地制宜开展现场应急处置。根据管道沿线高低起伏落差大（U形、W

图6-26　安装拦油栅

形、陡坡段）、"两高"穿越多（银西高速铁路、银百高速公路）、涉及高后果区繁多复杂等特点，制定不同管段的人员密集区、环境敏感区、高压区、易打孔盗油区等专项应急处置预案，做到"一事一方法、一河一方案"。结合定期开展的管道内检测情况进行管道风险评估及应急资源调查，优化完善作业区及各站点重点岗位、关键设备设施、重点管段的应急处置方案及处置卡内容；结合管道风险评估结果和地形特点，编制特殊管段、人员密集区、高后果区现场应急处置卡，实现重点岗位、重点部位现场处置卡全覆盖、简明化、卡片化。

（2）强化应急抢险标准化培训。完善应急管理培训内容及方式，制定作业区各类人员应急抢险培训大纲，规范和完善应急培训内容，编写针对性、实效性强的应急管理培训教案。加强维抢修标准化建设，借鉴先进管理经验，强化维抢修人员实战技能，突出管道原油泄漏"封盖、引流、堵漏、回收"标准化抢险流程，确保应急抢险过程方法得当、处置及时、污染最少。通过持续开展应急标准化培训使抢险人员能判别事故特征，掌握事故初期的处置方法和技能，着力打造经得住实战考验的高素质、专业化输油应急抢险铁军。

（3）真演实练强化应急保障能力。完善演练脚本内容，规范应急演练方案制定、情景设计、评估总结，编制完善贴近实际、贴近实战的应急演练脚本，使其具有针对性和可操作性，确保演练有脚本、实战内容不脱节。强化演练过程管理，以处置流程全员掌握、现场信息周期性收集、抢修设备机具熟练操作为目标，按应急抢修职能划分训练单元，调整演练侧重，落实作业区现场应急处置第一责任，理顺全过程流程，明晰各环节界面，定期开展以管道泄漏为重点的实战化应急演练活动，实现应急演练实战化、常态化、全员化。

（4）深化打造半小时应急储备保障圈。完善以作业区中心站为核心的多重应急联动力量和应急库物资储备。在管道全线巡护点及截断阀室设置专项应急物资库房，建设1个区域性中心应急库，选好配强市场化应急保障队伍，与周边采油兄弟单位签署应急互保协议，定期清点保养应急物资，组织现场应急演练，构建实物储备与管道风险相配套的物资供应架构。当管道发生紧急情况时，应急力量可以就近取用抢险物资，提高应急反应速度，缩短应急处置时间，提高应急处置效率。

3. 启示

演练的目的在于提高基层企业应急"三化"水平，即应急管理实用化、应急抢险有序化、山地抢修专业化。

应急管理实用化即修订完善应急处置预案，使其具有针对性和可操作性。应急抢险有序化即通过培训演练，能判别事故特征，提升抢修实战水平。山地抢修专业化即针对山地抢修特点，梳理抢险设备缺口，理顺内外部资源，验证抢修设备实际效能。"三化"重在落实作业区应急处置第一责任，提升第一时间、第一现场应急处置能力。掌握事故初期的处置方法、流程，完善外部保驾机制。根据山地、隧道、水域应急抢修特点，研制小型单体化集装抢险设备并通过实地操作和拉练进行验证。

（中国石油天然气股份有限公司长庆油田分公司第二输油处李伟伟供稿）

6.2.13　中俄原油管道黑龙江穿越段联合应急演练案例

1. 背景

俄罗斯斯科沃罗季诺输油站至中国漠河作业区输油管道黑龙江（阿穆尔河）穿越段位于中俄两国边境，是中俄原油管道的控制性工程，年输量为 3000×10^4 t。其中，穿越范围水平长度为1150m，定向钻出、入土点之间的距离为1052m，管道设计压力为6.4MPa，管道规格为 $\Phi820\text{mm} \times 15.9\text{mm}$，材质为K56级直缝埋弧焊钢管。原油一旦发生泄漏会造成黑龙江水系污染、各种次生灾害的出现，也可能影响到公海生态环境。

2. 做法

中俄两国输油协议要求，针对穿越段可能发生的原油泄漏事故，每年冬季黑龙江冰冻期双方联合开展穿越段油品泄漏应急演练。迄今已经进行13次联合演练，通过不断摸索总结创新，最终形成六步处置作业法，即"一探、二割、三清、四拦、五筑、六收"（图6-27）。

"探"就是通过使用冰钻在冰面以江心边境线为起点，分别在预设拦截区域上下游两侧钻监测孔，探测冰层厚度、冰面下原油泄漏范围以及江岸冰水临界点位置，以确认围油栏布放长度和集油坑位置。

"割"就是使用割冰机在冰面切刻150mm宽冰槽和集油坑（图6-28），以满足围油栏布放和溢油回收条件。切刻冰槽的角度取决于冰面下的水流速度，与岸边夹角一般为

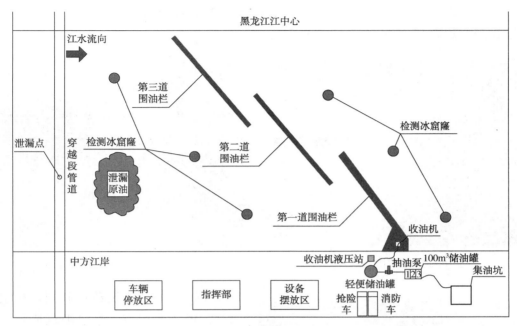

图 6-27　应急演练示意图

30°~45°。为避免溢油逃逸，在江岸冰水临界点至边境线范围内使用割冰机按"阶梯方式"沿直线切削多道冰槽，每道围油栏间距一般为 10~20m，搭接长度不少于 20m。割冰作业时，需要专人实时检测冰层是否割透，以保证围油栏能够布放到位。集油坑尺寸为 3m×3m，位置应选取在中方江岸冰水临界点处，并确保集油坑江岸侧没有水流流过。

"清"就是清理冰槽和集油坑内的冰屑和冰块，为围油栏和收油机布放提供有效空间。冰槽内的冰屑清理使用专用清理工具人工清除，集油坑内的冰块使用挖掘机破碎后机械清除（图 6-29）。

图 6-28　割冰机切割冰槽

图 6-29　清理冰屑

"拦"就是布放围油栏至冰槽和集油坑内，将泄漏原油拦截至集油坑内。根据已切割冰槽长度组装连接围油栏后，依次将围油栏布放至冰槽内并安装固定支架。布放顺序为：先布放集油坑段，后依次向江心延伸。为确保围油栏的抗拉强度，布放前应仔细检查，确保围油栏连接处连接紧固；围油栏布放到位后，检查围油栏状态确保平直，在冰槽内无卡滞现象（图6-30、图6-31）。

图6-30　布放围油栏

图6-31　围油栏布放完毕

图6-32　作业现场全景图

"筑"就是使用装载机和挖掘机就地取材，将江面积雪、冰块砌筑成临时储油单元，并人工铺设防渗布，确保回收的泄漏油品有足够的储存条件。

"收"就是将泄漏原油通过围油栏引至岸边集油坑后，再通过收油机把泄漏油品回收至轻便型储油罐内，待回收原油达到一定数量后，启动防爆抽油泵，将回收的原油抽入临时储油单元（图6-32）。

3. 启示

中俄双方通过开展预案演练和完善应急措施，提高了油品泄漏事故应急状态下的协调联动能力，明确了各自在事故应急中的职责，做到沟通顺畅、配合有力，保障了我国东北能源战略通道安全畅通。下一步双方应提高穿越段管道泄漏监测、污染预警和应急处置的智能化水平。

（国家管网集团北方管道大庆应急抢修中心陈野供稿）

6.3　研究分析

6.3.1　问题与教训

青岛"11·22"输油管道泄漏爆炸事故等许多应急救援案例暴露了油气管道的应急管理工作中仍然存在一些不容忽视的问题。主要表现在：一些地方的油气管道应急预案不够完善，针对性、操作性不强，政府部门和管道企业缺乏有效衔接；地方应急资源保障不足，难以满足救援抢险需要；应急演练活动实战性不强，不能及时发现预案存在的不足；管道企业应急抢修力量薄弱，应急救援人员素质不高。

6.3.2 做法与经验

各级政府和管道企业坚持问题导向，按照法律法规要求，加强应急抢险队伍建设，完善管道事故应急预案，开展应急演练，强化应急保障，值得进一步总结推广。

1. 加强队伍建设

国家应急管理部组建了廊坊基地、徐州基地、珠海基地、西南(昆明)基地、新疆(乌鲁木齐)基地、东北区域应急救援中心，初步形成了全国应急救援"一张网"。各管道企业也建立了维抢修队伍，能力有了进一步提升。

2. 完善应急预案

地方政府制定了本行政区域油气管道事故专项应急预案，并与企业应急预案衔接配套。管道企业普遍制定了管道事故综合预案、专项预案、现场处置方案，建立了"一风险源一预案"制度，并与地方应急预案做好对接。应急预案版本不断改进和简化，实用性进一步提高。

3. 开展应急演练

地方政府部门与管道企业合作，联合开展桌面推演、专项演练和综合演练，检验和完善应急预案，提升政府、企业应急处置能力和公众自救互救能力。例如针对中俄原油管道黑龙江穿越段可能发生的原油泄漏事故，中俄双方管道企业联合开展了 13 次应急演练，提高了油品泄漏应急协调联动能力。

4. 夯实应急保障

地方政府督促检查有关部门和管道企业落实应急救援的队伍、物资装备、资金、信息、交通、治安、医疗、避难场所等保障；管道企业在易发生重大事故管段安装先进的泄漏监测预警设施、设备，开展管道风险分析、事故影响范围分析等方面的研究与应用，提高了管道安全保障水平。

第7章 管道保护的新形势新任务

7.1 管道保护法治实践的主要成效

管道保护案例生动表明，各级政府部门、各管道企业运用管道保护法这一法律武器，有力保障了管道安全和公共安全，在法制建设、体制完善、机制创新、能力提升、隐患整治等方面做了大量卓有成效的工作。

7.1.1 管道保护法制建设有序推进

依据《中华人民共和国石油天然气管道保护法》，浙江、山东、天津、贵州等省市制定了地方性法规，部分省（市、区）、市制定了政府规章。例如，山东省条例设置了"监督检查"专章，规定了政府相关部门的监督管理职责；天津市条例突出了管道规划建设、平衡企民权益、拓宽参与渠道和行政执法等方面工作；贵州省为配合条例实施在管道运行管理和高后果区管理等方面开展了相关标准规范的研究；东营市结合油气田生产实际制定了管道保护办法。

7.1.2 管道保护体制机制基本建立

按照管道保护法相关要求，各地基本确立了政府领导、部门监管、社会监督和管道企业负责的管道保护机制，将管道保护职责延伸到乡（镇）、街道办事处。地方人民政府普遍加强了对管道保护工作的领导，各级政府能源主管部门的职能基本落实到位，管道企业维护管道运行安全的主体责任得到进一步加强。普遍建立了省、市、县三级管道保护工作体系和联席会议制度，协调处理本行政区域管道保护的重大问题，指导监督有关单位履行管道保护义务，依法查处危害管道安全的违法行为。

7.1.3 管道保护能力水平不断提升

地方政府加强对管道保护工作的领导，开展与管道企业的合作，贯彻全面保护、预防为主、综合治理的工作方针，组织开展管道安全隐患整治专项行动，有效遏制了违法占压、打孔盗油等犯罪活动，降低了第三方施工挖掘损坏事故率，高后果区无序增长的态势有所减缓，不断提升人防、物防、技防、信息防水平，将大量安全隐患消灭在萌芽状态，防止和减少了重大事故的发生。广泛开展管道保护法等法律法规的宣传普及工作，提高社会公众的法治意识和安全保护意识，努力营造爱护管道、保护管道的外部环境。

7.2　管道保护工作面临的问题和挑战

7.2.1　管道安全事故时有发生

据不完全统计，2003~2019 年国内公开报道的油气管道泄漏事故有 40 余起。其中，管道保护法实施以来发生的管道泄漏事故就有 20 多起。例如，2013 年青岛黄岛原油管道发生泄漏爆炸特大事故，2014 年大连原油管道被市政施工钻漏发生爆燃事故，2016 年西气东输二线中卫段被铁路勘探作业钻破发生泄漏事故，2017 年中缅天然气管道贵州晴隆段因地质灾害发生焊口断裂爆燃事故，2021 年位于湖北省十堰市张湾区艳湖社区的集贸市场发生重大燃气爆炸事故等。这些管道安全事故给国家和人民群众的生命财产造成重大损失，安全形势不容乐观。

7.2.2　管道本质安全风险增大

管道保护法实施以来，据不完全统计分析，在造成管道泄漏事故的原因中，施工挖掘损坏的比例由 47.0% 下降到 31.8%，材料与施工质量、腐蚀等比例分别由 5.9%、5.9% 上升到 18.2%、9.1%。根据贵州省人民政府中缅天然气管道黔西南州晴隆段"6·10"泄漏燃爆较大事故调查报告分析，该事故的主要原因是施工质量缺陷造成焊口断裂，致 1 人死亡、23 人受伤，直接经济损失 2145 万元。说明管道建设施工还存在安装质量管理不到位、焊接质量不高、法定检验制度不落实等影响管道本质安全的问题。

7.2.3　管道高后果区无序增长

一些地方由于缺乏统筹规划，没有处理好城市发展和管道保护的关系，造成许多原来远离城市的管道逐渐被居民区、学校、开发区等包围，形成了新的高后果区。一些管道的规划选线由于缺乏前瞻性，没有对规划区和人员密集区采取避绕措施，在建设期就形成了高后果区。人员密集型高后果区一旦发生管道失效事故，将会造成严重的人员伤亡。例如，青岛黄岛经济技术开发区原油管道泄漏爆炸特大事故发生在高后果区，造成 63 人遇难、156 人受伤，直接经济损失 75172 万元。

7.2.4　管道保护与城乡建设之间矛盾突出

受土地资源紧张的影响，一些地方呈现出城乡建设拓展难、油气管道保护难的"两难"境地。管道建设选线难度越来越大，管道建设与巡护维修所付出的成本越来越高。甘肃河西走廊最窄处仅 25km，有 6 条油气长输管道通过，对所经过区域的土地规划利用产生了不利影响。由于管道敷设采取"临时用地、长期占用"方式，并限制管道中心线两侧一定范围内的土地使用，影响到土地权利人的权益，造成了比较尖锐的矛盾。

7.2.5　管道保护技术水平有待提高

保障管道本质安全和公共安全的相关技术还不能满足实际需要。如在役管道材质缺陷检验、环焊缝质量检测检验、管体应力集中监测预警技术等有待提升，电力线路、高铁线路、城市轨道交通的电磁干扰使油气管道电腐蚀、电烧蚀事件日趋增多，对这方面综合防御技术的开发运用还不够成熟有效。管道大数据的深度挖掘应用和智能管网建设刚刚起步，基于大数据的统一查询平台和决策支持平台尚未建立，管理部门之间及上下级之间、管理部门与管道企业之间缺乏信息共享，"互联网+管道保护"应用还不够广泛。

7.2.6　管道保护法治建设亟待加强

管道保护法颁布实施13年以来尚未进行过修订。现行法律、法规和技术规范在管道管理体制机制、管道本质安全和公共安全保障、管道通过权设立、管道保护距离等方面的规定还存在一些缺陷和不足。例如对管道上方土地使用限制的规定与民法典有关规定不一致，造成了管道企业与土地权利人的利益冲突。再如，公路、铁路、水运、航空、管道五大运输方式中，唯有管道运输将安全监管和保护管理分开设置，存在管理重叠和管理盲区，相关部门之间缺乏有效协同，推诿扯皮现象时有发生，需要法律加以规范。

7.3　做好新时代管道保护工作的建议

习近平总书记在党的二十大报告中强调指出，以新安全格局保障新发展格局，在关系安全发展的领域加快补齐短板。做好新时代管道保护工作，要坚持以习近平新时代中国特色社会主义思想为指导，加强党和政府对管道安全保护工作的领导，贯彻落实总体国家安全观，修订完善相关法律法规和标准规范，健全完善管道保护体制机制，改进提升管道保护科技手段，积极营造管道保护法治氛围，全力保障管道安全、能源安全和公共安全。

7.3.1　完善管道安全保护法规标准

加快管道保护法的修订工作，加快制定管道保护的行政法规、地方性法规及实施细则。在法律法规中引入管道完整性管理、管道地役权制度、风险管控和隐患排查双重预防机制等，明确高后果区"管好存量、控制增量"的法律责任，明晰法律提出的保护距离要求和管道用地权利。按照"管行业必须管安全、管业务必须管安全、管生产经营必须管安全"的要求，理顺危化品安全监管和管道保护工作的关系，参照铁路、公路、电力等行业的做法，将两项职能合并设置，以提高行政管理效率、减轻企业负担。积极推进与管道保护法相关的国家和地方标准的修订和制定工作。

7.3.2　创新管道安全保护工作机制

贯彻落实国务院办公厅《关于深入推进跨部门综合监管的指导意见》（国办发〔2023〕1号），加强应急、市场监管、生态环境、自然资源、能源等相关部门的协调配合，提高监管效率和服务水平。发挥乡镇和街道保护管道安全的作用。建立政企合作的管道保护联席会议制度，鼓励社会组织和公众参与管道保护工作。对管道沿线的居民、单位开展管道保护法律宣传，营造尊法、学法、懂法、守法、用法的法治氛围。建立管道与电力、铁路、公路、水利等工程相遇关系的协调机制，减少相互干扰影响。

7.3.3　推广管道安全保护适用技术

重点在支线管道、集输管道推广管道检测、巡检、光纤振动预警、高后果区识别评价、地质灾害监控、智能阴保、智能监控、电磁干扰治理等技术。建立管道地理信息系统和免费统一查询电话，提升管道的智能感知、协同可视、风险管控、综合预判、辅助决策的能力。建立油气管道失效数据库，为风险定量评价、查找问题根源、堵塞工作漏洞提供可靠依据。

7.3.4　优化管道安全保护法治环境

政府部门、管道企业和行业协会合作推进管道安全保护法治文化建设，动员全社会力量关注和参与管道安全保护工作。对危害管道安全行为加大惩处力度，宣传保护管道安全的先进事迹，在管道沿线居民中广泛开展管道保护法治教育，普及安全避险知识。充分发挥刊物、网站、微信公众号的作用，在政策法规研究、典型案例分析、技术推广应用、工作交流指导等方面提供优质服务。